学者书屋系列

数学分析基础理论的强化与延伸

（单变量部分）

主　编　张彩霞

副主编　李文赫　刘继颖　何　颖

HEUP 哈爾濱工程大學出版社

内容简介

本书主要内容包括极限理论、一元函数的微分学、一元函数的积分学、实数的完备性、函数的一致连续性、函数的凸性及级数理论。

由于数学分析课程内容较多、课时有限、教材受到局限，因此很多知识点在教材中无法得到更好的总结、深化、延伸和扩展。本书中对极限理论、一元函数的微分学、一元函数的积分学及级数理论部分的主要内容进行了强调和总结，对其中主要的知识点，配备了适量的例题，并非常重视一题多解和前后呼应，知识体系符合学生的思维规律，可以引导学生由浅入深并逐渐熟练应用。特别是本书克服了教材的局限性，将实数的完备性、区间套定理的应用、有限覆盖定理的应用、函数的一致连续性、函数的凸性都分别作为一章进行了专题讨论，使学生对这部分内容能有更全面的理解和掌握。

本书适合于作为数学分析课程的同步辅助教材，也可以作为报考数学类各专业硕士研究生复习数学分析的参考书。

图书在版编目(CIP)数据

数学分析基础理论的强化与延伸. 单变量部分/张彩霞主编. —哈尔滨:哈尔滨工程大学出版社, 2013.7(2015.1 重印)
ISBN 978-7-5661-0605-6

Ⅰ. ①数… Ⅱ. ①张… Ⅲ. ①数学分析-基础理论 Ⅳ. ①O171

中国版本图书馆 CIP 数据核字(2013)第 147601 号

出版发行 哈尔滨工程大学出版社
社　　址 哈尔滨市南岗区东大直街 124 号
邮政编码 150001
发行电话 0451-82519328
传　　真 0451-82519699
经　　销 新华书店
印　　刷 哈尔滨市石桥印务有限公司
开　　本 787mm×960mm 1/16
印　　张 14.5
字　　数 310 千字
版　　次 2013 年 7 月第 1 版
印　　次 2015 年 1 月第 2 次印刷
定　　价 28.00 元
http://www.hrbeupress.com
E-mail:heupress@hrbeu.edu.cn

前　言

就数学分析这样的课程来说，它是一门重要的大学基础课程，很多后继课程都以它为基础，可视为它的延伸、深化和应用，而它的基本概念、思想和方法更是无所不在。因此，牢固地掌握它的基本内容，透彻地理解它的基本思想，熟练地运用它的基本方法，是打开大学阶段数学学习之门的关键。但数学分析课程内容较多、课时有限、教材受到局限，很多知识点在教材中无法得到更好的总结、深化、延伸和扩展。

本书主要内容包括极限理论、一元函数的微分学、一元函数的积分学、函数的一致连续性、函数的凸性、实数的完备性及级数理论。

书中对极限理论、一元函数的微分学、一元函数的积分学及级数理论部分的主要内容进行了强调和总结。例如函数的正常极限共有六种，非正常极限共有十八种，再加上数列的正常极限和数列的非正常极限共四种，共有二十八种极限定义，本书给出了其中一部分的精确定义，使学生能举一反三，从而能叙述出其他每种极限的精确定义，对极限概念有深入的理解。再如函数极限存在定理有海涅定理、单调有界定理和柯西准则，每一个定理对自变量的不同趋向，有不同的叙述形式，本书进行了总结和强调。特别是本书克服了教材的局限性，将函数的一致连续性、函数的凸性、实数的完备性、区间套定理的应用、有限覆盖定理的应用都分别作为一章进行专题讨论，使学生对这部分内容能有更全面的理解和掌握。在本书中，针对每部分的知识点，配备了适量的例题，并非常重视一题多解和前后呼应，知识体系符合学生的思维规律，能够达到学生对知识点的进一步理解、掌握和较熟练应用的目的。

本书适合于作为数学分析课程的同步辅助教材，也可以作为报考数学类各专业硕士研究生复习数学分析的参考书。

本书第 1 章至第 4 章及第 6 章至第 10 章由张彩霞编写（约 154 千字）；第 5 章、第 12 章及第 14 章由李文赫编写（约 52 千字）；第 11 章、第 13 章及第 15 章由刘继颖编写（约 52 千字）；第 16 章、第 17 章及第 18 章由何颖编写（约 52 千字）。全书由张彩霞统稿。

由于作者水平有限，在目前的版本中必然有许多不妥之处，恳切地希望读者对本书批评指正，提出进一步改进的宝贵意见。

编　者

2013 年 3 月

目　　录

第1章　实数集与函数

1.1　实数·确界原理·常用的不等式

1.1.1　实数

可以用分数形式$\frac{p}{q}$(p,q 为整数,$q \neq 0$)表示的数称为有理数,有理数也可以用有限十进位小数或无限十进位循环小数来表示,有理数集用 $\mathbf{Q}$ 来表示.无限十进位不循环小数称为无理数.有理数和无理数统称为实数,实数集用 $\mathbf{R}$ 来表示.

1.把有限小数(包括正整数)表示为无限小数

(1)当$x = a_0 a_1 a_2 \cdots a_n$时,其中$a_0$为非负整数,$a_i$为整数,且$0 \leqslant a_i \leqslant 9(i = 1,2,\cdots,n)$,$a_n \neq 0, n \in \mathbf{N}_+$,记$x = a_0 a_1 a_2 \cdots a_{n-1}(a_n - 1)999\,9\cdots$.

当$x = a_0$时,a_0为正整数,记$x = (a_0 - 1)999\,9\cdots$.

(2)对于负有限小数(包括负整数)y:先将$-y$表示为无限小数,再将所得的无限小数前加负号.

(3)规定0表示为0.0000…,所以任何实数都可以用一个确定的无限小数来表示.

2.两个实数的比较

定义1　(1)给定两个非负实数$x = a_0 a_1 a_2 \cdots a_n, \cdots, y = b_0 b_1 b_2 \cdots b_n \cdots$,其中$a_0, b_0$为非负整数,$a_k, b_k$为整数,且$0 \leqslant a_k \leqslant 9, 0 \leqslant b_k \leqslant 9, k = 1,2,\cdots$.

①若$a_k = b_k, k = 0,1,2,\cdots$,则称$x$与$y$相等,记为$x = y$.

②若$a_0 > b_0$,或存在非负整数m,使得$a_k = b_k, k = 0,1,2,\cdots,m$,而$a_{m+1} > b_{m+1}$,则称$x$大于$y$或$y$小于$x$,记为$x > y$或$y < x$.

(2)给定两个负实数x和y,若按(1)有$-x = -y$或$-x > -y$,则分别称x等于y或x小于y,记为$x = y$或$x < y$.

(3)规定任何非负实数大于负实数.

定义2　(1)对于非负实数$x = a_0 a_1 a_2 \cdots a_n \cdots$,称有理数$x_n = a_0 a_1 a_2 \cdots a_n$为实数$x$的$n$位不足近似值;称有理数$\bar{x}_n = x_n + \frac{1}{10^n}$为实数$x$的$n$位过剩近似值,$n = 0,1,2,\cdots$.

(2) 对于非负实数 $x = -a_0 a_1 a_2 \cdots a_n \cdots$,称 $x_n = -a_0 a_1 a_2 \cdots a_n - \frac{1}{10^n}$ 为实数 x 的 n 位不足近似值;称有理数 $\bar{x}_n = -a_0 a_1 a_2 \cdots a_n$ 为实数 x 的 n 位过剩近似值,$n = 0,1,2,\cdots$.

实数 x 的 n 位不足近似值 x_n,当 n 增大时不减;n 位过剩近似值 $\bar{x}_n$,当 n 增大时不增.

命题:设 x,y 为两个实数,则 $x > y$ 的等价条件为存在非负整数 n,使 $x_n > \bar{y}_n$. 其中 x_n 为 x 的 n 位不足近似值,$\bar{y}_n$ 为 y 的 n 位过剩近似值.

1.1.2 确界原理

1. 有界集

(1) S 是有上界数集:$\exists M > 0, \forall x \in S, x \leqslant M$.

(2) S 是有下界数集:$\exists M > 0, \forall x \in S, x \geqslant -M$.

(3) S 是有界数集:$\exists M > 0, \forall x \in S, |x| \leqslant M$.

(4) 上确界:设 S 是 $\mathbf{R}$ 中的数集,若数 ξ 满足

① $\forall x \in S$,有 $x \leqslant \xi$;

② $\forall \alpha < \xi, \exists x_0 \in S$,使得 $\alpha < x_0$(或 $\forall \varepsilon > 0, \exists x_0 \in S$,使得 $\xi - \varepsilon < x_0$),则称 ξ 为 S 的上确界,记为 $\xi = \sup S$.

(5) 下确界:设 S 是 $\mathbf{R}$ 中的数集,若数 η 满足

① $\forall x \in S$,有 $x \geqslant \eta$;

② $\forall \beta > \eta, \exists x_0 \in S$,使得 $x_0 < \beta$(或 $\forall \varepsilon > 0, \exists x_0 \in S$, 使得 $x_0 < \eta + \varepsilon$),则称 η 为 S 的下确界,记为 $\eta = \inf S$.

2. 确界原理

设 $S \subset \mathbf{R}$ 且 $S \neq \Phi$. 若 S 有上界,则 S 必有上确界;若 S 有下界,则 S 必有下确界.

1.1.3 常用的不等式

(1) $a^2 + b^2 \geqslant 2|ab|$.

(2) $1 + x < \mathrm{e}^x (x \neq 0)$.

(3) $0 < x(1-x) \leqslant \frac{1}{4}, (x \in (0,1))$.

(4) $|\sin x| \leqslant |x|$,当且仅当 $x = 0$ 时,等号成立.

(5) 均值不等式:$\forall a_1, a_2, \cdots, a_n \in \mathbf{R}_+$,记

算数平均值:$M(a_i) = \frac{a_1 + a_2 + \cdots + a_n}{n} = \frac{1}{n}\sum_{i=1}^{n} a_i$;

几何平均值:$G(a_i) = \sqrt[n]{a_1 a_2 \cdots a_n} = (\prod_{i=1}^{n} a_i)^{\frac{1}{n}}$;

调和平均值：$H(a_i)=\dfrac{n}{\dfrac{1}{a_1}+\dfrac{1}{a_2}+\cdots+\dfrac{1}{a_n}}=\dfrac{n}{\sum\limits_{i=1}^{n}\dfrac{1}{a_i}}$.

$H(a_i)\leqslant G(a_i)\leqslant M(a_i)$，当且仅当 $a_1=a_2=\cdots=a_n$ 时等号成立.

(6) 伯努力(Bernoulli)不等式：$\forall x>-1$，有不等式 $(1+x)^n\geqslant 1+nx, n\in\mathbf{N}$. 当 $x>-1$，且 $x\neq 0, n\in\mathbf{N}$ 且 $n\geqslant 2$ 时，有严格不等式 $(1+x)^n>1+nx$.

事实上，由 $1+x>0$ 且 $1+x\neq 1$，有 $(1+x)^n+n-1=(1+x)^n+1+1+\cdots+1>n\sqrt[n]{(1+x)^n}=n(1+x)$（当 n 个正数不全相等时，算数平均值大于几何平均值），所以有 $(1+x)^n>1+nx$.

(7) $\forall h>0$，由二项展开式

$$(1+h)^n=1+nh+\frac{n(n-1)}{2!}h^2+\frac{n(n-1)(n-2)}{3!}h^3+\cdots+h^n$$

有 $(1+h)^n$ 大于右端的任意一项.

(8) $\forall x,y\geqslant 0, \forall n\in\mathbf{N}_+, \sqrt[n]{x+y}\leqslant\sqrt[n]{x}+\sqrt[n]{y}$.

(9) 当 $0<\alpha\leqslant 1$ 时，$\forall x_1,x_2\in[0,+\infty)$，$|x_1^\alpha-x_2^\alpha|\leqslant|x_1-x_2|^\alpha$.

事实上，当 $0<\alpha\leqslant 1$ 时，因为 $\forall x\in[0,1]$ 有不等式 $(1-x)^\alpha+x^\alpha\geqslant(1-x)+x=1$，得 $1-x^\alpha\leqslant(1-x)^\alpha$，由此知：$\forall x_1,x_2\in[0,+\infty)$，且 $x_1>x_2$ 时，有

$$x_1^\alpha-x_2^\alpha=x_1^\alpha\left[1-\left(\frac{x_2}{x_1}\right)^\alpha\right]\leqslant x_1^\alpha\left(1-\frac{x_2}{x_1}\right)^\alpha=(x_1-x_2)^\alpha$$

所以，$\forall x_1,x_2\in[0,+\infty)$，$|x_1^\alpha-x_2^\alpha|\leqslant|x_1-x_2|^\alpha$.

(10) $\log_a x\leqslant x-1, (a\geqslant \mathrm{e}, x\geqslant 1)$.

例 1－1　证明：$\forall a,b\in\mathbf{R}$，有

(1) $\dfrac{|a+b|}{1+|a+b|}\leqslant\dfrac{|a|}{1+|a|}+\dfrac{|b|}{1+|b|}$；

(2) $\dfrac{1}{2}(|a|+|b|)\leqslant\max\{|a|,|b|\}\leqslant\dfrac{1}{2}(|a+b|+|a-b|)$.

证明　(1) $\dfrac{|a+b|}{1+|a+b|}\leqslant\dfrac{|a|+|b|}{1+|a|+|b|}\leqslant\dfrac{|a|}{1+|a|+|b|}+\dfrac{|b|}{1+|a|+|b|}\leqslant\dfrac{|a|}{1+|a|}+\dfrac{|b|}{1+|b|}$.

(2) 由于 $|a|\leqslant\max\{|a|,|b|\}$，$|b|\leqslant\max\{|a|,|b|\}$，则

$$|a|+|b|\leqslant 2\max\{|a|,|b|\}$$

$$\frac{1}{2}(|a|+|b|)\leqslant\max\{|a|,|b|\}$$

又由于
$$|a+b|+|a-b|\geqslant|a+b+a-b|=2|a|$$
$$|a+b|+|a-b|\geqslant|a+b-a+b|=2|b|$$

则
$$\max\{|a|,|b|\}\leqslant\frac{1}{2}(|a+b|+|a-b|)$$

所以
$$\frac{1}{2}(|a|+|b|)\leqslant\max\{|a|,|b|\}\leqslant\frac{1}{2}(|a+b|+|a-b|)$$

例 1－2　求数集 $S=\{x\mid x=1-\frac{1}{2^n},n\in\mathbf{N}_+\}$ 的上、下确界,并依定义加以验证.

解　$\sup S=1,\inf S=\frac{1}{2}$.

首先验证 $\sup S=1$:

(i) $\forall x\in S$,有 $x=1-\frac{1}{2^n}\leqslant 1;n\in\mathbf{N}_+$;

(ii) $\forall\alpha<1,\exists n_0\in\mathbf{N}_+$,使得$\frac{1}{2^{n_0}}<1-\alpha$,即 $\alpha<1-\frac{1}{2^{n_0}}$,记 $x_0=1-\frac{1}{2^{n_0}}$,则 $x_0\in S$,且 $\alpha<x_0$.

由上确界定义知 $\sup S=1$.

其次验证 $\inf S=\frac{1}{2}$:

(i) $\forall x\in S$,有 $x=1-\frac{1}{2^n}\geqslant\frac{1}{2};n\in\mathbf{N}_+$;

(ii) $\forall\beta>\frac{1}{2}$,记 $x_0=\frac{1}{2}$,则 $x_0\in S$,且 $x_0<\beta$,由下确界定义知 $\inf S=\frac{1}{2}$.

1.2　函　　数

1.2.1　复合函数

设有两个函数 $y=f(u),u\in D,u=g(x),x\in E,E^*=\{x\mid g(x)\in D\}\cap E$. 若 $E^*\neq\Phi$,则对每一个 $x\in E^*$,通过 g 对应 D 内唯一一个值 u,而 u 又通过 f 对应唯一一个值 y,这就确定了一个定义在 E^* 上的函数,它以 x 为自变量,y 为因变量,记作 $y=f(g(x)),x\in E^*$ 或 $y=(f\circ g)(x),x\in E^*$,简记为 $f\circ g$, 称为函数 f 和 g 的复合函数,并称 f 为外函数,g 为内函数,u 为中间变量.

1.2.2　反函数

设函数 $y=f(x),x\in D$ 满足:对于值域 $f(D)$ 中的每一个值 y,D 中有且只有一个值 x,

使得 $f(x)=y$，则按此对应法则得到一个定义在 $f(D)$ 上的函数，称这个函数为 f 的反函数，记作 $f^{-1}:f(D)\to D,(y\mapsto x)$ 或 $x=f^{-1}(y),y\in f(D)$.

1.2.3　初等函数

基本初等函数：常值函数、幂函数、指数函数、对数函数、三角函数和反三角函数统称为基本初等函数.

初等函数：由基本初等函数经过有限次的四则运算和有限次的函数复合步骤所构成，并可用一个式子表示的函数，称为初等函数.

1.2.4　具有某些特性的函数

1. 有界函数

(1) f 为 D 上有上界函数：$\exists M>0,\forall x\in D,f(x)\leqslant M$.

(2) f 为 D 上有下界函数：$\exists M>0,\forall x\in D,f(x)\geqslant -M$.

(3) f 为 D 上有界函数：$\exists M>0,\forall x\in D,|f(x)|\leqslant M$.

(4) f 在 D 上的上确界：$\sup\limits_{x\in D}f(x)=\sup f(D)$.

(5) f 在 D 上的下确界：$\inf\limits_{x\in D}f(x)=\inf f(D)$.

2. 单调函数

(1) f 为区间 I 上（严格）增函数：$\forall x_1,x_2\in I$，且 $x_1<x_2$，总有 $f(x_1)\leqslant f(x_2)$.

(2) f 为区间 I 上（严格）减函数：$\forall x_1,x_2\in I$，且 $x_1<x_2$，总有 $f(x_1)\geqslant f(x_2)$.

3. 奇函数和偶函数

设 D 为对称于原点的数集，f 为定义在 D 上的函数. 若对每一个 $x\in D$ 有

(1) $f(-x)=-f(x)$，则称 f 为 D 上的奇函数；

(2) $f(-x)=f(x)$，则称 f 为 D 上的偶函数.

4. 周期函数

设 f 为定义在数集 D 上的函数，若存在 $\sigma>0$，使得对一切 $x\in D$，有 $f(x\pm\sigma)=f(x)$，则称 f 为周期函数，σ 称为 f 的一个周期.

1.2.5　几个特殊的函数

(1) 符号函数：$\operatorname{sgn}x=\begin{cases}1, & x>0,\\ 0, & x=0,\\ -1, & x<0.\end{cases}$

(2) 取整函数：$y=[x]$，$[x]$ 表示不大于 x 的最大整数.

(3) 狄利克雷(Dirichlet)函数：$D(x)=\begin{cases}1, & \text{当 } x \text{ 为有理数时},\\ 0, & \text{当 } x \text{ 为无理数时}.\end{cases}$

(4) 黎曼(Riemman) 函数:$R(x) = \begin{cases} \dfrac{1}{q}, & \text{当} x = \dfrac{p}{q}(p,q \in \mathbf{N}_+, \dfrac{p}{q} \text{为既约真分数}) \text{时}, \\ 0, & \text{当} x = 0,1 \text{和}(0,1) \text{内的无理数时}. \end{cases}$

例 1-3 设$f(x) = \begin{cases} 1, & x \text{为有理数} \\ 0, & x \text{为无理数} \end{cases}$. $g(x) = \dfrac{1}{x}$, 试问复合函数$f\circ g$和$g\circ f$是否存在?

解 由于$D_f = R, E^* = \{x \mid g(x) \in D_f\} \neq \Phi$,所以复合函数$f\circ g$存在,且

$$f[g(x)] = \begin{cases} 1, & x \text{为非零有理数} \\ 0, & x \text{为无理数} \end{cases}, x \in E^* = D_g$$

由于$D_g = R\backslash\{0\}, E^* = \{x \mid f(x) \in D_g\} = Q \neq \Phi$,所以$g\circ f$存在,且

$$g[f(x)] = 1, x \in E^* = Q$$

例 1-4 写出分别满足下列要求的函数的一个表达式:

(1) 定义域为$\mathbf{R}$,值域为$\{-1,0,1\}$的递减奇函数;

(2) 定义在闭区间$[0,1]$上的无界函数;

(3) 定义在$\mathbf{R}$上非常数周期函数,但无最小正周期;

(4) 定义在$[0,1]$的函数,它有反函数,但在$[0,1]$的任一子区间上都不是单调函数.

解 (1)$f(x) = \operatorname{sgn}x = \begin{cases} -1, & x > 0, \\ 0, & x = 0, \\ 1, & x < 0. \end{cases}$

(2)$f(x) = \begin{cases} \dfrac{1}{x}, & 0 < x \leqslant 1, \\ 0, & x = 0. \end{cases}$

(3)$f(x) = D(x) = \begin{cases} 1, & x \text{为有理数}, \\ 0, & x \text{为无理数}. \end{cases}$

任何正有理数都是f的周期,但无最小正周期.

(4)$f(x) = \begin{cases} x, & x \text{为}[0,1] \text{上的有理数}, \\ -x, & x \text{为}[0,1] \text{上的无理数}. \end{cases}$

f有反函数,但在$[0,1]$的任一子区间上都不是单调函数.

例 1-5 设f和g为D上的有界函数,证明:

(1) $\inf\limits_{x\in D}\{f(x) + g(x)\} \leqslant \inf\limits_{x\in D} f(x) + \sup\limits_{x\in D} g(x)$;

(2) $\sup\limits_{x\in D} f(x) + \inf\limits_{x\in D} g(x) \leqslant \sup\limits_{x\in D}\{f(x) + g(x)\}$.

证明 (1) $\forall x \in D$,有

$$\inf_{x\in D}\{f(x) + g(x)\} \leqslant f(x) + g(x) \leqslant f(x) + \sup_{x\in D} g(x)$$

则 $\forall x \in D$,有

$$\inf_{x\in D}\{f(x)+g(x)\}-\sup_{x\in D}g(x)\leqslant f(x)$$

即 $\inf\limits_{x\in D}\{f(x)+g(x)\}-\sup\limits_{x\in D}g(x)$ 是 $f(x)$ 在 D 上的一个下界，所以有

$$\inf_{x\in D}\{f(x)+g(x)\}-\sup_{x\in D}g(x)\leqslant\inf_{x\in D}f(x)$$

即
$$\inf_{x\in D}\{f(x)+g(x)\}\leqslant\inf_{x\in D}f(x)+\sup_{x\in D}g(x)$$

(2) 同理可证(略).

例1-6　设 f 在区间 I 上有界，记 $M=\sup\limits_{x\in I}f(x)$，$m=\inf\limits_{x\in I}f(x)$，证明：

$$\sup_{x',x''\in I}|f(x')-f(x'')|=M-m$$

证明　记 $S=\{|f(x')-f(x'')|:x',x''\in I\}$，以下证明 $\sup S=M-m$.

若 $M=m$，结论显然成立.

以下设 $M>m$.

(1) $\forall x',x''\in I$，$f(x'),f(x'')\in[m,M]$，显然有 $|f(x')-f(x'')|\leqslant M-m$.

(2) 由于 $M=\sup\limits_{x\in I}f(x)$，$m=\inf\limits_{x\in I}f(x)$，则 $\forall\varepsilon>0(\varepsilon<M-m)$，$\exists x',x''\in I$，使得

$$f(x')>M-\frac{\varepsilon}{2},\ f(x'')<m+\frac{\varepsilon}{2}$$

则
$$\left[m+\frac{\varepsilon}{2},M-\frac{\varepsilon}{2}\right]\subset(f(x''),f(x'))\subset[m,M]$$

所以有
$$|f(x')-f(x'')|>\left(M-\frac{\varepsilon}{2}\right)-\left(m+\frac{\varepsilon}{2}\right)=(M-m)-\varepsilon$$

由(1)(2)知 $\sup S=M-m$，即 $\sup\limits_{x',x''\in I}|f(x')-f(x'')|=M-m$.

例1-7　写出如下概念的正面陈述与否定陈述：

(1) 函数 $y=f(x)$ 在区间 I 上是有界函数；

(2) 函数 $y=f(x)$ 在区间 I 上是增函数；

(3) 函数 $y=f(x)$ 在区间 I 上是奇函数.

解　(1) 正面陈述：$\exists M>0$，$\forall x\in I$，总有 $|f(x)|\leqslant M$.

否定陈述：$\forall M>0$，$\exists x_0\in I$，满足 $|f(x_0)|>M$.

(2) 正面陈述：$\forall x_1,x_2\in I$，且 $x_1<x_2$，总有 $f(x_1)\leqslant f(x_2)$.

否定陈述：$\exists x_1,x_2\in I$，满足 $x_1<x_2$，但 $f(x_1)>f(x_2)$.

(3) 正面陈述：$\forall x\in I$，总有 $f(-x)=-f(x)$.

否定陈述：$\exists x_0\in I$，满足 $f(-x_0)\neq-f(x_0)$.

例1-8　证明函数 $f(x)=\dfrac{5x}{2x^2+3}$ 在 $\mathbf{R}$ 上有界.

证明 由于 $2x^2+3=(\sqrt{2}x)^2+(\sqrt{3})^2\geqslant 2|\sqrt{2}x\cdot\sqrt{3}|=2\sqrt{6}|x|$.

则
$$|f(x)|=\frac{5|x|}{2x^2+3}\leqslant\frac{5|x|}{2\sqrt{6}|x|}=\frac{5}{2\sqrt{6}}<2(x\neq 0)$$

当 $x=0$ 时,$|f(0)|=0<2$. 所以 $\forall x\in\mathbf{R}$,有 $|f(x)|\leqslant 2$, 即 f 在 $\mathbf{R}$ 上有界.

例 1-9 用定义证明函数 $f(x)=\dfrac{1}{x+1}$ 在其定义域上既无上界也无下界.

证明 $\forall M>0,\exists x_0=\dfrac{1}{M}-2<\dfrac{1}{M}-1$,有 $f(x_0)>M$. 所以 f 在其定义域 $D=R\backslash\{-1\}$ 上无上界.

$\forall M>0,\exists x_0=-1-\dfrac{1}{2M}>-1-\dfrac{1}{M}$,有 $f(x_0)=-2M<-M$. 所以 f 在其定义域 $D=R\backslash\{-1\}$ 上也无下界.

例 1-10 证明:函数 $f(x)(x\in D)$ 为严格单调函数的充要条件是:$\forall x_1,x_2,x_3\in D(x_1<x_2<x_3)$,有 $[f(x_1)-f(x_2)]\cdot[f(x_2)-f(x_3)]>0$.

证明 必要性:设 $f(x)$ 为 D 上严格单调增加(减少)函数,则 $\forall x_1,x_2,x_3\in D$,且 $x_1<x_2<x_3$,总有 $f(x_1)-f(x_2)<0,f(x_2)-f(x_3)<0$.
$$[f(x_1)-f(x_2)>0,f(x_2)-f(x_3)>0]$$
所以有
$$[f(x_1)-f(x_2)]\cdot[f(x_2)-f(x_3)]>0$$

充分性:若 $\forall x_1,x_2,x_3\in D$,且 $x_1<x_2<x_3$ 有
$$[f(x_1)-f(x_2)]\cdot[f(x_2)-f(x_3)]>0$$
则 $f(x_1)-f(x_2)$ 与 $f(x_2)-f(x_3)$ 同号.

若 $f(x_1)-f(x_2)<0,f(x_2)-f(x_3)<0$,则 $f(x)$ 在 D 上严格单调增加;

若 $f(x_1)-f(x_2)>0,f(x_2)-f(x_3)>0$,则 $f(x)$ 在 D 上严格单调减少.

总之函数 $f(x)$ 为 D 上严格单调函数.

例 1-11 设 f 为 $[-a,a]$ 上的奇(偶)函数. 证明:若 f 在 $[0,a]$ 上递增,则 f 在 $[-a,0]$ 上递增(减).

证明 任取 $x_1,x_2\in[-a,0],x_1<x_2$, 有 $-x_1,-x_2\in[0,a]$, 且 $-x_2<-x_1$. 又 f 在 $[0,a]$ 上递增,则 $f(-x_2)<f(-x_1)$.

若 f 为 $[-a,a]$ 上的奇函数,则由 $f(-x_2)<f(-x_1)$,有 $-f(x_2)<-f(x_1)$,从而 $f(x_2)>f(x_1)$,f 在 $[-a,0]$ 上递增.

若 f 为 $[-a,a]$ 上的偶函数,则由 $f(-x_2)<f(-x_1)$,有 $f(x_2)<f(x_1)$,从而 f 在 $[-a,0]$ 上递减.

例 1-12 设 f 定义在 $[-a,a]$ 上,证明:

(1) $F(x)=f(x)+f(-x),x\in[-a,a]$ 为偶函数;

(2) $G(x)=f(x)-f(-x),x\in[-a,a]$ 为奇函数；

(3) f 可表示为某个奇函数与某个偶函数之和.

证明　(1) $\forall x\in[-a,a],F(-x)=f(-x)+f(x)=F(x)$，即 $F(x)$ 为偶函数.

(2) $\forall x\in[-a,a],G(-x)=f(-x)-f(x)=-G(x)$，即 $G(x)$ 为奇函数.

(3) 设 $F_1(x)$ 为 $[-a,a]$ 上的偶函数，$G_1(x)$ 为 $[-a,a]$ 上的奇函数，且

$$f(x)=F_1(x)+G_1(x)$$

从而有

$$f(-x)=F_1(x)-G_1(x)$$

联立二式，解得：

$$F_1(x)=\frac{1}{2}[f(x)+f(-x)],G_1(x)=\frac{1}{2}[f(x)-f(-x)]$$

所以 $f(x)$ 在 $[-a,a]$ 上为偶函数 $F_1(x)$ 和奇函数 $G_1(x)$ 的和.

例1-13　试问 $y=|x|$ 是初等函数吗?

解　因为 $y=|x|=\sqrt{x^2}$，即 $y=|x|$ 是基本初等函数 $y=\sqrt{u}$ 和 $u=x^2$ 的复合函数，所以 $y=|x|$ 是初等函数.

例1-14　设 $a,b\in\mathbf{R}$，证明：

(1) $\max\{a,b\}=\frac{1}{2}(a+b+|a-b|)$；

(2) $\min\{a,b\}=\frac{1}{2}(a+b-|a-b|)$.

证明　由于 $\begin{cases}\max\{a,b\}+\min\{a,b\}=a+b,\\ \max\{a,b\}-\min\{a,b\}=|a-b|.\end{cases}$

解方程组得

$$\max\{a,b\}=\frac{1}{2}(a+b+|a-b|)$$

$$\min\{a,b\}=\frac{1}{2}(a+b-|a-b|)$$

例1-15　设 $f(x),g(x)$ 和 $h(x)$ 是初等函数，以下函数是初等函数吗?

(1) $|f(x)|$.

(2) $M(x)=\max\{f(x),g(x)\},m(x)=\min\{f(x),g(x)\}$.

(3) $F(x)=\begin{cases}-c, & 若 f(x)<-c,\\ f(x), & 若 |f(x)|\leqslant c,\ c>0 为常数,\\ c, & f(x)>c.\end{cases}$

(4) 对每一个 x，定义 $F(x)$ 是 $f(x),g(x)$ 和 $h(x)$ 中处于中间的一个值.

(5) 幂指函数 $f(x)^{g(x)}(f(x)>0)$.

解 (1) 由于$|f(x)| = \sqrt{f(x)^2}$,则$|f(x)|$是初等函数.

(2) 由于

$$M(x) = \max\{f(x),g(x)\} = \frac{1}{2}[f(x) + g(x) + |f(x) - g(x)|]$$

$$m(x) = \min\{f(x),g(x)\} = \frac{1}{2}[f(x) + g(x) - |f(x) - g(x)|]$$

则$M(x)$和$m(x)$是初等函数.

(3) 由于
$$F(x) = \max\{-c,\min\{f(x),c\}\}$$
或
$$F(x) = \min\{\max\{f(x),-c\},c\}$$
或
$$F(x) = \frac{1}{2}\{|f(x) + c| - |f(x) - c|\}$$
根据(2)知F是初等函数.

(4) 由于

$$F(x) = f(x) + g(x) + h(x) - \max\{f(x),g(x),h(x)\} - \min\{f(x),g(x),h(x)\}$$

而
$$\max\{f(x),g(x),h(x)\} = \max\{f(x),\max\{g(x),h(x)\}\}$$
$$\min\{f(x),g(x),h(x)\} = \min\{f(x),\min\{g(x),h(x)\}\}$$
则F是初等函数.

(5) 由于$f(x)^{g(x)} = e^{g(x)\ln f(x)}$,则$f(x)^{g(x)}$是初等函数.

例 1 - 16 证明关于函数$y = [x]$的如下不等式:

(1) 当$x > 0$时,$1 - x < x\left[\frac{1}{x}\right] \leqslant 1$;

(2) 当$x < 0$时,$1 \leqslant x\left[\frac{1}{x}\right] < 1 - x$.

证明 当$x \neq 0$时,有$\frac{1}{x} - 1 < \left[\frac{1}{x}\right] \leqslant \frac{1}{x}$.

(1) 当$x > 0$时,$x\left(\frac{1}{x} - 1\right) < x\left[\frac{1}{x}\right] \leqslant x \cdot \frac{1}{x}$

即
$$1 - x < x\left[\frac{1}{x}\right] \leqslant 1$$

(2) 当$x < 0$时,$x\left(\frac{1}{x} - 1\right) > x\left[\frac{1}{x}\right] \geqslant x \cdot \frac{1}{x}$

即
$$1 \leqslant x\left[\frac{1}{x}\right] < 1 - x$$

例 1 - 17 设f和g为区间I上的增函数,证明

$$\varphi(x) = \max\{f(x),g(x)\},\psi(x) = \min\{f(x),g(x)\}$$

也是 I 上的增函数.

证明　$\forall x_1, x_2 \in I, x_1 < x_2$,有 $f(x_1) \leqslant f(x_2), g(x_1) \leqslant g(x_2)$.

则
$$f(x_1) \leqslant \max\{f(x_2), g(x_2)\}$$
$$g(x_1) \leqslant \max\{f(x_2), g(x_2)\}$$

所以有
$$\max\{f(x_1), g(x_1)\} \leqslant \max\{f(x_2), g(x_2)\}$$

即
$$\varphi(x_1) \leqslant \varphi(x_2)$$

又
$$\min\{f(x_1), g(x_1)\} \leqslant f(x_2), \min\{f(x_1), g(x_1)\} \leqslant g(x_2)$$

所以有
$$\min\{f(x_1), g(x_1)\} \leqslant \min\{f(x_2), g(x_2)\}$$

即
$$\psi(x_1) \leqslant \psi(x_2)$$

因此 φ, ψ 都是区间 I 上的增函数.

例 1 - 18　试用符号函数表示下列函数:

$$(1) f(x) = \begin{cases} 1, & x > 1, \\ 0, & x = 1, \\ -1, & x < 1; \end{cases} \qquad (2) g(x) = \begin{cases} x^2, & x \geqslant 0, \\ -x^2, & x < 0. \end{cases}$$

解　(1) $f(x) = \operatorname{sgn}(x - 1)$.

(2) $g(x) = x^2 \operatorname{sgn} x$.

第2章　数列极限

2.1　数列极限的概念及性质

2.1.1　数列极限的定义

定义1　$\lim\limits_{n\to\infty}a_n=a$：$\forall\varepsilon>0,\exists N\in\mathbf{N}_+,\forall n>N,|a_n-a|<\varepsilon$；

$\lim\limits_{n\to\infty}a_n\neq a$：$\exists\varepsilon_0>0,\forall N\in\mathbf{N}_+,\exists n_0>N$，满足$|a_{n_0}-a|\geqslant\varepsilon_0$.

定义2　$\lim\limits_{n\to\infty}a_n=a$：$\forall\varepsilon>0$，数列$\{a_n\}$中至多有有限项在$U(a;\varepsilon)$外；

$\lim\limits_{n\to\infty}a_n\neq a$：$\exists\varepsilon_0>0$，数列$\{a_n\}$中有无限项在$U(a;\varepsilon_0)$外.

2.1.2　数列极限的性质

(1) 唯一性：若数列$\{a_n\}$收敛，则它只有一个极限.

(2) 有界性：若数列$\{a_n\}$收敛，则$\{a_n\}$为有界数列.

(3) 保号性：若$\lim\limits_{n\to\infty}a_n=a>b$(或$a<b$)，则存在$N\in\mathbf{N}_+$，使得当$n>N$时，有$a_n>b$(或$a_n<b$).

(4) 保不等式性：设数列$\{a_n\}$与$\{b_n\}$均收敛，若存在$N\in\mathbf{N}_+$，使得当$n>N$时，有$a_n\leqslant b_n$，则$\lim\limits_{n\to\infty}a_n\leqslant\lim\limits_{n\to\infty}b_n$.

(5) 迫敛性：设收敛数列$\{a_n\}$，$\{b_n\}$都以a为极限，数列$\{c_n\}$满足：存在正整数N_0，当$n>N_0$时，有$a_n\leqslant c_n\leqslant b_n$，则数列$\{c_n\}$收敛，且$\lim\limits_{n\to\infty}c_n=a$.

(6) 四则运算法则：若$\{a_n\}$，$\{b_n\}$为收敛数列，则$\{a_n+b_n\}$，$\{a_n-b_n\}$，$\{a_n\cdot b_n\}$也都收敛，且有

$$\lim_{n\to\infty}(a_n\pm b_n)=a\pm b=\lim_{n\to\infty}a_n\pm\lim_{n\to\infty}b_n$$
$$\lim_{n\to\infty}(a_n\cdot b_n)=a\cdot b=\lim_{n\to\infty}a_n\cdot\lim_{n\to\infty}b_n$$

当$b_n\neq0(n=1,2,\cdots)$及$\lim\limits_{n\to\infty}b_n\neq0$时，数列$\left\{\dfrac{a_n}{b_n}\right\}$也收敛，且有

$$\lim_{n\to\infty}\frac{a_n}{b_n}=\frac{a}{b}=\frac{\lim\limits_{n\to\infty}a_n}{\lim\limits_{n\to\infty}b_n}$$

特别地,若 $b_n = c$,则$\lim\limits_{n\to\infty}(a_n + c) = \lim\limits_{n\to\infty}a_n + c$,$\lim\limits_{n\to\infty}ca_n = c\lim\limits_{n\to\infty}a_n$.

2.1.3　无穷大数列

(1) $\lim\limits_{n\to\infty}a_n = +\infty$: $\forall G > 0, \exists N \in \mathbf{N}_+, \forall n > N, a_n > G$.

$\lim\limits_{n\to\infty}a_n \neq +\infty$: $\exists G_0 > 0, \forall N \in \mathbf{N}_+, \exists n_0 > N$,满足 $a_{n_0} \leqslant G_0$.

(2) $\lim\limits_{n\to\infty}a_n = -\infty$: $\forall G > 0, \exists N \in \mathbf{N}_+, \forall n > N, a_n < -G$.

$\lim\limits_{n\to\infty}a_n \neq -\infty$: $\exists G_0 > 0, \forall N \in \mathbf{N}_+, \exists n_0 > N$,满足 $a_{n_0} \geqslant -G_0$.

(3) $\lim\limits_{n\to\infty}a_n = \infty$: $\forall G > 0, \exists N \in \mathbf{N}_+, \forall n > N, |a_n| > G$.

$\lim\limits_{n\to\infty}a_n \neq \infty$: $\exists G_0 > 0, \forall N \in \mathbf{N}_+, \exists n_0 > N$,满足 $|a_{n_0}| \leqslant G_0$.

例 2 - 1　证明:若$\lim\limits_{n\to\infty}a_n = a$,则对任意正整数 k,有$\lim\limits_{n\to\infty}a_{n+k} = a$.

证明　方法一:由于$\lim\limits_{n\to\infty}a_n = a$,则 $\forall \varepsilon > 0$, $\{a_n\}$ 中至多有有限项落在 $U(a;\varepsilon)$ 外. 而 $\{a_{n+k}\}$ 是 $\{a_n\}$ 去掉前 k 项得到的数列, $\{a_{n+k}\}$ 中也至多有有限项落在 $U(a;\varepsilon)$ 外,所以 $\lim\limits_{n\to\infty}a_{n+k} = a$.

方法二: 因为$\lim\limits_{n\to\infty}a_n = a$,则 $\forall \varepsilon > 0, \exists N \in \mathbf{N}_+$,当 $n > N$,有 $|a_n - a| < \varepsilon$. 对于任意正整数 k,当 $n > N$ 时,$n + k > N$,也有 $|a_{n+k} - a| < \varepsilon$,所以$\lim\limits_{n\to\infty}a_{n+k} = a$.

例 2 - 2　设 $\{a_n\}$ 是给定数列, $\{b_n\}$ 是对 $\{a_n\}$ 增加、减少或改变有限项后得到的数列. 证明:数列 $\{b_n\}$ 与 $\{a_n\}$ 同时收敛或同时发散,且在收敛时两者极限相等.

证明　(1) 设 $\{a_n\}$ 是收敛数列,且$\lim\limits_{n\to\infty}a_n = a$. 由定义 2, $\forall \varepsilon > 0$,数列 $\{a_n\}$ 中至多有有限项在 $U(a;\varepsilon)$ 外,而 $\{b_n\}$ 是对 $\{a_n\}$ 增加、减少或改变有限项后得到的数列,故从某一项开始, $\{b_n\}$ 中的每一项都是 $\{a_n\}$ 中确定的项,所以 $\{b_n\}$ 中也至多有有限项在 $U(a;\varepsilon)$ 外,因此 $\{b_n\}$ 收敛,且$\lim\limits_{n\to\infty}b_n = a$.

(2) 设 $\{a_n\}$ 是发散数列. 假设 $\{b_n\}$ 收敛,因为 $\{a_n\}$ 可以看作对 $\{b_n\}$ 增加、减少或改变有限项后得到的数列,故由(1) 的证明知, $\{a_n\}$ 收敛,矛盾,所以 $\{b_n\}$ 发散.

例 2 - 3　用定义证明:数列$\left\{\dfrac{1}{n}\right\}$不以 1 为极限.

证明　方法一:取 $\varepsilon_0 = \dfrac{1}{2}$, $\forall N \in \mathbf{N}_+$, 取 $n_0 = 2N$, 则 $n_0 > N$,且 $\left|\dfrac{1}{n_0} - 1\right| = 1 - \dfrac{1}{2N} \geqslant \dfrac{1}{2} = \varepsilon_0$. 由定义 1 知数列$\left\{\dfrac{1}{n}\right\}$不以 1 为极限.

方法二:取 $\varepsilon_0 = \dfrac{1}{2}$,数列$\left\{\dfrac{1}{n}\right\}$中所有 $n \geqslant 2$ 的项都落在 $U(1;\varepsilon_0)$ 外,由定义 2 知数列

$\left\{\frac{1}{n}\right\}$不以 1 为极限.

例 2 - 4 证明:若$\lim\limits_{n\to\infty}a_n = a$,则$\lim\limits_{n\to\infty}|a_n| = |a|$. 当且仅当 a 为何值时反之成立?

证明 因为$\lim\limits_{n\to\infty}a_n = a$,则 $\forall \varepsilon > 0, \exists N \in \mathbf{N}_+$, 当 $n > N$ 时,有 $|a_n - a| < \varepsilon$. 则当 $n > N$ 时,也有 $||a_n| - |a|| \leqslant |a_n - a| < \varepsilon$, 所以$\lim\limits_{n\to\infty}|a_n| = |a|$.

当且仅当 $a = 0$ 时,反之成立.

事实上,由于$\lim\limits_{n\to\infty}|a_n| = 0$,则 $\forall \varepsilon > 0, \exists N \in \mathbf{N}_+$,当 $n > N$ 时,有

$$|a_n - 0| = ||a_n| - 0| < \varepsilon$$

所以$\lim\limits_{n\to\infty}a_n = 0$.

若 $a \neq 0$,反之不成立. 例如,$a_n = 1 + \frac{1}{n}, a = -1$. 显然$\lim\limits_{n\to\infty}|a_n| = 1 = |a|$,但$\lim\limits_{n\to\infty}a_n = 1 \neq -1 = a$.

例 2 - 5 按定义 1 证明:

(1) $\lim\limits_{n\to\infty}\frac{\sqrt{n+\sqrt{n}}}{\sqrt{n+1}} = 1$; (2) $\lim\limits_{n\to\infty}\frac{2n^2-1}{2n^2-7n} = 1$.

证明 (1) 由于

$$\left|\frac{\sqrt{n+\sqrt{n}}}{\sqrt{n+1}} - 1\right| = \left|\frac{\sqrt{n+\sqrt{n}} - \sqrt{n+1}}{\sqrt{n+1}}\right| = \frac{\sqrt{n}-1}{\sqrt{n+1}\left(\sqrt{n+\sqrt{n}} + \sqrt{n+1}\right)} \leqslant \frac{\sqrt{n}}{2\sqrt{n+1}\sqrt{n}} \leqslant \frac{1}{2\sqrt{n}}$$

则 $\forall \varepsilon > 0, \exists N = \left[\frac{1}{4\varepsilon^2}\right] + 1$,当 $n > N$ 时,有$\left|\frac{\sqrt{n+\sqrt{n}}}{\sqrt{n+1}} - 1\right| \leqslant \frac{1}{2\sqrt{n}} < \varepsilon$.

所以$\lim\limits_{n\to\infty}\frac{\sqrt{n+\sqrt{n}}}{\sqrt{n+1}} = 1$.

(2) 由于当 $n > 7$ 时,$\left|\frac{2n^2-1}{2n^2-7n} - 1\right| = \left|\frac{7n-1}{2n^2-7n}\right| = \frac{\frac{7}{n} - \frac{1}{n^2}}{2 - \frac{7}{n^2}} < \frac{7}{n}$. 则 $\forall \varepsilon > 0, \exists N = \max\left\{7, \left[\frac{7}{\varepsilon}\right] + 1\right\}$,当 $n > N$ 时,有$\left|\frac{2n^2-1}{2n^2-7n} - 1\right| < \frac{7}{n} < \varepsilon$.

所以$\lim\limits_{n\to\infty}\dfrac{2n^2-1}{2n^2-7n}=1$.

例2-6　证明:数列$\{a_n\}$收敛的充要条件为$\{a_n\}$的子列$\{a_{2k}\}$和$\{a_{2k-1}\}$都收敛于同一限.

证明　必要性:显然.

充分性　方法一:设$\lim\limits_{k\to\infty}a_{2k-1}=\lim\limits_{k\to\infty}a_{2k}=a$,由数列极限定义1知,$\forall\varepsilon>0$,分别存在正整数$K_1$和$K_2$,当$k>K_1$时,$|a_{2k-1}-a|<\varepsilon$;当$k>K_2$时,$|a_{2k}-a|<\varepsilon$.

取$N=\max\{2K_1-1,2K_2\}$,当$n>N$时,有$|a_n-a|<\varepsilon$,所以$\lim\limits_{n\to\infty}a_n=a$.

方法二:设$\lim\limits_{k\to\infty}a_{2k-1}=\lim\limits_{k\to\infty}a_{2k}=a$,则由数列极限定义2知,$\forall\varepsilon>0$,数列$\{a_{2k}\}$和$\{a_{2k-1}\}$中都至多有有限项在$U(a;\varepsilon)$外,所以数列$\{a_n\}$中也至多有有限项在$U(a;\varepsilon)$外,所以$\lim\limits_{n\to\infty}a_n=a$.

例2-7　设$\lim\limits_{n\to\infty}a_n=a$,证明:

(1) $\lim\limits_{n\to\infty}\dfrac{a_1+a_2+\cdots+a_n}{n}=a$(又问由此等式能否反过来推出$\lim\limits_{n\to\infty}a_n=a$);

(2) 若$a_n>0(n=1,2,\cdots)$,则$\lim\limits_{n\to\infty}\sqrt[n]{a_1a_2\cdots a_n}=a$.

证明　(1) 由于$\lim\limits_{n\to\infty}a_n=a$,则$\forall\varepsilon>0,\exists N_1\in\mathbf{N}_+$,当$n>N_1$,有$|a_n-a|<\varepsilon$.

当$n>N_1$时,

$$\left|\frac{a_1+a_2+\cdots+a_n}{n}-a\right|\leqslant\left|\frac{(a_1-a)+(a_2-a)+\cdots+(a_{N_1}-a)}{n}\right|+\frac{n-N_1}{n}\varepsilon$$

由于$\lim\limits_{n\to\infty}\dfrac{(a_1-a)+\cdots+(a_{N_1}-a)}{n}=0$,则对上述的$\varepsilon$,$\exists N_2\in\mathbf{N}_+$,当$n>N_2$时,$\left|\dfrac{(a_1-a)+\cdots+(a_{N_1}-a)}{n}\right|<\varepsilon$.

取$N=\max\{N_1,N_2\}$,当$n>N$时,$\left|\dfrac{a_1+a_2+\cdots+a_n}{n}-a\right|\leqslant2\varepsilon$.

所以$\lim\limits_{n\to\infty}\dfrac{a_1+a_2+\cdots+a_n}{n}=a$.

反过来不能推出$\lim\limits_{n\to\infty}a_n=a$.例如,取$a_n=(-1)^n,n=1,2,\cdots$.

$\lim\limits_{n\to\infty}\dfrac{a_1+a_2+\cdots+a_n}{n}=0$,但数列$\{a_n\}$发散.

(2) 由于$a_n>0(n=1,2,\cdots)$,则由保不等式性知$a\geqslant0$.

① 当$a=0$时,$0<\sqrt[n]{a_1a_2\cdots a_n}\leqslant\dfrac{a_1+a_2+\cdots+a_n}{n}$.

由(1)的结论及迫敛性有$\lim\limits_{n\to\infty}\sqrt[n]{a_1a_2\cdots a_n}=0=a$.

② 当$a>0$时,由$\lim\limits_{n\to\infty}\dfrac{1}{a_n}=\dfrac{1}{a}$及(1)的结论有$\lim\limits_{n\to\infty}\dfrac{\dfrac{1}{a_1}+\dfrac{1}{a_2}+\cdots+\dfrac{1}{a_n}}{n}=\dfrac{1}{a}$,

则$\lim\limits_{n\to\infty}\dfrac{n}{\dfrac{1}{a_1}+\dfrac{1}{a_2}+\cdots+\dfrac{1}{a_n}}=a$.

又$\dfrac{n}{\dfrac{1}{a_1}+\dfrac{1}{a_2}+\cdots+\dfrac{1}{a_n}}\leqslant\sqrt[n]{a_1a_2\cdots a_n}\leqslant\dfrac{a_1+a_2+\cdots+a_n}{n}$.

由迫敛性有$\lim\limits_{n\to\infty}\sqrt[n]{a_1a_2\cdots a_n}=a$.

例2－8 设$\lim\limits_{n\to\infty}a_n=a$.证明:

(1) $\lim\limits_{n\to\infty}\dfrac{[na_n]}{n}=a$;

(2) 若$a>0,a_n>0,n=1,2,\cdots$,则$\lim\limits_{n\to\infty}\sqrt[n]{a_n}=1$.

证明 (1) 由于$na_n-1<[na_n]\leqslant na_n$,则

$$\frac{na_n-1}{n}<\frac{[na_n]}{n}\leqslant\frac{na_n}{n}$$

又$\lim\limits_{n\to\infty}\dfrac{na_n-1}{n}=\lim\limits_{n\to\infty}\dfrac{na_n}{n}=a$,则根据迫敛性有$\lim\limits_{n\to\infty}\dfrac{[na_n]}{n}=a$.

(2) 由于$\lim\limits_{n\to\infty}a_n=a$,则对于$\varepsilon=\dfrac{a}{2}>0$,存在$\exists N\in\mathbf{N}_+$,当$n>N$时,

$$|a_n-a|<\varepsilon=\frac{a}{2}$$

即
$$\frac{a}{2}<a_n<\frac{3a}{2}$$

所以当$n>N$时,

$$\sqrt[n]{\frac{a}{2}}<\sqrt[n]{a_n}<\sqrt[n]{\frac{3a}{2}}$$

又$\lim\limits_{n\to\infty}\sqrt[n]{\dfrac{a}{2}}=\lim\limits_{n\to\infty}\sqrt[n]{\dfrac{3a}{2}}=1$,则根据迫敛性$\lim\limits_{n\to\infty}\sqrt[n]{a_n}=1$.

例2－9 利用迫敛性求下列极限:

(1) $\lim\limits_{n\to\infty}\left(\dfrac{1}{n+\sqrt{1}}+\dfrac{1}{n+\sqrt{2}}+\cdots+\dfrac{1}{n+\sqrt{n}}\right)$;

(2) $\lim\limits_{n\to\infty}\sqrt[n]{a_1^n+a_2^n+\cdots+a_p^n}$,其中 $a_1,a_2,\cdots,a_p$ 是 p 个正数;

(3) $\lim\limits_{n\to\infty}\left(1+\dfrac{1}{2}+\dfrac{1}{3}+\cdots+\dfrac{1}{n}\right)^{\frac{1}{n}}$;

(4) $\lim\limits_{n\to\infty}\left(1+\dfrac{1}{n}+\dfrac{1}{n^2}\right)$.

解 (1) 由于$\dfrac{n}{n+\sqrt{n}}\leqslant\dfrac{1}{n+\sqrt{1}}+\dfrac{1}{n+\sqrt{2}}+\cdots+\dfrac{1}{n+\sqrt{n}}\leqslant\dfrac{n}{n+\sqrt{1}}$,又由于$\lim\limits_{n\to\infty}\dfrac{n}{n+\sqrt{n}}=\lim\limits_{n\to\infty}\dfrac{n}{n+\sqrt{1}}=1$,根据迫敛性知

$$\lim_{n\to\infty}\left(\frac{1}{n+\sqrt{1}}+\frac{1}{n+\sqrt{2}}+\cdots+\frac{1}{n+\sqrt{n}}\right)=1$$

(2) 记 $A=\max\{a_1,a_2,\cdots,a_p\}$.

$$\sqrt[n]{A}\leqslant\sqrt[n]{a_1^n+a_2^n+\cdots+a_p^n}\leqslant\sqrt[n]{nA}=\sqrt[n]{n}\cdot\sqrt[n]{A}$$

又$\lim\limits_{n\to\infty}\sqrt[n]{A}=\lim\limits_{n\to\infty}\sqrt[n]{n}\cdot\sqrt[n]{A}=1$,则根据迫敛性知

$$\lim_{n\to\infty}\sqrt[n]{a_1^n+a_2^n+\cdots+a_p^n}=A=\max\{a_1,a_2,\cdots,a_n\}$$

(3) 由于$1\leqslant\left(1+\dfrac{1}{2}+\dfrac{1}{3}+\cdots+\dfrac{1}{n}\right)^{\frac{1}{n}}\leqslant\sqrt[n]{n}$,利用$\lim\limits_{n\to\infty}\sqrt[n]{n}=1$ 及迫敛性知

$$\lim_{n\to\infty}\left(1+\frac{1}{2}+\frac{1}{3}+\cdots+\frac{1}{n}\right)^{\frac{1}{n}}=1$$

(4) $\left(1+\dfrac{1}{n}\right)^n<\left(1+\dfrac{1}{n}+\dfrac{1}{n^2}\right)^n<\left(1+\dfrac{1}{n-1}\right)^n$,又由于$\lim\limits_{n\to\infty}\left(1+\dfrac{1}{n}\right)=\mathrm{e}$,$\lim\limits_{n\to\infty}\left(1+\dfrac{1}{n-1}\right)^n=\lim\limits_{n\to\infty}\left(1+\dfrac{1}{n-1}\right)^{n-1}\left(1+\dfrac{1}{n-1}\right)=\mathrm{e}$,再由迫敛性知

$$\lim_{n\to\infty}\left(1+\frac{1}{n}+\frac{1}{n^2}\right)=\mathrm{e}$$

例2-10 证明:

(1) $\dfrac{1}{2}\cdot\dfrac{3}{4}\cdot\cdots\cdot\dfrac{2n-1}{2n}<\dfrac{1}{\sqrt{2n+1}}$;

(2) $\lim\limits_{n\to\infty}\dfrac{1}{2}\cdot\dfrac{3}{4}\cdot\cdots\cdot\dfrac{2n-1}{2n}=0$;

(3) $\lim\limits_{n\to\infty}\sqrt[n]{\dfrac{1\cdot3\cdot5\cdot\cdots\cdot(2n-1)}{2\cdot4\cdot6\cdot\cdots\cdot(2n)}}=1$.

证明 (1) 利用不等式$\frac{a}{b}<\frac{a+1}{b+1}(b>a>0)$,有

$$a_n=\frac{1}{2}\cdot\frac{3}{4}\cdot\cdots\cdot\frac{2n-1}{2n}<\frac{2}{3}\cdot\frac{4}{5}\cdot\cdots\cdot\frac{2n}{2n+1}=\frac{1}{a_n(2n+1)}$$

从而

$$a_n<\frac{1}{\sqrt{2n+1}}$$

即

$$\frac{1}{2}\cdot\frac{3}{4}\cdot\cdots\cdot\frac{2n-1}{2n}<\frac{1}{\sqrt{2n+1}}$$

(2) 由(1)有

$$0<\frac{1}{2}\cdot\frac{3}{4}\cdot\cdots\cdot\frac{2n-1}{2n}<\frac{1}{\sqrt{2n+1}}$$

根据迫敛性知

$$\lim_{n\to\infty}\frac{1}{2}\cdot\frac{3}{4}\cdot\cdots\cdot\frac{2n-1}{2n}=0$$

(3) 因为$\frac{1}{2n}\leqslant\frac{3}{2}\cdot\frac{5}{4}\cdot\cdots\cdot\frac{2n-1}{2n-2}\cdot\frac{1}{2n}=\frac{1\cdot3\cdot5\cdot\cdots\cdot(2n-1)}{2\cdot4\cdot6\cdot\cdots\cdot(2n)}\leqslant1$

所以

$$\frac{1}{\sqrt[n]{2}\cdot\sqrt[n]{n}}\leqslant\sqrt[n]{\frac{1\cdot3\cdot5\cdot\cdots\cdot(2n-1)}{2\cdot4\cdot6\cdot\cdots\cdot(2n)}}\leqslant1$$

由于$\lim\limits_{n\to\infty}\frac{1}{\sqrt[n]{2}\cdot\sqrt[n]{n}}=1$,则根据迫敛性知

$$\lim_{n\to\infty}\sqrt[n]{\frac{1\cdot3\cdot5\cdot\cdots\cdot(2n-1)}{2\cdot4\cdot6\cdot\cdots\cdot(2n)}}=1$$

例 2-11 求下列极限:

(1) $\lim\limits_{n\to\infty}(1+x)(1+x^2)\cdots(1+x^{2^n})$,其中$|x|<1$;

(2) $\lim\limits_{n\to\infty}\left(1-\frac{1}{2^2}\right)\left(1-\frac{1}{3^2}\right)\cdots\left(1-\frac{1}{n^2}\right)$;

(3) $\lim\limits_{n\to\infty}\left[\frac{1}{1\cdot2\cdot3}+\frac{1}{2\cdot3\cdot4}+\cdots+\frac{1}{n(n+1)(n+2)}\right]$;

(4) $\lim\limits_{n\to\infty}\left(1-\frac{1}{1+2}\right)\left(1-\frac{1}{1+2+3}\right)\cdots\left(1-\frac{1}{1+2+\cdots+n}\right)$;

(5) $\lim\limits_{n\to\infty}\frac{1}{\sqrt[n]{2^{1+2+\cdots+n}}}$;

(6) $\lim\limits_{n\to\infty}(\sqrt[8]{n^2+1}-\sqrt[4]{n+1})$.

解 (1) $\lim\limits_{n\to\infty}(1+x)(1+x^2)\cdots(1+x^{2^n})$

$$= \lim_{n\to\infty}\frac{(1-x)(1+x)(1+x^2)\cdots(1+x^{2^n})}{1-x}$$

$$= \lim_{n\to\infty}\frac{1-x^{2^{n+1}}}{1-x} = \frac{1}{1-x}$$

(2) $\lim\limits_{n\to\infty}\left(1-\dfrac{1}{2^2}\right)\left(1-\dfrac{1}{3^2}\right)\cdots\left(1-\dfrac{1}{n^2}\right)$

$$= \lim_{n\to\infty}\frac{2^2-1}{2^2}\cdot\frac{3^2-1}{3^2}\cdot\cdots\cdot\frac{n^2-1}{n^2}$$

$$= \lim_{n\to\infty}\frac{1\cdot 3}{2^2}\cdot\frac{2\cdot 4}{3^2}\cdot\frac{3\cdot 5}{4^2}\cdot\cdots\cdot\frac{(n-1)(n+1)}{n^2}$$

$$= \lim_{n\to\infty}\frac{1}{2}\cdot\frac{n+1}{n} = \frac{1}{2}$$

(3) $\lim\limits_{n\to\infty}\left[\dfrac{1}{1\cdot 2\cdot 3}+\dfrac{1}{2\cdot 3\cdot 4}+\cdots+\dfrac{1}{n(n+1)(n+2)}\right]$

$$= \lim_{n\to\infty}\frac{1}{2}\left[\left(\frac{1}{1\cdot 2}-\frac{1}{2\cdot 3}\right)+\left(\frac{1}{2\cdot 3}-\frac{1}{3\cdot 4}\right)+\cdots+\left(\frac{1}{n(n+1)}-\frac{1}{(n+1)(n+2)}\right)\right]$$

$$= \lim_{n\to\infty}\frac{1}{2}\left[\frac{1}{2}-\frac{1}{(n+1)(n+2)}\right] = \frac{1}{4}$$

(4) $\lim\limits_{n\to\infty}\left(1-\dfrac{1}{1+2}\right)\left(1-\dfrac{1}{1+2+3}\right)\cdots\left(1-\dfrac{1}{1+2+\cdots+n}\right)$

$$= \lim_{n\to\infty}\frac{1\cdot 4}{2\cdot 3}\cdot\frac{2\cdot 5}{3\cdot 4}\cdot\cdots\cdot\frac{(n-1)(n+2)}{n(n+1)}$$

$$= \lim_{n\to\infty}\frac{1}{3}\cdot\frac{n+2}{n} = \frac{1}{3}$$

(5) $\lim\limits_{n\to\infty}\dfrac{1}{\sqrt[n]{2^{1+2+\cdots+n}}} = \lim\limits_{n\to\infty}\left(\dfrac{1}{2}\right)^{\frac{1}{2}(n+1)} = 0$

(6) $\lim\limits_{n\to\infty}(\sqrt[8]{n^2+1}-\sqrt[4]{n+1}) = \lim\limits_{n\to\infty}[(\sqrt[8]{n^2+1}-\sqrt[8]{n^2})+(\sqrt[8]{n^2}-\sqrt[4]{n+1})]$

$$= \lim_{n\to\infty}\left[\frac{1}{(\sqrt[8]{n^2+1}+\sqrt[8]{n^2})(\sqrt[4]{n^2+1}+\sqrt[4]{n^2})(\sqrt{n^2+1}+n)}+\right.$$

$$\left.\frac{-1}{(\sqrt[8]{n^2}+\sqrt[4]{n+1})(\sqrt[4]{n^2}+\sqrt{n+1})}\right] = 0$$

2.2 数列收敛的条件

2.2.1 数列收敛的条件

(1) $\{a_n\}$ 收敛 $\Leftrightarrow \exists a \in R, \forall \varepsilon > 0, \exists N \in \mathbf{N}_+, \forall n > N$,有 $|a_n - a| < \varepsilon$.

(2) $\{a_n\}$ 收敛 $\Leftrightarrow \forall \varepsilon > 0, \exists N \in \mathbf{N}_+, \forall n,m > N$,有 $|a_n - a_m| < \varepsilon$,或 $\{a_n\}$ 收敛 $\Leftrightarrow \forall \varepsilon > 0, \exists N \in \mathbf{N}_+, \forall n > N, \forall p \in \mathbf{N}_+$,有 $|a_n - a_{n+p}| < \varepsilon$(柯西准则).

(3) $\{a_n\}$ 收敛 $\Leftrightarrow \{a_n\}$ 的任何子列都收敛.

(4) 若 $\{a_n\}$ 为有界的单调数列,则 $\{a_n\}$ 收敛(单调有界定理).

2.2.2 数列发散的条件

(1) 若 $\{a_n\}$ 无界,则 $\{a_n\}$ 发散.

(2) 若 $\{a_n\}$ 有一个发散子列,则 $\{a_n\}$ 发散.

(3) 若 $\{a_n\}$ 有两个子列不能收敛于同一极限,则 $\{a_n\}$ 发散.

(4) $\{a_n\}$ 发散 $\Leftrightarrow \forall a \in R, \exists \varepsilon_0 > 0, \forall N \in \mathbf{N}_+, \exists n_0 > N$,满足 $|a_{n_0} - a| \geqslant \varepsilon_0$.

(5) $\{a_n\}$ 发散 $\Leftrightarrow \exists \varepsilon_0 > 0, \forall N \in \mathbf{N}_+, \exists n_0, m_0 > N$,满足 $|a_{n_0} - a_{m_0}| \geqslant \varepsilon_0$.

例 2-12 证明:数列 $\{a_n\}$ 收敛的充分必要条件为 $\{a_n\}$ 的子列 $\{a_{2k}\}$,$\{a_{2k-1}\}$ 和 $\{a_{3k}\}$ 都收敛.

证明 必要性:显然.

充分性:由于 $\{a_{6k}\}$ 既是 $\{a_{2k}\}$ 的子列,又是 $\{a_{3k}\}$ 的子列,则有

$$\lim_{k\to\infty} a_{2k} = \lim_{k\to\infty} a_{6k} = \lim_{k\to\infty} a_{3k}$$

又由于 $\{a_{6k-3}\}$ 既是 $\{a_{2k-1}\}$ 的子列,又是 $\{a_{3k}\}$ 的子列,则有

$$\lim_{k\to\infty} a_{2k-1} = \lim_{k\to\infty} a_{6k-3} = \lim_{k\to\infty} a_{3k}$$

所以 $\lim\limits_{k\to\infty} a_{2k-1} = \lim\limits_{k\to\infty} a_{2k}$. 由 2.2 节例 2-6 知数列 $\{a_n\}$ 收敛.

例 2-13 证明:任何数列都存在单调子列.

证明 设数列为 $\{a_n\}$.

一种情况:$\forall k \in \mathbf{N}_+$,$\{a_{k+n}\}$ 存在最大项.

记 $\{a_{1+n}\}$ 的最大项为 a_{n_1},因为 $\{a_{n_1+n}\}$ 也存在最大项,记为 a_{n_2},显然 $a_{n_2} \leqslant a_{n_1}$,且 $n_2 > n_1$. 同理存在 $n_3 > n_2$,使得 $a_{n_3} \leqslant a_{n_2}$.

将上述过程无限进行下去,得到 $\{a_n\}$ 的一个单调递减子列 $\{a_{n_k}\}$.

另一种情况:$\exists k \in \mathbf{N}_+$,$\{a_{k+n}\}$ 不存在最大项.

记 $n_1 = k+1$，因为 $\{a_{k+n}\}$ 不存在最大项，故 a_{n_1} 后面总存在项 a_{n_2}，使得 $a_{n_2} > a_{n_1}$，显然 $n_2 > n_1$. 同理在 a_{n_2} 后面总存在项 a_{n_3} 使得 $a_{n_3} > a_{n_2}$，显然 $n_3 > n_2$.

将上述过程无限进行下去，得到 $\{a_n\}$ 的一个严格递增子列 $\{a_{n_k}\}$.

例 2－14　（致密性定理）证明：有界数列必有收敛子列.

证明　设 $\{a_n\}$ 是有界数列，由例 2－2 知 $\{a_n\}$ 存在单调子列，记为 $\{a_{n_k}\}$. 由于 $\{a_{n_k}\}$ 为有界单调数列，由单调有界定理知 $\{a_{n_k}\}$ 收敛.

例 2－15　设 $\{a_n\}$ 是单调数列，证明：若 $\{a_n\}$ 存在收敛子列，则数列 $\{a_n\}$ 收敛.

证明　设 $\{a_n\}$ 是递增数列，$\{a_{n_k}\}$ 为其收敛子列.

由于 $\{a_{n_k}\}$ 收敛，则 $\exists M > 0, \forall k \in \mathbf{N}_+, a_{n_k} \leqslant M$. 又由于 $\{a_n\}$ 是递增数列，则 $\forall k \in \mathbf{N}_+$，$a_k \leqslant a_{n_k} \leqslant M$. 所以 $\{a_n\}$ 是有界数列，根据单调有界定理知，数列 $\{a_n\}$ 收敛.

例 2－16　证明下列极限存在，并求其值：

(1) 设 $a_n = \sqrt{c}\,(c > 0), a_{n+1} = \sqrt{c + a_n}, n = 1,2,\cdots$；

(2) 设 $a_n = \dfrac{c^n}{n!}\,(c > 0), n = 1,2,\cdots$.

证明　(1) 显然 $a_n \leqslant a_{n+1}, n = 1,2,\cdots$，$\{a_n\}$ 是单调增加数列.

$a_1 = \sqrt{c} < c + 1$. 假设 $a_n < c + 1$，则 $a_{n+1} < \sqrt{2c+1} < \sqrt{c^2 + 2c + 1} = c + 1$. $c + 1$ 是数列 $\{a_n\}$ 的上界. 由单调有界定理知 $\{a_n\}$ 收敛.

设 $\lim\limits_{n\to\infty} a_n = a$. 将等式 $a_{n+1} = \sqrt{c + a_n}$ 两端取 $n \to \infty$ 时的极限，有 $a = \sqrt{c + a}$，即 $a^2 - a - c = 0\,(a \geqslant 0)$，得 $a = \dfrac{1}{2}(1 + \sqrt{1 + 4c})$.

(2) 方法一：当 $[c] = 0$ 时，$0 < c < 1$，$0 < \dfrac{c^n}{n!} < \dfrac{1}{n}$，由迫敛性知 $\lim\limits_{n\to\infty} \dfrac{c^n}{n!} = 0$.

当 $[c] > 0$ 时，$c \geqslant 1$，当 $n > [c]$ 时，则有

$$0 < \frac{c^n}{n!} = \frac{c}{1} \cdot \frac{c}{2} \cdot \cdots \cdot \frac{c}{[c]} \cdot \frac{c}{[c]+1} \cdot \cdots \cdot \frac{c}{n} < \frac{c^{[c]}}{[c]!} \cdot \frac{c}{n} = \frac{c^{[c]+1}}{[c]!} \cdot \frac{1}{n}$$

因为 $\dfrac{c^{[c]+1}}{[c]!}$ 是一个固定数，所以 $\lim\limits_{n\to\infty} \dfrac{c^{[c]+1}}{[c]!} \cdot \dfrac{1}{n} = 0$. 由迫敛性知 $\lim\limits_{n\to\infty} a_n = \lim\limits_{n\to\infty} \dfrac{c^n}{n!} = 0$.

方法二：由于 $\dfrac{a_{n+1}}{a_n} = \dfrac{c}{n+1}$，则取 $N = [c - 1] + 1$，$n > N$ 时，$\dfrac{c}{n+1} < 1$，即 $a_{n+1} < a_n$. 所以当 $n > N$ 时，$\{a_n\}$ 单调减少. 又 $a_n > 0, n = 1,2,\cdots$，即 $\{a_n\}$ 有下界. 由单调有界定理知 $\{a_n\}$ 收敛.

设 $\lim\limits_{n\to\infty} a_n = a$，将等式 $a_{n+1} = a_n \cdot \dfrac{c}{n+1}$ 两端取 $n \to \infty$ 时的极限，有 $a = a \cdot 0$，即 $a = 0$.

例 2－17 证明:(1) $\lim\limits_{n\to\infty}\dfrac{\lg n}{n^{\alpha}}=0(\alpha\geqslant 1)$;(2) $\lim\limits_{n\to\infty}\dfrac{1}{\sqrt[n]{n!}}=0$.

证明 (1) 方法一:由于$\lim\limits_{n\to\infty}\sqrt[n]{n}=1$, 则 $\forall\varepsilon>0,10^{\varepsilon}>1$.

由保号性,$\exists N\in\mathbf{N}_+$,当$n>N$时,$\sqrt[n]{n}<10^{\varepsilon}$. 所以当$n>N$时,$0<\lg\sqrt[n]{n}<\varepsilon$. 即当$n>N$时,$0<\dfrac{\lg n}{n}<\varepsilon$,因此$\lim\limits_{n\to\infty}\dfrac{\lg n}{n}=0$.

由于$\alpha\geqslant 1$, 则$0\leqslant\dfrac{\lg n}{n^{\alpha}}\leqslant\dfrac{\lg n}{n}$, 由迫敛性有$\lim\limits_{n\to\infty}\dfrac{\lg n}{n^{\alpha}}=0$.

方法二:利用不等式 $\lg x\leqslant x-1(x\geqslant 1)$.

由于$0\leqslant\dfrac{\lg n}{n^{\alpha}}\leqslant\dfrac{\lg n}{n}=\lg\sqrt[n]{n}\leqslant\sqrt[n]{n}-1$,$\lim\limits_{n\to\infty}(\sqrt[n]{n}-1)=0$, 由迫敛性有$\lim\limits_{n\to\infty}\dfrac{\lg n}{n^{\alpha}}=0$.

(2) 方法一: 设函数$f(x)=x(n+1-x)$,$0\leqslant x\leqslant n+1$.

当$1\leqslant x\leqslant n$时,$f(x)=x(n+1-x)\geqslant n$. 从而有

$$1\cdot n=1\cdot(n+1-1)\geqslant n$$
$$2\cdot(n-1)=2\cdot(n+1-2)\geqslant n$$
$$\vdots$$
$$n\cdot 1=n\cdot(n+1-n)\geqslant n$$

所以有

$$(n!)^2\geqslant n^n$$
$$n!\geqslant n^{\frac{n}{2}}$$
$$\sqrt[n]{n!}\geqslant\sqrt{n}$$
$$0<\frac{1}{\sqrt[n]{n!}}\leqslant\frac{1}{\sqrt{n}}$$

由迫敛性有

$$\lim_{n\to\infty}\frac{1}{\sqrt[n]{n!}}=0$$

方法二:利用$\lim\limits_{n\to\infty}\dfrac{c^n}{n!}=0(c>0)$.

$\forall\varepsilon>0$,由于$\lim\limits_{n\to\infty}\dfrac{\left(\dfrac{1}{\varepsilon}\right)^n}{n!}=0<1$, 则由保号性,$\exists N\in\mathbf{N}_+$, 当$n>N$时,$\dfrac{\left(\dfrac{1}{\varepsilon}\right)^n}{n!}<1$,即 $\dfrac{1}{\sqrt[n]{n!}}<\varepsilon$, 所以$\lim\limits_{n\to\infty}\dfrac{1}{\sqrt[n]{n!}}=0$.

方法三:利用 2.1 节例 2－7(2) 的结论,有

$$\lim_{n\to\infty}\frac{1}{\sqrt[n]{n!}}=\lim_{n\to\infty}\sqrt[n]{\frac{1}{1}\cdot\frac{1}{2}\cdot\cdots\cdot\frac{1}{n}}=\lim_{n\to\infty}\frac{1}{n}=0$$

例2－18　利用单调有界定理证明：

(1) $\lim\limits_{n\to\infty}\dfrac{2^n n!}{n^n}=0$;　　(2) $\lim\limits_{n\to\infty}n^k q^n=0(k\in\mathbf{N}_+,|q|<1)$;　　(3) $\lim\limits_{n\to\infty}\sqrt[n]{n}=1$.

解　(1) 记 $x_n=\dfrac{2^n n!}{n^n}$，则有

$$\lim_{n\to\infty}\frac{x_{n+1}}{x_n}=\lim_{n\to\infty}\frac{2}{\left(1+\dfrac{1}{n}\right)^n}=\frac{2}{\mathrm{e}}<1$$

则由保号性，$\exists N\in\mathbf{N}_+$，当 $n>N$ 时，$x_{n+1}<x_n$.

又 $x_n\geqslant 0,n=1,2,\cdots$，由单调有界定理知 $\{x_n\}$ 收敛，记 $\lim\limits_{n\to\infty}x_n=a$.

由于

$$x_{n+1}=\frac{2x_n}{\left(1+\dfrac{1}{n}\right)^n}$$

两端取极限得 $a=\dfrac{2}{\mathrm{e}}a$，从而 $a=0$，即 $\lim\limits_{n\to\infty}\dfrac{2^n n!}{n^n}=0$.

(2) 当 $q=0$ 时，结论显然成立.

当 $q\neq 0$ 时，记 $x_n=|n^k q^n|=n^k|q|^n,n=1,2,\cdots$. 则有

$$\lim_{n\to\infty}\frac{x_{n+1}}{x_n}=\lim_{n\to\infty}\left(\frac{n+1}{n}\right)^k|q|=|q|<1$$

由保号性，$\exists N\in\mathbf{N}_+$，当 $n>N$ 时，$x_{n+1}<x_n$.

又 $x_n\geqslant 0,n=1,2,\cdots$，由单调有界定理知 $\{x_n\}$ 收敛，记 $\lim\limits_{n\to\infty}x_n=a$.

由于

$$x_{n+1}=\left(\frac{n+1}{n}\right)^k|q|x_n$$

两端取极限得 $a=|q|a$，从而 $a=0$，即 $\lim\limits_{n\to\infty}|n^k q^n|=0$. 由2.1节的例2－4知 $\lim\limits_{n\to\infty}n^k q^n=0$.

(3) 因为 $\sqrt[n+1]{n+1}\leqslant\sqrt[n]{n}\Leftrightarrow(n+1)^n\leqslant n^{n+1}\Leftrightarrow\left(1+\dfrac{1}{n}\right)^n\leqslant n$，所以当 $n\geqslant 3$ 时，数列 $\{\sqrt[n]{n}\}$ 单调减少. 又 $\sqrt[n]{n}\geqslant 1$，即数列 $\{\sqrt[n]{n}\}$ 有下界，由单调有界定理知 $\lim\limits_{n\to\infty}\sqrt[n]{n}$ 存在，且 $\lim\limits_{n\to\infty}\sqrt[n]{n}\geqslant 1$.

记 $x_n=\sqrt[n]{n}$，$\lim\limits_{n\to\infty}x_n=a$，则

$$x_{2n}=\sqrt[2n]{2n}=\sqrt[n]{\sqrt{2}}\cdot\sqrt{\sqrt[n]{n}}=\sqrt[n]{\sqrt{2}}\cdot\sqrt{x_n}$$

两边取极限有 $a=1\cdot\sqrt{a}$，$a=0$ 或 1，但 $a\geqslant 1$，所以 $a=1$，即 $\lim\limits_{n\to\infty}\sqrt[n]{n}=1$.

例2－19　求下列极限：(1) $\lim\limits_{n\to\infty}\dfrac{n^k}{h^n}$；(2) $\lim\limits_{n\to\infty}\sqrt[n]{n^k+h^n}$（其中 $k\in\mathbf{N}_+,h>1$）.

解　(1) 方法一:记 $a_n = \frac{n^k}{h^n}$, 则

$$\frac{a_{n+1}}{a_n} = \frac{1}{h}\left(1 + \frac{1}{n}\right)^k$$

由于$\lim\limits_{n\to\infty}\left(1 + \frac{1}{n}\right)^k = 1 < h$, 则由保号性, $\exists N \in \mathbf{N}_+$, 当 $n > N$ 时, $\left(1 + \frac{1}{n}\right)^k < h$. 因此 $n > N$ 时, $\frac{a_{n+1}}{a_n} < 1$, 即 $n > N$ 时$\{a_n\}$ 单调减少.

又 $a_n > 0, n = 1,2,\cdots$,由单调有界定理知$\{a_n\}$ 收敛,记$\lim\limits_{n\to\infty}a_n = a$.

将 $a_{n+1} = a_n \cdot \frac{1}{h}\left(1 + \frac{1}{n}\right)^k$ 两端取 $n \to \infty$ 时的极限,有 $a = \frac{1}{h}a$,得 $a = 0$,即$\lim\limits_{n\to\infty}\frac{n^k}{h^n} = 0$.

方法二:记 $h = 1 + t$, 则 $t = h - 1 > 0$. $h^n = (1 + t)^n > C_n^{k+1}t^{k+1}$.

$$0 < \frac{n^k}{h^n} < \frac{n^k}{C_n^{k+1}t^{k+1}} = \frac{1}{t^{k+1}} \cdot \frac{(k + 1)!n^k}{n(n - 1)(n - 2)\cdots(n - k)}$$

而

$$\lim_{n\to\infty}\frac{n^k}{n(n - 1)(n - 2)\cdots(n - k)} = \lim_{n\to\infty}\frac{\frac{1}{n}}{\left(1 - \frac{1}{n}\right)\left(1 - \frac{2}{n}\right)\cdots\left(1 - \frac{k}{n}\right)} = 0$$

由数列极限的迫敛性知$\lim\limits_{n\to\infty}\frac{n^k}{h^n} = 0$.

(2) 根据本例(1) 及 2.1 节例 2 - 8(2) 有

$$\lim_{n\to\infty}\sqrt[n]{n^k + h^n} = \lim_{n\to\infty}\frac{\sqrt[n]{n^k + h^n}}{\sqrt[n]{h^n}} \cdot h = \lim_{n\to\infty}\sqrt[n]{\frac{n^k}{h^n} + 1} \cdot h = h$$

例 2 - 20　利用柯西准则证明:

(1) 数列 $a_n = \frac{\cos 1}{1 \cdot 2} + \frac{\cos 2}{2 \cdot 3} + \cdots + \frac{\cos n}{n(n + 1)}$ 收敛;

(2) 数列 $a_n = a_0 + a_1q + \cdots + a_nq^n(|q| < 1, |a_k| \leqslant M, M > 0)$ 收敛;

(3) 数列 $a_n = \sin\frac{n\pi}{2}$ 发散;

(4) 数列 $a_n = 1 + \frac{1}{\sqrt{2}} + \frac{1}{\sqrt{3}} + \cdots + \frac{1}{\sqrt{n}}$ 发散.

证明　(1) $\forall \varepsilon > 0, \exists N = \left[\frac{1}{\varepsilon}\right]$,当 $n > N$ 时, $\forall p \in \mathbf{N}_+$,有

$$|a_{n+p} - a_n| \leqslant \frac{1}{(n + 1)(n + 2)} + \frac{1}{(n + 2)(n + 3)} + \cdots + \frac{1}{(n + p)(n + p + 1)}$$

$$= \frac{1}{n+1} - \frac{1}{n+p+1} \leqslant \frac{1}{n} < \varepsilon$$

由柯西准则知该数列收敛.

(2) $\forall \varepsilon > 0(\varepsilon < 1), \exists N = \left[\frac{\ln\varepsilon}{\ln|q|}\right]$,当 $n > m > N$ 时,有

$$\begin{aligned} |a_n - a_m| &= |a_{m+1}q^{m+1} + a_{m+2}q^{m+2} + \cdots + a_n q^n| \\ &\leqslant M(|q|^{m+1} + |q|^{m+2} + \cdots + |q|^n) \\ &= M|q|^{m+1}(1 + |q| + |q|^2 + \cdots + |q|^{n-m-1}) \\ &= M|q|^{m+1}\frac{1-|q|^{n-m}}{1-|q|} < \frac{M|q|}{1-|q|}|q|^m < \frac{M|q|}{1-|q|}\varepsilon \end{aligned}$$

由柯西准则知该数列收敛.

(3) 取 $\varepsilon_0 = \frac{1}{2}, \forall N \in \mathbf{N}_+$, 取 $n_0 = 4N+1, m_0 = 4N$, 则 $n_0, m_0 > N$,且

$$|a_{n_0} - a_{m_0}| = \left|\sin\left(2N\pi + \frac{\pi}{2}\right) - \sin 2N\pi\right| = 1 > \frac{1}{2} = \varepsilon_0$$

由柯西准则知该数列发散.

(4) $\exists \varepsilon_0 = \frac{1}{2}, \forall N \in \mathbf{N}_+, \exists n_0 = 2N > N, p_0 = N$,有

$$\begin{aligned} |a_{n_0+p_0} - a_{n_0}| &= \frac{1}{\sqrt{n_0+1}} + \frac{1}{\sqrt{n_0+2}} + \cdots + \frac{1}{\sqrt{n_0+p_0}} \\ &= \frac{1}{\sqrt{2N+1}} + \frac{1}{\sqrt{2N+2}} + \cdots + \frac{1}{\sqrt{2N+N}} \geqslant \frac{N}{\sqrt{3N}} \\ &\geqslant \frac{1}{\sqrt{3}} > \varepsilon_0 \end{aligned}$$

由柯西准则知数列 $a_n = 1 + \frac{1}{\sqrt{2}} + \frac{1}{\sqrt{3}}\cdots + \frac{1}{\sqrt{n}}$ 发散.

例 2－21 数列$\{a_n\}$满足:$\exists M > 0, \forall n \in \mathbf{N}_+$,有

$$A_n = |a_2 - a_1| + |a_3 - a_2| + \cdots + |a_n - a_{n-1}| \leqslant M$$

证明:数列$\{a_n\}$与$\{A_n\}$收敛.

证明 由条件知数列$\{A_n\}$递增有上界,由单调有界定理知$\{A_n\}$收敛.

由于$\{A_n\}$收敛,则由柯西收敛准则,$\forall \varepsilon > 0, \exists N \in \mathbf{N}_+$,当 $n > m > N$ 时,

$$\begin{aligned} |a_n - a_m| &\leqslant |a_{m+1} - a_m| + |a_{m+2} - a_{m+1}| + \cdots + |a_n - a_{n-1}| \\ &= |A_n - A_m| < \varepsilon. \end{aligned}$$

由柯西准则知数列$\{a_n\}$收敛.

第3章　函数极限与函数的连续性

3.1　函数极限的定义与性质 · 无穷小量与无穷大量

3.1.1　函数极限的定义与性质

1. 正常极限

(1) $\lim\limits_{x\to x_0}f(x)=A$: $\forall\varepsilon>0,\exists\delta>0$, 当 $x\in U^0(x_0;\delta)$ 时,总有 $|f(x)-A|<\varepsilon$.

(2) $\lim\limits_{x\to x_0^+}f(x)=A$: $\forall\varepsilon>0,\exists\delta>0$, 当 $x\in U_+^0(x_0;\delta)$ 时,总有 $|f(x)-A|<\varepsilon$.

(3) $\lim\limits_{x\to x_0^-}f(x)=A$: $\forall\varepsilon>0,\exists\delta>0$, 当 $x\in U_-^0(x_0;\delta)$ 时,总有 $|f(x)-A|<\varepsilon$.

(4) $\lim\limits_{x\to\infty}f(x)=A$: $\forall\varepsilon>0,\exists X>0$, 当 $|x|>X$ 时,总有 $|f(x)-A|<\varepsilon$.

(5) $\lim\limits_{x\to+\infty}f(x)=A$: $\forall\varepsilon>0,\exists X>0$, 当 $x>X$ 时,总有 $|f(x)-A|<\varepsilon$.

(6) $\lim\limits_{x\to-\infty}f(x)=A$: $\forall\varepsilon>0,\exists X>0$, 当 $x<-X$ 时,总有 $|f(x)-A|<\varepsilon$.

2. 非正常极限

(1) $\lim\limits_{x\to x_0}f(x)=\infty$: $\forall G>0,\exists\delta>0$,当 $x\in U^0(x_0;\delta)$ 时,总有 $|f(x)|>G$.

(2) $\lim\limits_{x\to x_0}f(x)=+\infty$: $\forall G>0,\exists\delta>0$,当 $x\in U^0(x_0;\delta)$ 时,总有 $f(x)>G$.

(3) $\lim\limits_{x\to x_0}f(x)=-\infty$: $\forall G>0,\exists\delta>0$,当 $x\in U^0(x_0;\delta)$ 时,总有 $f(x)<-G$.

函数(包括数列)的非正常极限共有21种.

3. 函数极限的性质

函数极限的性质包括唯一性、局部有界性、局部保号性、迫敛性、四则运算法则和复合运算法则.

3.1.2　无穷小量与无穷大量

1. 无穷小量

若 $\lim\limits_{x\to x_0}f(x)=0$, 则称 f 为当 $x\to x_0$ 时的无穷小量. 同理还有自变量其他趋向的无穷小量.

2. 无穷小量阶的比较

无穷小型阶包括高阶无穷小量、同阶无穷小量和等价无穷小量.

3. 要熟记的等价无穷小量

(1) $\sin x \sim x(x \to 0)$;　(2) $\tan x \sim x(x \to 0)$;

(3) $\arcsin x \sim x(x \to 0)$;　(4) $\arctan x \sim x(x \to 0)$;

(5) $e^x - 1 \sim x(x \to 0)$;　(6) $\ln(1+x) \sim x(x \to 0)$;

(7) $\ln x \sim x - 1(x \to 1)$;　(8) $\sqrt[n]{1+x} - 1 \sim \frac{1}{n}x(x \to 0)$;

(9) $1 - \cos x \sim \frac{1}{2}x^2(x \to 0)$;　(10) $(1+x)^\alpha - 1 \sim \alpha x(x \to 0)(\alpha \neq 0)$.

以下证明 $(1+x)^\alpha - 1 \sim \alpha x(x \to 0)(\alpha \neq 0)$:

记 $t = (1+x)^\alpha - 1$,则 $\alpha\ln(1+x) = \ln(1+t)$,$x \to 0 \Leftrightarrow t \to 0$.

$$\lim_{x \to 0}\frac{(1+x)^\alpha - 1}{\alpha x} = \lim_{x \to 0}\frac{(1+x)^\alpha - 1}{\alpha\ln(1+x)} = \lim_{t \to 0}\frac{t}{\ln(1+t)} = 1$$

其中应用了 $\ln(1+x) \sim x(x \to 0)$.

4. 无穷大量

对于自变量的某种趋向(包括 $n \to \infty$),所有以 ∞, $+\infty$, $-\infty$ 为非正常极限的函数(包括数列),都称为无穷大量.

例3-1　证明:$\lim\limits_{x \to 2}(x^2 - 6x + 8) = 0$.

证明　$\forall \varepsilon > 0$, 取 $\delta = \min\left\{1, \frac{\varepsilon}{3}\right\}$, 当 $0 < |x-2| < \delta$ 时,有

$$|(x^2 - 6x + 8) - 0| = |(x-2)(x-4)| \leqslant |x-2| \cdot (|x-2| + 2) \leqslant 3|x-2| < \varepsilon$$

所以 $\lim\limits_{x \to 2}(x^2 - 6x + 8) = 0$.

例3-2　设 $\lim\limits_{x \to x_0}f(x) = A$,证明:$\lim\limits_{h \to 0}f(x_0 + h) = A$.

证明　由于 $\lim\limits_{x \to x_0}f(x) = A$, 则 $\forall \varepsilon > 0, \exists \delta > 0$, 当 $0 < |x - x_0| < \delta$ 时,

$$|f(x) - A| < \varepsilon$$

当 $0 < |h - 0| < \delta$ 时,$0 < |(x_0 + h) - x_0| < \delta$, 也有

$$|f(x_0 + h) - A| < \varepsilon$$

所以 $\lim\limits_{h \to 0}f(x_0 + h) = A$.

例3-3　$\lim\limits_{x \to +\infty}f(x) = A$, 证明:$\lim\limits_{x \to 0^+}f\left(\frac{1}{x}\right) = A$.

证明　由于 $\lim\limits_{x \to +\infty}f(x) = A$, 则 $\forall \varepsilon > 0, \exists M > 0$, 当 $x > M$ 时,有

$$|f(x) - A| < \varepsilon$$

取 $\delta = \frac{1}{M}$, 当 $0 < x < \delta$ 时, $\frac{1}{x} > M$, 也有

$$\left|f\left(\frac{1}{x}\right) - A\right| < \varepsilon$$

所以 $\lim\limits_{x \to 0^+} f\left(\frac{1}{x}\right) = A$.

例 3 - 4　设 $f(x) > 0, \lim\limits_{x \to x_0} f(x) = A.$,证明: $\lim\limits_{x \to x_0} \sqrt[n]{f(x)} = \sqrt[n]{A}$, 其中 $n \geqslant 2$ 为正整数.

证明　方法一:由于 $f(x) > 0, \lim\limits_{x \to x_0} f(x) = A$, 根据保不等式性知 $A \geqslant 0$.

(1) $A = 0$:

由 $\lim\limits_{x \to x_0} f(x) = 0$ 知, $\forall \varepsilon > 0, \exists \delta > 0$, 当 $0 < |x - x_0| < \delta$ 时,有

$$|f(x) - 0| = f(x) < \varepsilon^n$$

则当 $0 < |x - x_0| < \delta$ 时,有

$$\left|\sqrt[n]{f(x)} - 0\right| = \sqrt[n]{f(x)} < \varepsilon$$

所以 $\lim\limits_{x \to x_0} \sqrt[n]{f(x)} = 0$.

(2) $A > 0$:

由 $\lim\limits_{x \to x_0} f(x) = A$ 知, $\forall \varepsilon > 0, \exists \delta > 0$, 当 $0 < |x - x_0| < \delta$ 时,有

$$|f(x) - A| < A^{\frac{n-1}{n}} \varepsilon$$

则当 $0 < |x - x_0| < \delta$ 时,有

$$\left|\sqrt[n]{f(x)} - \sqrt[n]{A}\right| = \frac{|f(x) - A|}{[f(x)]^{\frac{n-1}{n}} + [f(x)]^{\frac{n-2}{n}} A^{\frac{1}{n}} + \cdots + A^{\frac{n-1}{n}}} \leqslant \frac{|f(x) - A|}{A^{\frac{n-1}{n}}} < \varepsilon$$

所以 $\lim\limits_{x \to x_0} \sqrt[n]{f(x)} = \sqrt[n]{A}$.

方法二:利用不等式 $\forall x, y \geqslant 0, \forall n \in \mathbf{N}_+$, 有 $\sqrt[n]{x + y} \leqslant \sqrt[n]{x} + \sqrt[n]{y}$.

由于 $f(x) > 0, \lim\limits_{x \to x_0} f(x) = A$, 根据保不等式性知 $A \geqslant 0$.

由条件 $\forall \varepsilon > 0, \exists \delta > 0$, 当 $0 < |x - x_0| < \delta$ 时,有

$$A - \varepsilon^n < f(x) < A + \varepsilon^n$$

由左边不等式有 $\sqrt[n]{A} < \sqrt[n]{f(x) + \varepsilon^n} \leqslant \sqrt[n]{f(x)} + \varepsilon$, 即

$$\sqrt[n]{A} - \varepsilon < \sqrt[n]{f(x)}$$

由右边不等式有 $\sqrt[n]{f(x)} < \sqrt[n]{A + \varepsilon^n} \leqslant \sqrt[n]{A} + \varepsilon$, 即

$$\sqrt[n]{f(x)} < \sqrt[n]{A} + \varepsilon$$

从而当 $0<|x-x_0|<\delta$ 时，$\left|\sqrt[n]{f(x)}-\sqrt[n]{A}\right|<\varepsilon$，所以 $\lim\limits_{x\to x_0}\sqrt[n]{f(x)}=\sqrt[n]{A}$.

方法三：利用不等式 $\forall x,y\geqslant 0,\forall n\in\mathbf{N}_+$，有 $\left|\sqrt[n]{x}-\sqrt[n]{y}\right|\leqslant\sqrt[n]{|x-y|}$.

由于 $f(x)>0,\lim\limits_{x\to x_0}f(x)=A$，则根据保不等式性知 $A\geqslant 0$.

由条件 $\forall\varepsilon>0,\exists\delta>0$，当 $0<|x-x_0|<\delta$ 时，有 $|f(x)-A|<\varepsilon^n$.

从而当 $0<|x-x_0|<\delta$ 时，

$$\left|\sqrt[n]{f(x)}-\sqrt[n]{A}\right|\leqslant\sqrt[n]{|f(x)-A|}<\sqrt[n]{\varepsilon^n}=\varepsilon$$

所以 $\lim\limits_{x\to x_0}\sqrt[n]{f(x)}=\sqrt[n]{A}$.

例3－5　求下列极限：

(1) $\lim\limits_{x\to 3^-}(x-[x])$；

(2) $\lim\limits_{x\to 1^+}([x]+1)^{-1}$；

(3) $\lim\limits_{x\to+\infty}\left[\sqrt{(a+x)(b+x)}-\sqrt{(a-x)(b-x)}\right]$；

(4) $\lim\limits_{x\to-\infty}\dfrac{x}{\sqrt{x^2-a^2}}$；

(5) $\lim\limits_{x\to 0}\dfrac{\sqrt{1+x}-\sqrt{1-x}}{\sqrt[3]{1+x}-\sqrt[3]{1-x}}$；

(6) $\lim\limits_{x\to 1}\left(\dfrac{m}{1-x^m}-\dfrac{n}{1-x^n}\right)$，$m,n$ 为正整数；

(7) $\lim\limits_{x\to 0}\dfrac{\tan x-\sin x}{\sin^3 x}$；

(8) $\lim\limits_{x\to 0}\dfrac{\sin x-\tan x}{(\sqrt[3]{1+x^2}-1)(\sqrt{1+\sin x}-1)}$.

解　(1) 因为 $2<x<3$ 时，$x-[x]=x-2$，所以 $\lim\limits_{x\to 3^-}(x-[x])=3-2=1$.

(2) 因为 $1<x<2$ 时，$[x]+1=2$，所以 $\lim\limits_{x\to 1^+}([x]+1)^{-1}=\dfrac{1}{2}$.

(3) $\lim\limits_{x\to+\infty}\left[\sqrt{(a+x)(b+x)}-\sqrt{(a-x)(b-x)}\right]$

$$=\lim_{x\to+\infty}\frac{2(a+b)x}{\sqrt{(a+x)(b+x)}+\sqrt{(a-x)(b-x)}}$$

$$=\lim_{x\to+\infty}\frac{2(a+b)\dfrac{x}{|x|}}{\sqrt{\left(\dfrac{a}{x}+1\right)\left(\dfrac{b}{x}+1\right)}+\sqrt{\left(\dfrac{a}{x}-1\right)\left(\dfrac{b}{x}-1\right)}}=a+b.$$

(4) $\lim\limits_{x\to-\infty}\dfrac{x}{\sqrt{x^2-a^2}}=\lim\limits_{x\to-\infty}\dfrac{\frac{x}{|x|}}{\sqrt{1-\frac{a^2}{x^2}}}=-1.$

(5) $\lim\limits_{x\to0}\dfrac{\sqrt{1+x}-\sqrt{1-x}}{\sqrt[3]{1+x}-\sqrt[3]{1-x}}$

$$=\lim_{x\to0}\frac{[(1+x)^{\frac{1}{6}}]^3-[(1-x)^{\frac{1}{6}}]^3}{[(1+x)^{\frac{1}{6}}]^2-[(1-x)^{\frac{1}{6}}]^2}$$

$$=\lim_{x\to0}\frac{[(1+x)^{\frac{1}{6}}-(1-x)^{\frac{1}{6}}][(1+x)^{\frac{1}{3}}+(1+x)^{\frac{1}{6}}(1-x)^{\frac{1}{6}}+(1-x)^{\frac{1}{3}}]}{[(1+x)^{\frac{1}{6}}-(1-x)^{\frac{1}{6}}][(1+x)^{\frac{1}{6}}+(1-x)^{\frac{1}{6}}]}$$

$$=\frac{3}{2}$$

(6) 方法一:

当 $n=m$ 时,极限为0.

当 $n\neq m$ 时,令 $y=x-1$, 则 $x\to1\Leftrightarrow y\to0$.

$$\lim_{x\to1}\left(\frac{m}{1-x^m}-\frac{n}{1-x^n}\right)$$

$$=\lim_{y\to0}\left[\frac{m}{1-(1+y)^m}-\frac{n}{1-(1+y)^n}\right]$$

$$=\lim_{y\to0}\frac{m[1-(1+y)^n]-n[1-(1+y)^m]}{[(1+y)^m-1][(1+y)^n-1]}$$

$$=\lim_{y\to0}\frac{n\left[my+\frac{m(m-1)}{2}y^2+o(y^2)\right]-m\left[ny+\frac{n(n-1)}{2}y^2+o(y^2)\right]}{[my+o(y)][ny+o(y)]}$$

$$=\lim_{y\to0}\frac{\frac{nm}{2}(m-n)y^2+o(y^2)}{[my+o(y)][ny+o(y)]}$$

$$=\lim_{y\to0}\frac{\frac{nm}{2}(m-n)+\frac{o(y^2)}{y^2}}{\left[m+\frac{o(y)}{y}\right]\left[n+\frac{o(y)}{y}\right]}$$

$$=\frac{m-n}{2}$$

方法二:

当 $n=m$ 时,极限为0.

当 $n \neq m$ 时，利用 $(1+x)^{\alpha}-1 \sim \alpha x(\alpha \neq 0)(x \to 0)$.

当 $x \to 1$ 时，

$$1-x^{m}=-\{[(x-1)+1]^{m}-1\} \sim -m(x-1)$$

$$1-x^{n}=-\{[(x-1)+1]^{n}-1\} \sim -n(x-1)$$

$$\begin{aligned}m-n+nx^{m}-mx^{n} &= m-n+n[(x-1)+1]^{m}-m[(x-1)+1]^{n}\\ &= m-n+n\left[1+m(x-1)+\frac{m(m-1)}{2}(x-1)^{2}+\cdots+(x-1)^{m}\right]-\\ &\quad m\left[1+n(x-1)+\frac{n(n-1)}{2}(x-1)^{2}+\cdots+(x-1)^{n}\right]\\ &= \frac{mn}{2}(m-n)(x-1)^{2}+o[(x-1)^{2}]\end{aligned}$$

$$\begin{aligned}\lim_{x\to 1}\left(\frac{m}{1-x^{m}}-\frac{n}{1-x^{n}}\right) &= \lim_{x\to 1}\frac{m-n+nx^{m}-mx^{n}}{(1-x^{m})(1-x^{n})}\\ &= \lim_{x\to 1}\frac{\frac{mn}{2}(m-n)(x-1)^{2}+o[(x-1)^{2}]}{mn(x-1)^{2}}=\frac{m-n}{2}\end{aligned}$$

方法三：

$$\lim_{x\to 1}\left(\frac{m}{1-x^{m}}-\frac{n}{1-x^{n}}\right)$$

$$=\lim_{x\to 1}\left[\frac{m}{(1-x)(1+x+\cdots+x^{m-1})}-\frac{n}{(1-x)(1+x+\cdots+x^{n-1})}\right]$$

$$=\lim_{x\to 1}\frac{m(1+x+\cdots+x^{n-1})-mn-n(1+x+\cdots+x^{m-1})+mn}{(1-x)(1+x+\cdots+x^{m-1})(1+x+\cdots+x^{n-1})}$$

$$=\lim_{x\to 1}\frac{m[(x-1)+\cdots+(x^{n-1}-1)]-n[(x-1)+\cdots+(x^{m-1}-1)]}{(1-x)(1+x+\cdots+x^{m-1})(1+x+\cdots+x^{n-1})}$$

$$=\lim_{x\to 1}-\frac{m[1+(x+1)+\cdots+(x^{n-2}+\cdots+1)]-n[1+(x+1)+\cdots+(x^{m-2}+\cdots+1)]}{(1+x+\cdots+x^{m-1})(1+x+\cdots+x^{n-1})}$$

$$=-\frac{m[1+2+\cdots+(n-1)]-n[1+2+\cdots+(m-1)]}{mn}$$

$$=-\frac{\frac{mn(n-1)}{2}-\frac{mn(m-1)}{2}}{mn}=\frac{m-n}{2}$$

(7) $\lim\limits_{x\to 0}\dfrac{\tan x-\sin x}{\sin^{3}x}=\lim\limits_{x\to 0}\dfrac{\tan x(1-\cos x)}{\sin^{3}x}=\lim\limits_{x\to 0}\dfrac{x\cdot\frac{1}{2}x^{2}}{x^{3}}=\dfrac{1}{2}$

(8) $\lim\limits_{x\to 0}\dfrac{\sin x-\tan x}{(\sqrt[3]{1+x^2}-1)(\sqrt{1+\sin x}-1)}=\lim\limits_{x\to 0}\dfrac{\tan x(\cos x-1)}{(\sqrt[3]{1+x^2}-1)(\sqrt{1+\sin x}-1)}$

$$=\lim_{x\to 0}\frac{x\left(-\frac{1}{2}x^2\right)}{\frac{1}{3}x^2\cdot\frac{1}{2}x}=-3$$

例 3-6 利用迫敛性求极限:

(1) $\lim\limits_{x\to-\infty}\dfrac{x-\cos x}{x}$; (2) $\lim\limits_{x\to+\infty}\dfrac{x\sin x}{x^2-4}$.

解 (1) 由于 $-1\leqslant-\cos x\leqslant 1$, 则 $x-1\leqslant x-\cos x\leqslant x+1$. 当 $x<0$ 时,

$$1-\frac{1}{x}\geqslant\frac{x-\cos x}{x}\geqslant 1+\frac{1}{x}$$

又 $\lim\limits_{x\to-\infty}\left(1-\dfrac{1}{x}\right)=\lim\limits_{x\to-\infty}\left(1+\dfrac{1}{x}\right)=1$, 根据迫敛性知

$$\lim_{x\to-\infty}\frac{x-\cos x}{x}=1$$

(2) 当 $x>2$ 时,有

$$-x\leqslant x\sin x\leqslant x$$

$$-\frac{x}{x^2-4}\leqslant\frac{x\sin x}{x^2-4}\leqslant\frac{x}{x^2-4}$$

又 $\lim\limits_{x\to+\infty}\dfrac{-x}{x^2-4}=\lim\limits_{x\to+\infty}\dfrac{x}{x^2-4}=0$, 根据迫敛性知

$$\lim_{x\to+\infty}\frac{x\sin x}{x^2-4}=0$$

例 3-7 证明:$\forall x_0\in\mathbf{R}$,既存在有理数数列以 x_0 为极限,又存在无理数数列以 x_0 为极限.

证明 记 $r_n=\dfrac{[nx]}{n}$,$s_n=\dfrac{[nx]+\sqrt{2}}{n}$,$n=1,2,\cdots$.

显然$\{r_n\}$为有理数数列,$\{s_n\}$为无理数数列. 由于$\dfrac{nx-1}{n}<r_n\leqslant\dfrac{nx}{n}$, 且

$$\lim_{n\to\infty}\frac{nx-1}{n}=\lim_{n\to\infty}\frac{nx}{n}=x$$

则根据迫敛性知$\lim\limits_{n\to\infty}r_n=x$,且有$\lim\limits_{n\to\infty}s_n=\lim\limits_{n\to\infty}\left(r_n+\dfrac{\sqrt{2}}{n}\right)=x$.

例 3-8 证明:

(1) $\lim\limits_{x\to 3}\dfrac{x}{x^2-9}=\infty$；　　(2) $\lim\limits_{x\to+\infty}a^x=+\infty,(a>1)$.

证明　(1) 限制 $|x-3|<1$,则

$$|x|=|3+(x-3)|\geqslant 3-|x-3|>2$$
$$|x+3|=|6+(x-3)|\leqslant 6+|x-3|<7$$

$\forall G>0$,取 $\delta=\min\left\{1,\dfrac{2}{7G}\right\}$,当 $0<|x-3|<\delta$ 时,有

$$\left|\frac{x}{x^2-9}\right|=\frac{|x|}{|x-3|\cdot|x+3|}\geqslant\frac{2}{7|x-3|}>G$$

所以 $\lim\limits_{x\to 3}\dfrac{x}{x^2-9}=\infty$.

(2) $\forall G>1$, $a^x>G\Leftrightarrow x\ln a>\ln G\Leftrightarrow x>\dfrac{\ln G}{\ln a}$.

取 $M=\dfrac{\ln G}{\ln a}$,当 $x>M$ 时,有 $a^x>G$,所以 $\lim\limits_{x\to+\infty}a^x=+\infty$.

例3-9　设在某 $U^o(x_0)$ 内 $g(x)\neq 0$,证明:若 $f(x)=o(g(x))$,则当 $x\to x_0$ 时,$f+g$ 与 g 为等价无穷小量.

证明　由于 $f(x)=o(g(x))$,则 $\lim\limits_{x\to x_0}\dfrac{f(x)}{g(x)}=0$.

$$\lim_{x\to x_0}\frac{f(x)+g(x)}{g(x)}=\lim_{x\to x_0}\frac{f(x)}{g(x)}+\lim_{x\to x_0}\frac{g(x)}{g(x)}=1$$

所以 $f(x)+g(x)\sim g(x)(x\to x_0)$.

例3-10　试确定 α 的值,使下列各函数与 x^α 是同阶无穷小量:

(1) $f(x)=2x+7x^3-x^6(x\to 0)$；

(2) $g(x)=\sqrt{2x^2+\sqrt[3]{x}}(x\to 0^+)$；

(3) $h(x)=\dfrac{x^2+x}{3x^4+1}(x\to\infty)$.

解　(1) 由例3-9知 $f(x)=2x+7x^3-x^6\sim 2x(x\to 0)$,则当 $\alpha=1$ 时,

$$\lim_{x\to 0}\frac{f(x)}{x}=2$$

$f(x)$ 与 x^α 是当 $x\to 0$ 时的同阶无穷小量.

(2) 由例3-9知 $g(x)=2x^2+\sqrt[3]{x}\sim\sqrt[3]{x}(x\to 0^+)$,从而

$$\sqrt{2x^2+\sqrt[3]{x}}\sim\sqrt[6]{x}(x\to 0^+)$$

则当 $\alpha=\dfrac{1}{6}$ 时,

$$\lim_{x\to 0^+}\frac{f(x)}{\sqrt[6]{x}}=1$$

$g(x)$ 与 x^α 是当 $x\to 0^+$ 时的同阶无穷小量.

(3) 由于$\lim\limits_{x\to\infty}\dfrac{h(x)}{x^{-2}}=\lim\limits_{x\to\infty}\dfrac{x^4+x^3}{3x^4+1}=\dfrac{1}{3}$,则 $\alpha=-2$ 时,$h(x)$ 与 x^α 是当 $x\to\infty$ 时的同阶无穷小量.

3.2 函数极限存在的条件 · 两个重要极限

3.2.1 函数极限存在的条件

以下定理只对 $x\to x_0$ 这种类型的函数极限进行叙述,其他类型函数极限有相应的结论.

(1) 归结原则(海涅定理):设f在 $U^0(x_0;\delta')$ 内有定义. $\lim\limits_{x\to x_0}f(x)$ 存在的充要条件为对于任何数列$\{x_n\}\subset U^0(x_0,\delta')$,且$\lim\limits_{n\to\infty}x_n=x_0$, 数列极限$\lim\limits_{n\to\infty}f(x_n)$ 都存在且相等.

对于四种类型的单侧极限,归结原则还有更强的形式.

例如,设函数f在 $U_+^0(x_0)$ 内有定义. $\lim\limits_{x\to x_0^+}f(x)$ 存在的充要条件为对于任何递减数列$\{x_n\}\subset U_+^0(x_0)$,且$\lim\limits_{n\to\infty}x_n=x_0$, 数列极限$\lim\limits_{n\to\infty}f(x_n)$ 都存在且相等.

(2) 函数的单调有界定理:设f为定义在 $U_+^0(x_0)$ 内的单调递增(减) 有界函数,则右极限$\lim\limits_{x\to x_0^+}f(x)$ 存在,且$\lim\limits_{x\to x_0^+}f(x)=\inf\limits_{x\in U_+^0(x_0)}f(x)\quad\sup\limits_{x\in U_+^0(x_0)}f(x)$.

(3) 柯西准则:设f在 $U^0(x_0;\delta')$ 内有定义. $\lim\limits_{x\to x_0}f(x)$ 存在的充要条件为:$\forall\varepsilon>0$, $\exists\delta>0$,使得对任何 $x',x''\in U^0(x_0;\delta)\subset U^0(x_0;\delta')$,总有$|f(x')-f(x'')|<\varepsilon$.

对于自变量的不同趋向,归结原则有六种形式,函数的单调有界定理有四种形式,柯西准则有六种形式,要求都会叙述、证明和应用.

3.2.2 两个重要极限

$$\lim_{x\to 0}\frac{\sin x}{x}=1;\qquad \lim_{x\to\infty}\left(1+\frac{1}{x}\right)^x=\mathrm{e}$$

例 3-11 设 $D(x)$ 为狄利克雷函数,$x_0\in\mathbf{R}$,证明:$\lim\limits_{x\to x_0}D(x)$ 不存在.

证明 方法一:取有理数列$\{r_n\}$ 和无理数列$\{S_n\}$,满足$\lim\limits_{n\to\infty}r_n=\lim\limits_{n\to\infty}s_n=x_0$.

$$\lim_{n\to\infty}D(r_n)=\lim_{n\to\infty}1=1$$
$$\lim_{n\to\infty}D(s_n)=\lim_{n\to\infty}0=0$$

二极限不相等,由归结原则知$\lim\limits_{x\to x_0}D(x)$不存在.

方法二:取$\varepsilon_0=\frac{1}{2}$,$\forall\delta>0$,取有理数$r\in U^0(x_0;\delta)$,取无理数$s\in U^0(x_0;\delta)$,显然有

$$|D(r)-D(s)|=|1-0|=1>\frac{1}{2}=\varepsilon_0$$

由柯西准则知$\lim\limits_{x\to x_0}D(x)$不存在.

例3-12　叙述函数极限$\lim\limits_{x\to+\infty}f(x)$存在的归结原则,并应用它证明$\lim\limits_{x\to+\infty}\sin x$不存在.

证明　函数极限$\lim\limits_{x\to+\infty}f(x)$存在的归结原则:

设函数$f(x)$在$(a,+\infty)$内有定义,$\lim\limits_{x\to+\infty}f(x)$存在的充要条件为$\forall\{x_n\}\subset(M,+\infty)$,且$\lim\limits_{n\to+\infty}x_n=+\infty$,极限$\lim\limits_{n\to\infty}f(x_n)$存在且相等.

取数列$x_n=2n\pi+\frac{\pi}{2}$,$y_n=n\pi$,则$\lim\limits_{n\to\infty}x_n=\lim\limits_{n\to\infty}y_n=+\infty$.

但是
$$\lim_{n\to\infty}f(x_n)=\lim_{n\to\infty}\sin\left(2n\pi+\frac{\pi}{2}\right)=1$$
$$\lim_{n\to\infty}f(y_n)=\lim_{n\to\infty}\sin n\pi=0$$
二极限不相等,由归结原则知$\lim\limits_{x\to+\infty}\sin x$不存在.

例3-13　证明:若f为周期函数,且$\lim\limits_{x\to+\infty}f(x)=A$,则$f(x)\equiv A$.

证明　记T为f的一个周期.

任取点x_0,记$x_n=x_0+nT$,$n=1,2,\cdots$,有$\lim\limits_{n\to\infty}x_n=+\infty$.

$$f(x_n)=f(x_0+nT)=f(x_0),n=1,2,\cdots\quad\lim_{n\to\infty}f(x_n)=f(x_0)$$

由归结原则知$\lim\limits_{n\to\infty}f(x_n)=\lim\limits_{x\to+\infty}f(x)=A$.

由极限的唯一性知$f(x_0)=A$.

由x_0的任意性知$f(x)\equiv A$.

例3-14　利用归结原则求极限:

(1) $\lim\limits_{n\to\infty}\sqrt{n}\sin\frac{\pi}{n}$;　　(2) $\lim\limits_{n\to\infty}\left(1+\frac{1}{n}+\frac{1}{n^2}\right)^n$.

解　(1) $\lim\limits_{x\to+\infty}\sqrt{x}\sin\frac{\pi}{x}=\lim\limits_{x\to+\infty}\dfrac{\sin\frac{\pi}{x}}{\frac{\pi}{x}}\cdot\frac{\pi}{\sqrt{x}}=0$.

记$x_n=n$,$n=1,2,\cdots$,则$\lim\limits_{n\to\infty}x_n=\lim\limits_{n\to\infty}n=+\infty$.由归结原则有

$$\lim_{n\to\infty}\sqrt{n}\sin\frac{\pi}{n}=\lim_{n\to\infty}\sqrt{x_n}\sin\frac{\pi}{x_n}=\lim_{x\to+\infty}\sqrt{x}\sin\frac{\pi}{x}=0$$

(2) $\left(1+\frac{1}{n}\right)^n < \left(1+\frac{1}{n}+\frac{1}{n^2}\right)^n = \left(1+\frac{1}{\frac{n^2}{n+1}}\right)^{\frac{n^2}{n+1}+\frac{n}{n+1}} < \left(1+\frac{1}{\frac{n^2}{n+1}}\right)^{\frac{n^2}{n+1}+1}$.

记 $x_n = \frac{n^2}{n+1}$, 则 $\lim\limits_{n\to\infty} x_n = +\infty$. 由归结原则有

$$\lim_{n\to\infty}\left(1+\frac{1}{x_n}\right)^{x_n+1} = \lim_{x\to+\infty}\left(1+\frac{1}{x}\right)^{x+1} = \mathrm{e}$$

又 $\lim\limits_{n\to\infty}\left(1+\frac{1}{n}\right)^n = \mathrm{e}$, 由追敛性知 $\lim\limits_{n\to\infty}\left(1+\frac{1}{n}+\frac{1}{n^2}\right)^n = \mathrm{e}$.

例 3 - 15 (1) 叙述函数极限 $\lim\limits_{x\to-\infty} f(x)$ 存在的柯西准则;

(2) 根据柯西准则叙述 $\lim\limits_{x\to-\infty} f(x)$ 不存在的充要条件;

(3) 应用柯西准则证明 $\lim\limits_{x\to-\infty} \cos x$ 不存在.

解 (1) 函数极限 $\lim\limits_{x\to-\infty} f(x)$ 存在的柯西准则:

设函数 $f(x)$ 在 $(-\infty, a)$ 内有定义, $\lim\limits_{x\to-\infty} f(x)$ 存在的充要条件为 $\forall\varepsilon>0, \exists M>0(M>-a)$, $\forall x_1, x_2\in(-\infty, -M)$, 总有 $|f(x_1)-f(x_2)|<\varepsilon$.

(2) $\lim\limits_{x\to-\infty} f(x)$ 不存在的充要条件为 $\exists\varepsilon_0>0, \forall M>0(M>-a), \exists x_1, x_2\in(-\infty, -M)$, 满足 $|f(x_1)-f(x_2)|\geqslant\varepsilon_0$.

(3) 取 $\varepsilon_0=\frac{1}{2}$, $\forall M>0$, 取 $n_0=[M]+1$, $x_1=-n_0\pi$, $x_2=-n_0\pi-\frac{\pi}{2}$. 则 $x_1, x_2\in(-\infty, -M)$, 使得

$$|f(x_1)-f(x_2)| = \left|\cos(-n_0\pi)-\cos\left(-n_0\pi-\frac{\pi}{2}\right)\right| = 1 > \frac{1}{2} = \varepsilon_0$$

由柯西准则知 $\lim\limits_{x\to-\infty} \cos x$ 不存在.

例 3 - 16 分别应用归结原则与柯西准则证明:当 $x\to+\infty$ 时,函数 $f(x)=\begin{cases}x, & x\text{ 为有理数}\\0, & x\text{ 为无理数}\end{cases}$ 极限不存在.

证明 应用归结原则:

取有理数列 $\{x_n\}$, 使 $\lim\limits_{n\to\infty} x_n=+\infty$, 有 $\lim\limits_{n\to\infty} f(x_n)=\lim\limits_{n\to\infty} x_n=+\infty$.

由归结原则知 $\lim\limits_{x\to+\infty} f(x)$ 不存在.

应用柯西准则:

取 $\varepsilon_0=1$, $\forall M>1$, 取有理数 $x_1>M$, 取无理数 $x_2=x_1+\frac{1}{\sqrt{2}}$. 则 $x_1, x_2\in(M, +\infty)$, 使

$$|f(x_1)-f(x_2)| = |x_1-0| = x_1 > M > 1 = \varepsilon_0$$

由柯西准则知 $\lim\limits_{x\to+\infty} f(x)$ 不存在.

例 3－17　设 f 为 $U^0(x_0)$ 上的递增函数. 证明:$f(x_0-0)$ 和 $f(x_0+0)$ 都存在,且

$$f(x_0-0)=\sup_{x\in U_-^0(x_0)} f(x);\quad f(x_0+0)=\inf_{x\in U_+^0(x_0)} f(x)$$

证明　因为 f 为 $U^0(x_0)$ 上的增函数, 取 $x_1\in U_+^0(x_0)$ 则 $f(x_1)$ 为 f 在 $U_-^0(x_0)$ 内的上界. 由确界原理知 $\sup\limits_{x\in U_-^0(x_0)} f(x)$ 存在,记为 A. 以下证明 $f(x_0-0)=A$:

由确界定义, $\forall\varepsilon>0$, $\exists x'\in U_-^0(x_0)$, 使 $A-\varepsilon<f(x')$. 记 $\delta=x_0-x'$. 则由 f 的递增性, $\forall x\in U_-^0(x_0;\delta)=(x',x_0)$,有

$$A-\varepsilon<f(x')\leqslant f(x)\leqslant A<A+\varepsilon$$

即

$$|f(x)-A|<\varepsilon$$

所以 $f(x_0-0)=A=\sup\limits_{x\in U_-^0(x_0)} f(x)$.

同理可以证明 $f(x_0+0)=\inf\limits_{x\in U_+^0(x_0)} f(x)$.

例 3－18　设 f 为 $U_-^0(x_0)$ 内的递增函数. 证明:若存在数列 $\{x_n\}\subset U_-^0(x_0)$,且 $x_n\to x_0(n\to\infty)$, 使得 $\lim\limits_{n\to\infty}f(x_n)=A$, 则有 $f(x_0-0)=\sup\limits_{x\in U_-^0(x_0)} f(x)=A$.

证明　由于 $\lim\limits_{n\to\infty}f(x_n)=A$, 则由收敛数列的有界性, $\exists M>0$, 使得 $f(x_n)\leqslant M, n=1,2,\cdots$.

任取 $x\in U_-^0(x_0)$,由于 $\lim\limits_{n\to\infty}x_n=x_0>x$, 则由保号性,存在 $n_0\in\mathbf{N}_+$, 使得 $x_{n_0}>x$. 又 f 为 $U_-^0(x_0)$ 内的递增函数,则 $f(x)\leqslant f(x_{n_0})\leqslant M$. 即 f 在 $U_-^0(x_0)$ 上有上界.

由例 3－17 的证明知 $f(x_0-0)=\sup\limits_{x\in U_-^0(x_0)} f(x)$.

由归结原则知 $f(x_0-0)=\lim\limits_{n\to\infty}f(x_n)=A$.

所以 $f(x_0-0)=\sup\limits_{x\in U_-^0(x_0)} f(x)=A$.

例 3－19　求下列极限:

(1) $\lim\limits_{x\to0}\dfrac{\sin5x-\sin3x}{\sin x}$;　　(2) $\lim\limits_{x\to1}\dfrac{\sin^2(x-1)}{(1-x)^2(x+2)}$;

(3) $\lim\limits_{x\to0}\sqrt[x]{1-2x}$;　　(4) $\lim\limits_{x\to+\infty}\left(\dfrac{3x+2}{3x-1}\right)^{2x-1}$.

解　(1) $$\lim_{x\to0}\frac{\sin5x-\sin3x}{\sin x}=\lim_{x\to0}\frac{\dfrac{\sin5x}{5x}\cdot5-\dfrac{\sin3x}{3x}\cdot3}{\dfrac{\sin x}{x}}=2$$

(2) $$\lim_{x\to1}\frac{\sin^2(x-1)}{(1-x)^2(x+2)}=\lim_{x\to1}\left[\frac{\sin(x-1)}{x-1}\right]^2\cdot\frac{1}{x+2}=\frac{1}{3}$$

(3) $\lim\limits_{x\to 0}\sqrt[x]{1-2x}=\lim\limits_{x\to 0}(1-2x)^{\frac{1}{x}}=\lim\limits_{x\to 0}\left[(1-2x)^{\frac{1}{-2x}}\right]^{-2}=\mathrm{e}^{-2}$

(4) $\lim\limits_{x\to +\infty}\left(\dfrac{3x+2}{3x-1}\right)^{2x-1}=\lim\limits_{x\to +\infty}\left[\left(1+\dfrac{3}{3x-1}\right)^{\frac{3x-1}{3}}\right]^{3\cdot\frac{2x-1}{3x-1}}=\mathrm{e}^{2}$

3.3 函数的连续性

3.3.1 函数的连续性

1. 函数 f 在 x_0 点的连续性定义

定义 1 设 f 在 $U(x_0)$ 内有定义. 若 $\lim\limits_{x\to x_0}f(x)=f(x_0)$, 则称 f 在 x_0 点连续.

定义 1′ 设 f 在 $U(x_0)$ 内有定义. 若 $\lim\limits_{\Delta x\to 0}\Delta y=0$, 则称 f 在 x_0 点连续.

其中 $\Delta y=f(x_0+\Delta x)-f(x_0)$, $x_0+\Delta x\in U(x_0)$.

定义 1″ 设 f 在 $U(x_0)$ 内有定义. 若 $\forall\varepsilon>0$, $\exists\delta>0$, 当 $x\in U(x_0;\delta)\subset U(x_0)$ 时, 有 $|f(x)-f(x_0)|<\varepsilon$, 则称 f 在 x_0 点连续.

定义 2 设 f 在 $U_-(x_0)$ 内有定义. 若 $\lim\limits_{x\to x_0^-}f(x)=f(x_0)$, 则称 f 在 x_0 点左连续.

定义 3 设 f 在 $U_+(x_0)$ 内有定义. 若 $\lim\limits_{x\to x_0^+}f(x)=f(x_0)$, 则称 f 在 x_0 点右连续.

2. 函数 f 在 x_0 点连续的条件

(1) 设 f 在 $U(x_0)$ 内有定义, f 在 x_0 点连续的充要条件为 f 在 x_0 点既左连续, 又右连续.

(2) 设 f 在 $U(x_0)$ 内有定义, f 在 x_0 点连续的充要条件为对于任何数列 $\{x_n\}\subset U(x_0)$, 且 $\lim\limits_{n\to\infty}x_n=x_0$, 都有 $\lim\limits_{n\to\infty}f(x_n)=f(x_0)$.

3. 连续函数的局部性质

连续函数的局部性质包括局部有界性、局部保号性、四则运算的保连续性和复合运算的保连续性.

4. 函数 f 在区间 I 上连续

若函数 f 在区间 I 上每一点都连续(若 I 包含区间端点,则 f 在端点单侧连续),则称函数 f 在区间 I 上连续.

3.3.2 间断点及间断点的分类

1. 间断点

设 f 在 $U^0(x_0)$ 内有定义,若 f 在 x_0 点无定义,或有定义而不连续,则称点 x_0 为 f 的间断点或不连续点.

2. 间断点的分类

第一类间断点：$f(x_0-0)$ 和 $f(x_0+0)$ 都存在的间断点 x_0 称为 f 的第一类间断点.

(1) 可去间断点：$\lim\limits_{x\to x_0}f(x)$ 存在，但 f 在 x_0 点无定义，或有定义，但 $\lim\limits_{x\to x_0}f(x)\neq f(x_0)$.

(2) 跳跃间断点：$f(x_0-0)$ 和 $f(x_0+0)$ 都存在，但 $f(x_0-0)\neq f(x_0+0)$.

第二类间断点：$f(x_0-0)$ 或 $f(x_0+0)$ 至少有一个不存在的间断点 x_0，称为 f 的第二类间断点.

3.3.3　初等函数的连续性与闭区间上连续函数的性质定理

1. 初等函数的连续性

任何初等函数都是其定义区间上的连续函数.

2. 闭区间上连续函数的性质定理

(1) 有界性定理：若 f 在闭区间 $[a,b]$ 上连续，则 f 在 $[a,b]$ 上有界.

(2) 最值定理：若 f 在闭区间 $[a,b]$ 上连续，则 f 在 $[a,b]$ 上有最大值与最小值.

(3) 介值定理：设 f 在闭区间 $[a,b]$ 上连续，且 $f(a)\neq f(b)$. 若 μ 是介于 $f(a)$ 和 $f(b)$ 之间的任何实数，则至少存在一点 $x_0\in(a,b)$，使得 $f(x_0)=\mu$.

(4) 根的存在性定理(零点定理)：若 f 在闭区间 $[a,b]$ 上连续，且 $f(a)$ 和 $f(b)$ 异号，则至少存在一点 $x_0\in(a,b)$，使得 $f(x_0)=0$.

例 3-20　指出函数 $f(x)=\begin{cases}x, & x\text{ 为有理数}\\ -x, & x\text{ 为无理数}\end{cases}$ 的间断点，并说明其类型.

解　$f(x)=xD_1(x)$，其中 $D_1(x)=\begin{cases}1, x\text{ 为有理数}\\ -1, x\text{ 为无理数}\end{cases}$，显然 $D_1(x)$ 为有界函数.

$\lim\limits_{x\to 0}f(x)=\lim\limits_{x\to 0}xD_1(x)=0=f(0)$. $f(x)$ 在 $x=0$ 点连续.

任取 $x_0\in R$，且 $x_0\neq 0$. 取有理数数列 $\{r_n\}\subset U_+^0(x_0)$，无理数数列 $\{s_n\}\subset U_+^0(x_0)$，且

$$\lim_{n\to\infty}r_n=\lim_{n\to\infty}s_n=x_0$$

$$\lim_{n\to\infty}f(r_n)=\lim_{n\to\infty}r_nD_1(r_n)=\lim_{n\to\infty}r_n=x_0$$

$$\lim_{n\to\infty}f(s_n)=\lim_{n\to\infty}s_nD_1(s_n)=\lim_{n\to\infty}(-s_n)=-x_0$$

二极限不相等，由归结原则知 $\lim\limits_{x\to x_0^+}f(x)$ 不存在. 所以 x_0 为 f 的间断点，且为第二类间断点.

例 3-21　指出 $x=0$ 是下列函数 f 的哪种类型间断点？若是可去间断点，则补充定义，或重新定义 $f(0)$ 的值，使 f 在 $x=0$ 点连续：

(1) $f(x)=x\sin\dfrac{1}{x}$；　　(2) $f(x)=\dfrac{1}{x^2}$；

(3) $f(x)=\operatorname{sgn}|\sin x|$;　　　　(4) $f(x)=x-[x]$.

解　(1) 由于 $\lim\limits_{x\to 0}f(x)=\lim\limits_{x\to 0}x\sin\dfrac{1}{x}=0$, f 在 $x=0$ 点无定义,则 $x=0$ 是 f 的可去间断点,所以令 $f(0)=0$, f 在 $x=0$ 点连续.

(2) 由于 $\lim\limits_{x\to 0^+}f(x)=\lim\limits_{x\to 0^+}\dfrac{1}{x^2}=+\infty$,所以 $x=0$ 是 f 的第二类间断点.

(3) 由于 $f(x)=\operatorname{sgn}|\sin x|=\begin{cases}1 & 0<|x|<\dfrac{\pi}{2}\\ 0 & x=0\end{cases}$,并有

$$\lim_{x\to 0}f(x)=\lim_{x\to 0}\operatorname{sgn}|\sin x|=1\neq f(0)=0$$

所以 $x=0$ 是 f 的可去间断点. 令 $f(0)=1$,

$$f(x)=\begin{cases}\operatorname{sgn}|\sin x| & 0<|x|<\dfrac{\pi}{2}\\ 1 & x=0\end{cases}$$

在 $x=0$ 点连续.

(4) 由于 $f(x)=x-[x]=\begin{cases}x+1 & -1<x<0\\ x & 0\leqslant x<1\end{cases}$, 且

$$\lim_{x\to 0^-}f(x)=\lim_{x\to 0^-}(x+1)=1$$
$$\lim_{x\to 0^+}f(x)=\lim_{x\to 0^+}x=0$$

所以 $x=0$ 是 f 的第一类间断点,且为跳跃间断点.

例 3－22　设 f,g 为区间 I 上的连续函数,证明:

(1) $|f(x)|$ 为区间 I 上的连续函数;

(2) $M(x)=\max\{f(x),g(x)\}$ 和 $m(x)=\min\{f(x),g(x)\}$ 为区间 I 上的连续函数.

证明　(1) 由于 $|f(x)|=\sqrt{f^2(x)}$,又 f 在 I 上连续,由复合函数的连续性知, $|f(x)|$ 为区间 I 上的连续函数.

(2) 由于

$$M(x)=\max\{f(x),g(x)\}=\frac{1}{2}[f(x)+g(x)+|f(x)-g(x)|]$$
$$m(x)=\min\{f(x),g(x)\}=\frac{1}{2}[f(x)+g(x)-|f(x)-g(x)|]$$

根据(1)的结论及连续函数四则运算的性质知 $M(x)$ 和 $m(x)$ 为区间 I 上的连续函数.

例 3－23　设 f 为 $\mathbf{R}$ 上的连续函数,常数 $c>0$,记

$$F(x)=\begin{cases}-c, & \text{若 } f(x)<-c\\ f(x), & \text{若 } |f(x)|\leqslant c\\ c, & \text{若 } f(x)>c\end{cases}$$

证明 F 在 $\mathbf{R}$ 上连续.

证明 由于

$$F(x)=\max\{-c,\min\{f(x),c\}\}$$

$$(=\min\{\max\{-c,f(x)\},c\})=\frac{1}{2}[\,|f(x)+c|-|f(x)-c|\,)]$$

由例 3 - 22 知 F 在 $\mathbf{R}$ 上的连续.

例 3 - 24 设 f 在 $[a,+\infty)$ 上连续,且 $\lim\limits_{x\to+\infty}f(x)$ 存在. 证明:

(1) f 在 $[a,+\infty)$ 上有界;

(2) f 在 $[a,+\infty)$ 上必有最大值或最小值.

证明 (1) 因为 $\lim\limits_{x\to+\infty}f(x)$ 存在,则由局部有界性,$\exists M>0$ 及 $G_1>0$,使得 $\forall x\in(M,+\infty)$ 时,有 $|f(x)|\leqslant G_1$.

又 f 在 $[a,M]$ 上连续,则 f 在 $[a,M]$ 上有界,即 $\exists G_2>0$, 使得当 $x\in[a,M]$ 时, $|f(x)|\leqslant G_2$.

取 $G=\max\{G_1,G_2\}$,则 $\forall x\in[a,+\infty)$,有 $|f(x)|\leqslant G$.

(2) 记 $\lim\limits_{x\to+\infty}f(x)=A$.

① 当 f 在 $[a,+\infty)$ 上是常值函数时,则 $f(x)\equiv A$,结论显然成立.

② 当 f 在 $[a,+\infty)$ 上不是常值函数时,必存在 $x_0\in[a,+\infty)$,使得 $f(x_0)\neq A$,不妨设 $f(x_0)<A$. 由局部保号性,存在 $b>x_0$, 当 $x\in(b,+\infty)$ 时,有 $f(x)>f(x_0)$. 因为 f 在 $[a,b]$ 上连续, 则存在 $x'\in[a,b]$,使得 $f(x')=m$ 为 f 在 $[a,b]$ 上有最小值. 又 $\forall x\in(b,+\infty)$, 有 $f(x)>f(x_0)\geqslant m$, 所以 m 为 $[a,+\infty)$ 上的最小值.

同理可以证明:当 $f(x_0)>A$ 时,f 在 $[a,+\infty)$ 上取得最大值.

若 $\exists x_1,x_2\in[a,+\infty)$, 使得 $f(x_1)<A<f(x_2)$, 则 f 在 $[a,+\infty)$ 上既取得最大值,又取得最小值.

例 3 - 25 设 f 在 (a,b) 内连续,且 $f(a+0)=f(b-0)=+\infty$. 证明:f 在 (a,b) 内能取到最小值.

证明 取 $x_0\in(a,b)$,由于 $f(a+0)=f(b-0)=+\infty$,则根据非正常极限的定义,对于 $f(x_0)$,分别存在 $\delta_1>0,\delta_2>0$,其中 $\delta_i<\dfrac{1}{2}(b-a)$,$i=1,2$,当 $x\in(a,a+\delta_1)$ 时,有 $f(x)>f(x_0)$; 当 $x\in(b-\delta_2,b)$ 时,有 $f(x)>f(x_0)$.

由于 f 在 $[a+\delta_1,b-\delta_2]$ 上连续,则存在 $x'\in[a+\delta_1,b-\delta_2]$,使得 $m=f(x')$ 为 f 在 $[a+\delta_1,b-\delta_2]$ 上的最小值.

由以上讨论知 $m=f(x')$ 也为 f 在 (a,b) 上的最小值.

例 3 - 26 设 f 在区间 I 上连续, 证明:

(1) 若对任何有理数 $r \in I$, 有 $f(r) = 0$, 则在 I 上 $f(x) \equiv 0$;

(2) 若对任何两个有理数 $r_1, r_2 \in I, r_1 < r_2$, 有 $f(r_1) < f(r_2)$, 则 f 在 I 上严格增.

证明 (1) 方法一:任取 $x_0 \in I$, 再取有理数列 $\{r_n\} \subset I$, 且 $\lim\limits_{n\to\infty} r_n = x_0$.

由于 f 在 x_0 点连续,则 $\lim\limits_{x\to x_0} f(x) = f(x_0)$. 根据归结原则有

$$\lim_{n\to\infty} f(r_n) = \lim_{x\to x_0} f(x) = f(x_0)$$

由条件知 $\lim\limits_{n\to\infty} f(r_n) = \lim\limits_{n\to\infty} 0 = 0$,由数列极限的唯一性知 $f(x_0) = 0$,由 x_0 的任意性知在 I 上 $f(x) \equiv 0$.

方法二:任取 $x_0 \in I$, 由于 f 在 x_0 点连续, 则 $\forall \varepsilon > 0, \exists \delta > 0$, 当 $x \in U(x_0;\delta)$ 且 $x \in I$ 时,有 $|f(x) - f(x_0)| < \varepsilon$.

由有理数的稠密性, 当 x 为 $U(x_0;\delta) \cap I$ 内有理数时,$f(x) = 0$. 所以有不等式: $|f(x_0)| < \varepsilon$ 成立. 由 ε 的任意性知 $f(x_0) = 0$. 由 x_0 的任意性知在 I 上 $f(x) \equiv 0$.

(2) 任取 $x_1, x_2 \in I$, 且 $x_1 < x_2$. 取有理数 $r_1, r_2 \in I, x_1 < r_1 < r_2 < x_2$. 取有理数列 $\{r_n'\} \subset (x_1, r_1), \{r_n''\} \subset (r_2, x_2)$, 且 $\lim\limits_{n\to\infty} r_n' = x_1; \lim\limits_{n\to\infty} r_n'' = x_2$.

由条件知 $f(r_n') < f(r_1) < f(r_2) < f(r_n''), n = 1,2,\cdots$.

由连续性、归结原则及保不等式性有

$$f(x_1) = \lim_{x\to x_1} f(x) = \lim_{n\to\infty} f(r_n') \leqslant f(r_1) < f(r_2) \leqslant \lim_{n\to\infty} f(r_n'') = \lim_{x\to x_2} f(x) = f(x_2)$$

即 $f(x_1) < f(x_2)$,所以 f 在 I 上严格增.

例 3 - 27 证明:任一实系数奇次方程至少有一个实根.

证明 记 $f(x) = a_{2n+1}x^{2n+1} + a_{2n}x^{2n} + \cdots + a_1 x + a_0, a_{2n+1} \neq 0$.

不妨设 $a_{2n+1} > 0$.

$$\lim_{x\to+\infty} f(x) = \lim_{x\to+\infty} x^{2n+1}\left(a_{2n+1} + \frac{a_{2n}}{x} + \cdots + \frac{a_1}{x^{2n}} + \frac{a_0}{x^{2n+1}}\right) = +\infty$$

$$\lim_{x\to-\infty} f(x) = \lim_{x\to-\infty} x^{2n+1}\left(a_{2n+1} + \frac{a_{2n}}{x} + \cdots + \frac{a_1}{x^{2n}} + \frac{a_0}{x^{2n+1}}\right) = -\infty$$

必存在 $a, b \in R$,使 $a < b$,且 $f(a) < 0, f(b) > 0$. f 显然在 $[a,b]$ 上连续,由根的存在性定理,至少存在一点 $x_0 \in (a,b)$, 使得 $f(x_0) = 0$. 结论得证.

例 3 - 28 设 f 在 $[a,b]$ 上连续,$x_1, x_2, \cdots, x_n \in [a,b]$. 证明:存在 $\xi \in [a,b]$,使

$$f(\xi) = \frac{1}{n}[f(x_1) + f(x_2) + \cdots + f(x_n)]$$

证明 记 $M = \max\limits_{1\leqslant i\leqslant n}\{f(x_i)\}, m = \min\limits_{1\leqslant i\leqslant n}\{f(x_i)\}$.

(1) 当 $M = m$ 时,$\frac{1}{n}[f(x_1) + f(x_2) + \cdots + f(x_n)] = f(x_1) = f(x_2) = \cdots = f(x_n)$. ξ 取

$x_1,x_2,\cdots,x_n$ 中任何一个即可.

(2) 当 $M > m$ 时, $m < \frac{1}{n}[f(x_1)+f(x_2)+\cdots+f(x_n)] < M$.

记 $m=f(x_i)$, $M=f(x_j)$. 不妨设 $x_i < x_j$. f 在 $[a,b]$ 上连续,则由介值定理,至少存在一点 $\xi \in (x_i,x_j) \subset [a,b]$, 使得 $f(\xi)=\frac{1}{n}[f(x_1)+f(x_2)+\cdots+f(x_n)]$.

例 3-29　设 f 在 $[a,b]$ 上连续, $x_1,x_2,\cdots,x_n \in [a,b]$, 另有一组正数 $\lambda_1,\lambda_2,\cdots,\lambda_n$ 满足 $\lambda_1+\lambda_2+\cdots+\lambda_n=1$. 证明:存在一点 $\xi \in [a,b]$, 使得

$$f(\xi)=\lambda_1 f(x_1)+\lambda_2 f(x_2)+\cdots+\lambda_n f(x_n)$$

证明　由于 f 在 $[a,b]$ 上连续,则 f 在 $[a,b]$ 上有最大值 M 和最小值 m. 记 $f(c_1)=M$, $f(c_2)=m$, 其中 $c_1,c_2 \in [a,b]$.

若 $M=m$, 则 f 为常值函数,结论显然成立.

设 $M>m$, 由于 $m \leqslant f(x_i) \leqslant M$, $i=1,2,\cdots,n$. 则

$$m=\lambda_1 m+\lambda_2 m+\cdots+\lambda_n m \leqslant \sum_{i=1}^{n}\lambda_i f(x_i) \leqslant \lambda_1 M+\lambda_2 M+\cdots+\lambda_n M=M$$

由介值定理,存在 $\xi \in [c_1,c_2]$ 或 $[c_2,c_1]$, 使得

$$f(\xi)=\lambda_1 f(x_1)+\lambda_2 f(x_2)+\cdots+\lambda_n f(x_n)$$

例 3-30　设 f 在 $[0,1]$ 上连续, $f(0)=f(1)$. 证明:对任何正整数 n, 存在 $\xi \in [0,1]$, 使得 $f\left(\xi+\frac{1}{n}\right)=f(\xi)$.

证明　由条件,当 $n=1$ 时,取 $\xi=0$ 即可.

当 $n \geqslant 2$ 时,作函数 $F(x)=f\left(x+\frac{1}{n}\right)-f(x)$, 则 F 在 $\left[0,\frac{n-1}{n}\right]$ 上连续,且

$$F(0)+F\left(\frac{1}{n}\right)+\cdots+F\left(\frac{n-1}{n}\right)=f(1)-f(0)=0$$

所以 $\frac{1}{n}\left[F(0)+F\left(\frac{1}{n}\right)+\cdots+F\left(\frac{n-1}{n}\right)\right]=0$.

由例 3-28 知,存在 $\xi \in \left[0,\frac{n-1}{n}\right] \subset [0,1]$, 使得

$$F(\xi)=\frac{1}{n}\left[F(0)+F\left(\frac{1}{n}\right)+\cdots+F\left(\frac{n-1}{n}\right)\right]=0$$

即 $f\left(\xi+\frac{1}{n}\right)=f(\xi)$.

例 3-31　设函数 f 在 $(0,+\infty)$ 上满足 $f(2x)=f(x)$, 且 $\lim\limits_{x\to+\infty}f(x)=A$. 证明: $f(x)\equiv A$, $x \in (0,+\infty)$.

证明 任取定 $x_0 \in (0, +\infty)$, 记 $x_n = 2^n x_0, n = 1,2,\cdots$,则 $\lim\limits_{n\to\infty} x_n = +\infty$.

由条件知 $\lim\limits_{n\to\infty} f(x_n) = \lim\limits_{n\to\infty} f(2^n x_0) = \lim\limits_{n\to\infty} f(x_0) = f(x_0)$.

由归结原则知 $\lim\limits_{n\to\infty} f(x_n) = \lim\limits_{x\to+\infty} f(x) = A$.

由数列极限的唯一性知 $f(x_0) = A$.

由 x_0 的任意性知, $f(x) \equiv A, x \in (0, +\infty)$.

例 3-32 设函数 f 在 $(0, +\infty)$ 上满足 $f(x^2) = f(x)$, 且 $\lim\limits_{x\to 0^+} f(x) = \lim\limits_{x\to+\infty} f(x) = f(1)$. 证明: $f(x) \equiv f(1), x \in (0, +\infty)$.

证明 任取定 $x_0 \in (0, +\infty)$,记 $x_n = x_0^{2^n}, n = 1,2,\cdots$.

(1) 当 $x_0 > 1$ 时, $\lim\limits_{n\to\infty} x_n = +\infty$.

由条件有 $\lim\limits_{n\to\infty} f(x_n) = \lim\limits_{n\to\infty} f(x_0) = f(x_0)$.

由归结原则知 $\lim\limits_{n\to\infty} f(x_n) = \lim\limits_{x\to+\infty} f(x) = f(1)$.

由数列极限的唯一性知 $f(x_0) = f(1)$.

(2) 当 $0 < x_0 < 1$ 时, $\lim\limits_{n\to\infty} x_n = 0$.

由条件有 $\lim\limits_{n\to\infty} f(x_n) = \lim\limits_{n\to\infty} f(x_0) = f(x_0)$.

由归结原则知 $\lim\limits_{n\to\infty} f(x_n) = \lim\limits_{x\to 0^+} f(x) = f(1)$.

由数列极限的唯一性知 $f(x_0) = f(1)$.

所以由 x_0 的任意性知 $f(x) \equiv f(1), x \in (0, +\infty)$.

例 3-33 设定义在 R 上的函数 f 在 0 和 1 两点连续,且对任何 $x \in \mathbf{R}$ 有 $f(x^2) = f(x)$, 证明: f 为常量函数.

证明 任取定 $x_0 \in (0, +\infty)$. 记 $x_n = x_0^{\frac{1}{2^n}}, n = 1,2,\cdots$,则 $\lim\limits_{n\to\infty} x_n = 1$.

由条件有 $\lim\limits_{n\to\infty} f(x_n) = \lim\limits_{n\to\infty} f(x_0) = f(x_0)$.

由 f 在 1 点的连续性及归结原则有 $\lim\limits_{n\to\infty} f(x_n) = \lim\limits_{x\to 1} f(x) = f(1)$.

由数列极限的唯一性知 $f(x_0) = f(1)$.

由 x_0 的任意性知 $f(x) \equiv f(1), x \in (0, +\infty)$.

由于 f 为 $\mathbf{R}$ 上的偶函数,则 $f(x) \equiv f(1), x \in (-\infty, 0)$.

又 f 在 0 点连续,则 $f(0) = \lim\limits_{x\to 0} f(x) = \lim\limits_{x\to 0} f(1) = f(1)$.

所以 $f(x) \equiv f(1), x \in \mathbf{R}$.

例 3-34 设 f 为区间 I 上的单调函数. 证明:若 $x_0 \in I$ 为 f 的间断点,则 x_0 必为 f 的第一类间断点.

证明 设 f 为区间 I 上的增函数.

由于 $x_0 \in I$ 为 f 的间断点，则 x_0 不是区间 I 的端点，必存在 x_0 的某邻域 $U(x_0) \subset I$. $f(x_0)$ 为 f 在右空心邻域 $U_+^0(x_0)$ 内的下界，左空心邻域 $U_-^0(x_0)$ 内的上界. 由3.2节的例3-17知，$f(x_0-0)$ 和 $f(x_0+0)$ 都存在，且

$$f(x_0-0) \leqslant f(x_0) \leqslant f(x_0+0)$$

其中等号至多成立一个. 所以 x_0 为 f 的第一类间断点，且为跳跃间断点.

例3-35　设 f 为 $[a,b]$ 上的增函数，其值域为 $[f(a),f(b)]$. 证明：f 在 $[a,b]$ 上连续.

证明　任取 $x_0 \in [a,b]$，由例3-34知：当 $x_0 \in (a,b)$ 时，$f(x_0-0)$ 和 $f(x_0+0)$ 都存在，且

$$f(x_0-0) \leqslant f(x_0) \leqslant f(x_0+0)$$

当 $x_0 = a$ 时，$f(x_0+0)$ 存在，且 $f(x_0) \leqslant f(x_0+0)$.

当 $x_0 = b$ 时，$f(x_0-0)$ 存在，且 $f(x_0-0) \leqslant f(x_0)$.

以下证明：当 $x_0 \in (a,b)$ 时，$f(x_0-0) = f(x_0) = f(x_0+0)$.

假设 $f(x_0-0) < f(x_0)$，由3.2节的例3-17知，$\forall x \in [a,x_0)$，有

$$f(x) \leqslant \sup_{x\in[a,x_0)} f(x) = f(x_0-0)$$

$\forall x \in [x_0,b]$，$f(x) \geqslant f(x_0)$. 由此知，$\forall x \in [a,b]$，$f(x) \notin (f(x_0-0),f(x_0))$，但是 $(f(x_0-0),f(x_0)) \subset [f(a),f(b)]$，这与 f 的值域为 $[f(a),f(b)]$ 矛盾. 所以 $f(x_0-0) = f(x_0)$. 同理也有 $f(x_0) = f(x_0+0)$.

同理可以证明 f 在 a 点右连续，在 b 点左连续，因此 f 在 $[a,b]$ 上连续.

第4章　函数的一致连续性

4.1　函数一致连续性的概念

4.1.1　函数一致连续性的定义

设函数 f 在区间 I 上连续，即对任意 $x \in (a,b)$，函数 f 点 x 连续. 由连续的定义，对于任意给定的 $\varepsilon > 0$，对于 $x_1 \in (a,b)$，存在 $\delta_{x_1} > 0$，使得当 $x \in (a,b)$，且 $|x - x_1| < \delta_{x_1}$ 时，有 $|f(x) - f(x_1)| < \varepsilon$；对于 $x_2 \in (a,b)$，存在 $\delta_{x_2} > 0$，使得当 $x \in (a,b)$，且 $|x - x_2| < \delta_{x_2}$ 时，有 $|f(x) - f(x_2)| < \varepsilon$. 对于无限个 $x \in (a,b)$，存在无限个 $\delta_x > 0$，在无限个正数 δ_x 中是否存在通用的正数 δ?事实上，对于区间上的连续函数，有的存在通用的正数 δ，有的不存在通用的正数 δ.

例如 $f(x) = \dfrac{1}{x}$ 在 $(0,1)$ 上连续. 任取 $x_0 \in (0,1)$，$\forall \varepsilon > 0$，取 $\delta_{x_0} = \min\left\{\dfrac{x_0}{2}, \dfrac{x_0^2}{2}\varepsilon\right\}$，当 $x \in (0,1)$，且 $|x - x_0| < \delta$ 时，有

$$|f(x) - f(x_0)| = \left|\frac{1}{x} - \frac{1}{x_0}\right| = \left|\frac{x - x_0}{xx_0}\right| \leqslant \frac{2}{x_0^2}|x - x_0| < \varepsilon$$

$\delta_{x_0} = \min\left\{\dfrac{x_0}{2}, \dfrac{x_0^2}{2}\varepsilon\right\}$ 依赖于 x_0，当 $x_0 \to 0^+$ 时，$\delta_{x_0} \to 0^+$. 尽管 $f(x) = \dfrac{1}{x}$ 在 $(0,1)$ 上连续，但对 $(0,1)$ 内的所有点不存在通用的正数 δ.

再如 $f(x) = x^2$ 在 $(0,1)$ 上连续. 任取 $x_0 \in (0,1)$，$\forall \varepsilon > 0$，取 $\delta_{x_0} = \dfrac{\varepsilon}{2}$，当 $x \in (0,1)$，且 $|x - x_0| < \delta$ 时，有 $|f(x) - f(x_0)| = |x^2 - x_0^2| = |x + x_0||x - x_0| \leqslant 2|x - x_0| < \varepsilon$.

$\delta_{x_0} = \dfrac{\varepsilon}{2}$ 不依赖于 x_0，对于区间 $(0,1)$ 上的每一点都适用，是通用的.

在区间上存在通用正数 δ 的连续函数，称为区间上的一致连续函数.

定义1　设函数 f 在区间 I 上有定义，若 $\forall \varepsilon > 0$，$\exists \delta = \delta(\varepsilon) > 0$，只要 $x_1, x_2 \in I$，且 $|x_1 - x_2| < \delta$，都有 $|f(x_1) - f(x_2)| < \varepsilon$，则称函数 f 在区间 I 上一致连续.

f 在区间 I 上一致连续意味着不论两点 x_1, x_2 在区间 I 中处于什么位置，只要它们的距离小于 δ，就可使 $|f(x_1) - f(x_2)| < \varepsilon$. 显然 f 必然在 I 上每一点都连续，反之，结论不一定

成立.

按照对偶法则有：f 在区间 I 不一致连续，存在 $\varepsilon_0>0$，对任何 $\delta>0$（无论 δ 多么小），总存在两点 $x_1,x_2\in I$，满足 $|x_1-x_2|<\delta$，但 $|f(x_1)-f(x_2)|\geqslant\varepsilon_0$.

函数在区间 I 上的一致连续性是函数在 I 上整体变化的一种衡量. 如果函数在 I 的某部分变化较剧烈，即其图像在这部分很陡，那么它可能在 I 上不一致连续；如果函数在 I 上都较平缓，即其图形的陡势得到控制，那么它可能是一致连续的.

4.1.2　函数一致连续性定义的应用举例

例 4－1　利用定义证明：函数 $f(x)=ax+b(a\neq0)$ 在 $(-\infty,+\infty)$ 上一致连续.

证明　$\forall\varepsilon>0$，取 $\delta=\dfrac{\varepsilon}{|a|}$，$\forall x_1,x_2\in(-\infty,+\infty)$，只要 $|x_1-x_2|<\delta$，就有

$$|f(x_1)-f(x_2)|=|a||x_1-x_2|<\varepsilon$$

所以 f 在 $(-\infty,+\infty)$ 上一致连续.

例 4－2　利用定义证明：函数 $f(x)=\sin\dfrac{1}{x}$ 在 $(0,1)$ 上不一致连续.

证明　取 $\varepsilon_0=\dfrac{1}{2}$，$\forall\delta>0(\delta<1)$，取 $x_1=\dfrac{1}{2\left(\left[\frac{1}{\delta}\right]+1\right)\pi}$，$x_2=\dfrac{1}{2\left(\left[\frac{1}{\delta}\right]+1\right)\pi+\frac{\pi}{2}}$，

满足

$$|x_1-x_2|=\frac{\pi}{2}\cdot\frac{1}{2\left(\left[\frac{1}{\delta}\right]+1\right)\pi}\cdot\frac{1}{2\left(\left[\frac{1}{\delta}\right]+1\right)\pi+\frac{\pi}{2}}<\frac{1}{\left[\frac{1}{\delta}\right]+1}<\delta$$

但是

$$|f(x_1)-f(x_2)|=1>\frac{1}{2}=\varepsilon_0$$

所以 f 在 $(0,1)$ 上不一致连续.

例 4－3　利用定义证明：$f(x)=\sin x$ 在 $(-\infty,+\infty)$ 上一致连续.

证明　$\forall\varepsilon>0$，取 $\delta=\varepsilon$，$\forall x_1,x_2\in(-\infty,+\infty)$，只要 $|x_1-x_2|<\delta$，就有

$$\begin{aligned}|f(x_1)-f(x_2)|&=|\sin x_1-\sin x_2|\\&=\left|2\sin\frac{x_1-x_2}{2}\cos\frac{x_1+x_2}{2}\right|\\&\leqslant2\left|\sin\frac{x_1-x_2}{2}\right|\\&\leqslant|x_1-x_2|<\varepsilon\end{aligned}$$

所以 f 在 $(-\infty,+\infty)$ 上一致连续.

例4－4 设$f(x)=x^n(n\in\mathbf{N}_+,n\geqslant 2)$,利用定义证明:

(1)f在$[a,b](a>0)$上一致连续;

(2)f在$[0,+\infty)$上不一致连续.

证明 (1)$\forall\varepsilon>0$,取$\delta=\dfrac{\varepsilon}{nb^{n-1}}$,当$x_1,x_2\in[a,b]$,且$|x_1-x_2|<\delta$时,有

$$\begin{aligned}|f(x_1)-f(x_2)|&=|x_1^n-x_2^n|\\&=|x_1-x_2|\cdot|x_1^{n-1}+x_1^{n-2}x_2+\cdots+x_1x_2^{n-2}+x_2^{n-1}|\\&\leqslant nb^{n-1}|x_1-x_2|<\varepsilon\end{aligned}$$

所以$f(x)=x^n$在$[a,b]$上一致连续.

(2)取$\varepsilon_0=1$,$\forall\delta>0$,取$x_1=\dfrac{1}{\delta}$,$x_2=\dfrac{1}{\delta}+\dfrac{\delta}{2}$,则$|x_1-x_2|=\dfrac{\delta}{2}<\delta$,但

$$|f(x_1)-f(x_2)|=\left|\frac{1}{\delta^n}-\left(\frac{1}{\delta}+\frac{\delta}{2}\right)^n\right|\geqslant 1=\varepsilon_0$$

所以$f(x)=x^n$在$[0,+\infty)$上不一致连续.

例4－5 设$f(x)=x^\alpha$,利用定义证明:

(1)当$0<\alpha\leqslant 1$时,f在$[0,+\infty)$上一致连续;

(2)当$\alpha>1$时,f在$[0,+\infty)$上不一致连续.

证明 (1)利用第1章1.1的常用不等式9:当$0<\alpha\leqslant 1$时,$\forall x_1,x_2\in[0,+\infty)$,

$$|x_1^\alpha-x_2^\alpha|\leqslant|x_1-x_2|^\alpha$$

$\forall\varepsilon>0$,取$\delta=\varepsilon^{\frac{1}{\alpha}}$,$\forall x_1,x_2\in[0,+\infty)$,只要$|x_1-x_2|<\delta$,就有

$$|f(x_1)-f(x_2)|=|x_1^\alpha-x_2^\alpha|\leqslant|x_1-x_2|^\alpha<\varepsilon$$

$f(x)=x^\alpha$在$[0,+\infty)$上一致连续.

(2)当$\alpha>1$时,对于$\eta>0,x>0$,$(x+\eta)^\alpha-x^\alpha=x^{\alpha-1}\cdot x\left[\left(1+\dfrac{\eta}{x}\right)^\alpha-1\right]$,记$t=\dfrac{\eta}{x}$.

由于
$$\lim_{x\to+\infty}x\left[\left(1+\frac{\eta}{x}\right)^\alpha-1\right]=\eta\lim_{t\to 0^+}\frac{(1+t)^\alpha-1}{t}=\eta\alpha$$

则当$\alpha>1$时
$$\lim_{x\to+\infty}[(x+\eta)^\alpha-x^\alpha]=+\infty$$

取$\varepsilon_0=1$,$\forall\delta>0$,取x_1充分大及$x_2=x_1+\dfrac{\delta}{2}$,满足$|x_1-x_2|=\dfrac{\delta}{2}<\delta$,且有$|x_1^\alpha-x_2^\alpha|>1=\varepsilon_0$.因此$f(x)=x^\alpha$在$[0,+\infty)$上不一致连续.

4.2　一致连续函数的基本性质

性质1　设函数f在区间I_1和I_2上一致连续,若$I_1 \cap I_2 \neq \varnothing$,则$f$在$I_1 \cup I_2$上也一致连续.

证明　若$I_1 \supset I_2$或$I_1 \subset I_2$,则结论显然.

设I_1和I_2不相互包含,由于f分别在I_1和I_2上一致连续,则$\forall \varepsilon > 0$.

$\exists \delta_1 > 0, \forall x_1, x_2 \in I_1$且$|x_1 - x_2| < \delta_1$,有$|f(x_1) - f(x_2)| < \varepsilon$成立;

$\exists \delta_2 > 0, \forall x_1, x_2 \in I_2$且$|x_1 - x_2| < \delta_2$,有$|f(x_1) - f(x_2)| < \varepsilon$成立.

因为$I_1 \cap I_2 \neq \varnothing$,取$x_0 \in I_1 \cap I_2$. 由于$f$在$I_1$和$I_2$上一致连续,则$f$在$x_0$处连续. 对上述正数$\varepsilon$,$\exists \delta_3 > 0$,当$x \in I_1 \cup I_2$,且有$|x - x_0| < \delta_3$,就有

$$|f(x) - f(x_0)| < \frac{\varepsilon}{2}$$

取$\delta = \min\{\delta_1, \delta_2, \delta_3\}$, $\forall x_1, x_2 \in I_1 \cup I_2$,当$|x_1 - x_2| < \delta$时,有

(1) 若$x_1, x_2 \in I_1$或$x_1, x_2 \in I_2$,则有$|f(x_1) - f(x_2)| < \varepsilon$.

(2) 若$x_1 \in I_1, x_2 \in I_2$则$|x_1 - x_0| = x_0 - x_1 \leqslant x_2 - x_1 < \delta < \delta_3$, $|f(x_1) - f(x_0)| < \frac{\varepsilon}{2}$.

同理$|f(x_2) - f(x_0)| < \frac{\varepsilon}{2}$.

所以有$|f(x_1) - f(x_2)| \leqslant |f(x_1) - f(x_0)| + |f(x_2) - f(x_0)| < \frac{\varepsilon}{2} + \frac{\varepsilon}{2} = \varepsilon$,因此$f$在$I_1 \cup I_2$上一致连续.

性质2　若函数f, g都在区间I上一致连续,则$f + g$, $f - g$也在区间I上一致连续.

证明　由于函数f, g都在区间I上一致连续,则$\forall \varepsilon > 0$,分别存在$\delta_1 > 0$和$\delta_2 > 0$,当$x_1, x_2 \in I$且$|x_1 - x_2| < \delta_1$时,有$|f(x_1) - f(x_2)| < \frac{\varepsilon}{2}$;当$x_1, x_2 \in I$且$|x_1 - x_2| < \delta_2$时,有$|g(x_1) - g(x_2)| < \frac{\varepsilon}{2}$.

取$\delta = \min(\delta_1, \delta_2)$,则当$x_1, x_2 \in I$且$|x_1 - x_2| < \delta$时,有

$$|f(x_1) + g(x_1) - f(x_2) + g(x_2)| \leqslant |f(x_1) + f(x_2)| + |g(x_1) - g(x_2)| < \frac{\varepsilon}{2} + \frac{\varepsilon}{2} = \varepsilon$$

所以$f + g$在I上一致连续.

同理可以证明$f - g$也在区间I上一致连续.

性质3　若f在有限区间I上一致连续,则f在I上有界.

证明　不妨设 f 在 $I=(a,b)$ 内一致连续. 由一致连续的定义,对于 $\varepsilon_0=1,\exists\delta>0$,(限制 $0<\delta<(b-a)/3$),当 $x_1,x_2\in(a,b)$ 且 $|x_1-x_2|<\delta$ 时,恒有 $|f(x_1)-f(x_2)|<\varepsilon_0=1$,今将 (a,b) 分为 $\left(a,a+\dfrac{\delta}{2}\right),\left[a+\dfrac{\delta}{2},b-\dfrac{\delta}{2}\right],\left(b-\dfrac{\delta}{2},b\right)$,则

(1) 当 $x\in(a,a+\dfrac{\delta}{2})$ 时,恒有

$$|f(x)|\leqslant\left|f(x)-f(a+\frac{\delta}{2})\right|+\left|f(a+\frac{\delta}{2})\right|\leqslant 1+\left|f(a+\frac{\delta}{2})\right|$$

(2) 当 $x\in(b-\dfrac{\delta}{2},b)$ 时,恒有 $|f(x)|\leqslant\left|f(x)-f(b-\dfrac{\delta}{2})\right|\leqslant 1+\left|f(b-\dfrac{\delta}{2})\right|$;

(3) 当 $x\in[a+\dfrac{\delta}{2},b-\dfrac{\delta}{2}]$ 时,由闭区间上连续函数的有界性,$\exists M>0$,使得当 $x\in\left[a+\dfrac{\delta}{2},b-\dfrac{\delta}{2}\right]$ 时,$|f(x)|\leqslant M$.

令 $M'=\max\left\{1+\left|f\left(a+\dfrac{\delta}{2}\right)\right|,1+\left|f\left(b-\dfrac{\delta}{2}\right)\right|,M\right\}$,则对于 $\forall x\in(a,b)$ 有 $|f(x)|\leqslant M'$, 即 f 在 (a,b) 内有界.

性质 4　若函数 f,g 都在有限区间 I 上一致连续, 则 $f\cdot g$ 在区间 I 上也一致连续.

证明　因为 f,g 都在有限区间 I 上一致连续,故 f,g 都在 I 上有界, 即存在 $M>0$, $\forall x\in I,|f(x)|\leqslant M,|g(x)|\leqslant M$. 由一致连续性定义,$\forall\varepsilon>0,\exists\delta>0$,当 $x_1,x_2\in I$ 且 $|x_1-x_2|<\delta$ 时,$|f(x_1)-f(x_2)|<\dfrac{\varepsilon}{2M},|g(x_1)-g(x_2)|<\dfrac{\varepsilon}{2M}$.

当 $x_1,x_2\in I$ 且 $|x_1-x_2|<\delta$ 时,有

$$\begin{aligned}|f(x_1)\cdot g(x_1)-f(x_2)\cdot g(x_2)|&\leqslant|f(x_1)\cdot g(x_1)-f(x_2)\cdot g(x_1)|+\\&\quad|f(x_2)\cdot g(x_1)-f(x_2)\cdot g(x_2)|\\&\leqslant M|f(x_1)-f(x_2)|+M|g(x_1)-g(x_2)|\\&\leqslant M\frac{\varepsilon}{2M}+M\frac{\varepsilon}{2M}=\varepsilon\end{aligned}$$

所以 $f\cdot g$ 在 I 区间上也一致连续.

性质 5　若 $u=\varphi(x)$ 在定义域 I 上一致连续,其值域为 $U,y=f(u)$ 在 U 上一致连续,则 $y=f[\varphi(x)]$ 在 I 上一致连续.

证明　由于 $y=f(u)$ 在 U 上一致连续, 则 $\forall\varepsilon>0,\exists\eta>0$, 当 $u_1,u_2\in U$, 且 $|u_1-u_2|<\eta$ 时,有

$$|f(u_1)-f(u_2)|<\varepsilon$$

又 $u=\varphi(x)$ 在 I 上一致连续,则对上述 $\eta>0$,存在 $\delta>0$,当 $x_1,x_2\in I$,且 $|x_1-x_2|<\delta$

时,有

$$|\varphi(x_1)-\varphi(x_2)|<\eta$$

于是,当 $x_1,x_2\in I$,且 $|x_1-x_2|<\delta$ 时,有

$$|f[\varphi(x_1)]-f[\varphi(x_2)]|<\varepsilon$$

所以 $y=f[\varphi(x)]$ 在 I 上一致连续.

4.3 函数在区间上一致连续的充分条件

定理1 (一致连续性定理或 Cantor 定理):若函数 f 在 $[a,b]$ 上连续,则 f 在 $[a,b]$ 上一致连续.

证明 (应用致密性定理)假设函数 f 在 $[a,b]$ 上不一致连续,则存在 $\varepsilon_0>0,\forall\delta>0$,存在 $x_1^{(1)},x_1^{(2)}\in[a,b]$,满足 $|x_1^{(1)}-x_1^{(2)}|<\delta$,但 $|f(x_1^{(1)})-f(x_1^{(2)})|\geqslant\varepsilon_0$.

现取 $\delta=\dfrac{1}{n}$,则存在 $x_n^{(1)},x_n^{(2)}\in[a,b]$,满足 $|x_n^{(1)}-x_n^{(2)}|<\dfrac{1}{n}$,但

$$|f(x_n^{(1)})-f(x_n^{(2)})|\geqslant\varepsilon_0,\ n=1,2,\cdots$$

由致密性定理,有界数列 $\{x_n^{(1)}\}$ 存在收敛的子列 $x_{n_k}^{(1)}\to x_0(k\to\infty)$,显然 $x_0\in[a,b]$.再由 $|x_n^{(1)}-x_n^{(2)}|<\dfrac{1}{n}$,有 $|x_{n_k}^{(1)}-x_{n_k}^{(2)}|<\dfrac{1}{n_k}$,即 $x_{n_k}^{(1)}-x_{n_k}^{(2)}\to0(k\to\infty)$.

因为 $x_{n_k}^{(1)}\to x_0(k\to\infty)$,所以有 $x_{n_k}^{(2)}\to x_0(k\to\infty)$,且 $|f(x_{n_k}^{(1)})-f(x_{n_k}^{(2)})|\geqslant\varepsilon_0$ 对一切的 $k\in\mathbf{N}_+$ 成立.

另一方面,由于 $f(x)$ 在点 x_0 连续,则 $\lim\limits_{x\to x_0}f(x)=f(x_0)$.由归结原则有 $\lim\limits_{k\to\infty}f(x_{n_k}^{(1)})=f(x_0)$,$\lim\limits_{k\to\infty}f(x_{n_k}^{(2)})=f(x_0)$.从而有 $0=\lim\limits_{k\to\infty}|f(x_{n_k}^{(1)})-f(x_{n_k}^{(2)})|\geqslant\varepsilon_0$,矛盾.所以 f 在 $[a,b]$ 上一致连续.

定理2 若函数 f 为 $(-\infty,+\infty)$ 上的连续周期函数,则 f 在 $(-\infty,+\infty)$ 上一致连续.

证明 设 T 是 f 的一个周期,由于 f 在 $[0,2T]$ 上连续,则 f 在 $[0,2T]$ 上一致连续.从而 $\forall\varepsilon>0,\exists\delta>0(\delta<T),\forall x_1,x_2\in[0,2T]$,只要 $|x_1-x_2|<\delta$,都有

$$|f(x_1)-f(x_2)|<\varepsilon$$

任取 $y_1,y_2\in(-\infty,+\infty)$,$y_1<y_2$,且 $|y_1-y_2|<\delta$,必存在整数 n,使得 $y_1=nT+x_1$,$y_2=nT+x_2$,$0\leqslant x_1<T$,$0\leqslant x_2<2T$.

由于 $|x_1-x_2|=|y_1-y_2|<\delta$,则 $|f(y_1)-f(y_2)|=|f(x_1)-f(x_2)|<\varepsilon$,所以 f 在 $(-\infty,+\infty)$ 上一致连续.

例如 $f(x)=\sin x$ 和 $g(x)=\cos x$ 是 $(-\infty,+\infty)$ 上的连续周期函数,所以都在 $(-\infty,$

$+\infty$)上一致连续.

定理3 若 $y=f(x)$ 在有限开区间 (a,b) 上严格单调且连续,则其反函数 $x=f^{-1}(y)$ 在区间 $\{y \mid y=f(x), x\in(a,b)\}$ 上一致连续.

证明 不妨设 $y=f(x)$ 在 (a,b) 上严格单调递增.

(1) 若 $y=f(x)$ 在 (a,b) 上有界,则由函数的单调有界定理知 $f(a+0)$ 及 $f(b-0)$ 都存在,设 $f(a+0)=\alpha$, $f(b-0)=\beta$.

定义函数

$$F(x)=\begin{cases}\alpha, & x=a\\ f(x), & x\in(a,b)\\ \beta, & x=b\end{cases}$$

显然函数 F 在闭区间 $[a,b]$ 上严格单调递增且连续,则 F 在 $[a,b]$ 存在反函数 F^{-1},且 F^{-1} 在 $[\alpha,\beta]$ 上连续,由于当 $y\in(\alpha,\beta)$ 时, $F^{-1}(y)=f^{-1}(y)$,则

$$\lim_{y\to\alpha^+}f^{-1}(y)=\lim_{y\to\alpha^+}F^{-1}(y)=F^{-1}(\alpha)=a$$

$$\lim_{y\to\beta^-}f^{-1}(y)=\lim_{y\to\beta^-}F^{-1}(y)=F^{-1}(\beta)=b$$

由 Cantor 定理知, F^{-1} 在 $[\alpha,\beta]$ 上一致连续,从而 $x=f^{-1}(y)$ 在区间 (α,β) 上一致连续.

(2) 若 $y=f(x)$ 在 (a,b) 上无界,不妨设既无上界又无下界,则必有 $\lim\limits_{x\to b^-}f(x)=+\infty$ 及 $\lim\limits_{x\to a^+}f(x)=-\infty$,于是 $(-\infty,+\infty)=\{y \mid y=f(x), x\in(a,b)\}$. 可以证明 $\lim\limits_{y\to-\infty}f^{-1}(y)=a$, $\lim\limits_{y\to+\infty}f^{-1}(y)=b$.

由柯西准则 $\forall\varepsilon>0$, $\exists M_1>0$,只要 $y_1<-M_1$, $y_2<-M_1$,就有

$$|f^{-1}(y_1)-f^{-1}(y_2)|<\varepsilon$$

同样对上述的正数 ε,存在 $M_2>0$ 只要 $y_1>M_2$, $y_2>M_2$,就有

$$|f^{-1}(y_1)-f^{-1}(y_2)|<\varepsilon$$

又 $f^{-1}(y)$ 在 $[-M_1-1, M_2+1]$ 上连续,从而一致连续,所以对上述的正数 ε, $\exists\delta_1>0$, $\forall y_1,y_2\in[-M_1-1,M_2+1]$,只要 $|y_1-y_2|<\delta_1$ 就有

$$|f^{-1}(y_1)-f^{-1}(y_2)|<\varepsilon$$

取 $\delta=\min\{1,\delta_1\}$, $\forall y_1,y_2\in(-\infty,+\infty)$,只要 $|y_1-y_2|<\delta$ 就有

$$|f^{-1}(y_1)-f^{-1}(y_2)|<\varepsilon$$

所以 $x=f^{-1}(y)$ 在 $(-\infty,+\infty)$ 上一致连续.

例如 $y=\tan x$ 在 $\left(-\dfrac{\pi}{2},\dfrac{\pi}{2}\right)$ 上严格单调且连续,则 $y=\arctan x$ 在 $(-\infty,+\infty)$ 上一致连续. 同理 $y=\operatorname{arccot}x$ 在 $(-\infty,+\infty)$ 上也一致连续.

定理4 设 f 在 $(a,+\infty)$ 上连续,若 $f(a+0)$ 和 $f(+\infty)$ 都存在,则 f 在 $(a,+\infty)$ 上

一致连续.

证明　由于$f(a+0)$和$f(+\infty)$存在,则由函数极限存在的柯西准则,$\forall \varepsilon>0,\exists X>a,\forall x_1,x_2\in[X,+\infty)$,有$|f(x_1)-f(x_2)|<\varepsilon$;$\exists \delta_1>0,\forall x_1,x_2\in(a,a+\delta_1]$,有$|f(x_1)-f(x_2)|<\varepsilon$成立.

因为f在$[a,+\infty)$上连续,所以f在$\left[a+\frac{\delta_1}{2},X+1\right]$上连续,从而$f$在$\left[a+\frac{\delta_1}{2},X+1\right]$上一致连续. 对上述的$\varepsilon$,存在$\delta_2$,当$x_1,x_2\in\left[a+\frac{\delta_1}{2},X+1\right]$,且$|x_1-x_2|<\delta_2$时,有$|f(x_1)-f(x_2)|<\varepsilon$.

取$\delta=\min\left\{\frac{\delta_1}{2},\delta_2,1\right\}$,则当$x_1,x_2\in(a,+\infty)$,且$|x_1-x_2|<\delta$时,有$|f(x_1)-f(x_2)|<\varepsilon$,则函数$f(x)$在$[a,+\infty)$上一致连续.

例如,$f(x)=\frac{\sin x}{x},x\in(0,+\infty)$,$\lim\limits_{x\to0^+}f(x)=1$,$\lim\limits_{x\to+\infty}f(x)=0$,由该定理知$f$在$(0,+\infty)$上一致连续.

同理可以证明:

(1) 设f在$[a,+\infty)$上连续,若$f(+\infty)$存在,则f在$[a,+\infty)$上一致连续.

(2) 设f在$(-\infty,b)$上连续,若$f(b-0)$和$f(-\infty)$都存在,则f在$(-\infty,b)$上一致连续.

(3) 设f在$(-\infty,b]$上连续,若$f(-\infty)$存在,则f在$(-\infty,b]$上一致连续.

(4) 设f在$(-\infty,+\infty)$上连续,若$f(-\infty)$和$f(+\infty)$都存在,则f在$(-\infty,+\infty)$上一致连续.

例如,$f(x)=a^x,x\in(-\infty,c]$,其中$a>1$. 由于$\lim\limits_{x\to-\infty}f(x)=0$,则$f$在$(-\infty,c]$上一致连续.

定理5　设对于定义在区间I上的函数f和g,$\exists L>0,\forall x_1,x_2\in I$,有

$$|f(x_1)-f(x_2)|\leqslant L|g(x_1)-g(x_2)|$$

成立,若g在I上一致连续,则f在I上也一致连续.

证明　由于g在I上一致连续,则$\forall\varepsilon>0,\exists\delta>0,\forall x_1,x_2\in I$且$|x_1-x_2|<\delta$,有

$$|g(x_1)-g(x_2)|<\frac{\varepsilon}{L}$$

从而$\forall x_1,x_2\in I$且$|x_1-x_2|<\delta$时,有

$$|f(x_1)-f(x_2)|\leqslant L|g(x_1)-g(x_2)|<L\cdot\frac{\varepsilon}{L}=\varepsilon$$

所以f在I上一致连续.

推论 若函数 f 在区间 I 上满足下述 Lipschitz 条件，即 $\exists L>0,\forall x_1,x_2\in I$，有 $|f(x_1)-f(x_2)|\leqslant L|x_1-x_2|$ 成立，则 f 在 I 上一致连续.

4.4 函数在区间上一致连续的充分必要条件

定理 1 若函数 f 在 (a,b) 上连续，则 f 在 (a,b) 上一致连续的充分必要条件是 $f(a+0)$ 与 $f(b-0)$ 都存在.

证明 必要性：由于 f 在 (a,b) 上一致连续，则 $\forall\varepsilon>0,\exists\delta>0\left(\text{限制}\ \delta<\dfrac{b-a}{2}\right)$，$\forall x_1,x_2\in(a,b)$，只要 $|x_1-x_2|<\delta$，就有 $|f(x_1)-f(x_2)|<\varepsilon$.

特别 $\forall x_1,x_2\in(a,a+\delta)$，满足 $|x_1-x_2|<\delta$，有

$$|f(x_1)-f(x_2)|<\varepsilon$$

$\forall x_1,x_2\in(b-\delta,b)$，满足 $|x_1-x_2|<\delta$，有

$$|f(x_1)-f(x_2)|<\varepsilon$$

由函数极限存在的柯西准则知，$f(a+0)$ 与 $f(b-0)$ 都存在.

充分性：定义函数

$$F(x)=\begin{cases}f(a+0), & x=a\\ f(x), & x\in(a,b)\\ f(b-0), & x=b\end{cases}$$

显然，$F(x)$ 在 $[a,b]$ 上连续. 由 Cantor 定理，F 在 $[a,b]$ 上一致连续.

因为当 $x\in(a,b)$ 时，$F(x)=f(x)$，所以 f 在 (a,b) 上一致连续.

说明：由此定理知

(1) 连续函数 f 在 $[a,b)$ 上一致连续的充分必要条件是 $f(b-0)$ 存在.

(2) 连续函数 f 在 $(a,b]$ 上一致连续的充分必要条件是 $f(a+0)$ 存在.

例如，$f(x)=(x-a)^\lambda,x\in(a,b]$. $\lim\limits_{x\to a^+}f(x)=\begin{cases}0, & \lambda>0\\ 1, & \lambda=0\\ +\infty, & \lambda<0\end{cases}$，由该定理知，当 $\lambda\geqslant 0$ 时，f 在 $(a,b]$ 上一致连续；当 $\lambda<0$ 时，f 在 $(a,b]$ 上不一致连续.

再如，$g(x)=\ln(x-a),x\in(a,b]$. $\lim\limits_{x\to a^+}f(x)=-\infty$. 由该定理知，$f$ 在 $(a,b]$ 上不一致连续.

推论 1 若连续函数 f 在 (a,b) 上单调有界，则 f 在 (a,b) 上一致连续.

证明 由单调有界定理知，$f(a+0)$ 与 $f(b-0)$ 都存在，所以 f 在 (a,b) 上一致连续.

定理 2 函数 f 在区间 I 上一致连续的充分必要条件是：对任何数列 $\{x_n'\},\{x_n''\}\subset I$，若

$\lim\limits_{n\to\infty}(x_n' - x_n'') = 0$，则$\lim\limits_{n\to\infty}[f(x_n') - f(x_n'')] = 0$.

证明　必要性：由于f在区间I上一致连续，则$\forall \varepsilon > 0, \exists \delta > 0$，当$x_1, x_2 \in I$，且

$$|x_1 - x_2| < \delta \text{时，有} |f(x_1) - f(x_2)| < \varepsilon$$

任取$\{x_n'\}, \{x_n''\} \subset I$，满足$\lim\limits_{n\to\infty}(x_n' - x_n'') = 0$，对上述$\delta > 0$，$\exists N \in \mathbf{N}_+$，当$n > N$时，有$|x'_n - x''_n| < \delta$，从而当$n > N$时，有$|f(x'_n) - f(x''_n)| < \varepsilon$，即$\lim\limits_{n\to\infty}[f(x'_n) - f(x''_n)] = 0$.

充分性：假设f在I上不一致连续，则$\exists \varepsilon_0 > 0, \forall \delta > 0$，存在$\exists x', x'' \in I$，尽管$|x' - x''| < \delta$，但$|f(x') - f(x'')| \geqslant \varepsilon_0$.

特别取$\delta_n = \dfrac{1}{n}$，$\exists x_n', x_n'' \in I$，满足$|x_n' - x_n''| < \delta_n = \dfrac{1}{n}$，但$|f(x_n') - f(x_n'')| \geqslant \varepsilon_0, n = 1,2,\cdots$.

显然数列$\{x_n'\}, \{x_n''\}$满足$\lim\limits_{n\to\infty}(x_n' - x_n'') = 0$，但$\lim\limits_{n\to\infty}[f(x_n') - f(x_n'')] \neq 0$，与条件矛盾，所以函数$f$在区间$I$上一致连续.

例如，$f(x) = \mathrm{e}^x, x \in (a, +\infty)$. 取$x_n' = \ln(n+1), x_n'' = \ln n, n = 1,2,\cdots$. 满足$\lim\limits_{n\to\infty}(x_n' - x_n'') = \lim\limits_{n\to\infty}\ln\left(1 + \dfrac{1}{n}\right) = 0$，但$\lim\limits_{n\to\infty}[f(x_n') - f(x_n'')] = \lim\limits_{n\to\infty}[(n+1) - n] = 1 \neq 0$. 由定理2知，$f(x) = \mathrm{e}^x$在$(a, +\infty)$上不一致连续.

定理3　函数f在有限区间I上一致连续的充分必要条件为对于任何柯西数列$\{x_n\} \subset I$，$\{f(x_n)\}$也是柯西数列.

证明　必要性：由于f在区间I上一致连续，则$\forall \varepsilon > 0, \exists \delta > 0$，只要$x_1, x_2 \in I$，且$|x_1 - x_2| < \delta$，都有$|f(x_1) - f(x_2)| < \varepsilon$.

设$\{x_n\} \subset I$为柯西数列，则对上述$\delta > 0$，$\exists N \in \mathbf{N}_+$，当$n, m > N$时，$|x_n - x_m| < \delta$，从而有$|f(x_n) - f(x_m)| < \varepsilon$，所以$\{f(x_n)\}$也是柯西数列.

充分性：假设f在I上不一致连续，则$\exists \varepsilon_0 > 0, \forall n \in \mathbf{N}_+$，存在$x_n', x_n'' \in I$，尽管$|x_n' - x_n''| < \dfrac{1}{n}$，但$|f(x_n') - f(x_n'')| \geqslant \varepsilon_0$.

由于$\{x_n'\}$为有界数列，则存在收敛子列$\{x'_{n_k}\}$，从而$\{x''_{n_k}\}$也收敛于同一点.

显然数列$x'_{n_1}, x''_{n_1}, x'_{n_2}, x''_{n_2}, \cdots, x'_{n_k}, x''_{n_k}, \cdots$是收敛数列，当然也是柯西数列，但数列$f(x'_{n_1}), f(x''_{n_1}), f(x'_{n_2}), f(x''_{n_2}), \cdots, f(x'_{n_k}), f(x''_{n_k}), \cdots$不是柯西数列，矛盾. 所以$f$在区间$I$上一致连续.

例如，$f(x) = \sin\dfrac{\pi}{x}, x \in (0,1)$. 取$x_n = \dfrac{2}{2n-1}, n = 1,2,\cdots$. 显然$\{x_n\} \subset (0,1)$是柯西数列，但$f(x_n) = \sin\dfrac{2n-1}{2}\pi = (-1)^{n-1}$，$\{f(x_n)\}$不是柯西数列，所以$f(x) = \sin\dfrac{\pi}{x}$在

$(0,1)$ 上不一致连续.

定理 4 函数 f 在区间 I 上一致连续的充分必要条件为 $\forall \varepsilon > 0, \exists A > 0, \forall x', x'' \in I$, 恒有 $|f(x') - f(x'')| \leqslant A|x' - x''| + \varepsilon$.

证明 必要性:由于 f 在区间 I 上一致连续,则 $\forall \varepsilon > 0, \exists \delta > 0$,只要 $x', x'' \in I$,且 $|x' - x''| < \delta$,都有 $|f(x') - f(x'')| < \varepsilon$.

取 $A = \dfrac{2\varepsilon}{\delta}$. $\forall x', x'' \in I$, 设 $x' < x''$,则存在 $n \in \mathbf{N}_+$,使得 $(n-1)\delta \leqslant x'' - x' < n\delta$.

把 $[x', x'']$ n 等分:$x' = x_0 < x_1 < x_2 < \cdots < x_n = x''$,则每个小区间的长度小于 δ.

$$|f(x') - f(x'')| \leqslant \sum_{i=1}^{n} |f(x_{i-1}) - f(x_i)| < n\varepsilon$$

而 $A|x' - x''| + \varepsilon \geqslant \dfrac{2\varepsilon}{\delta}(n-1)\delta + \varepsilon = (2n-1)\varepsilon \geqslant n\varepsilon$,所以有 $|f(x') - f(x'')| \leqslant A|x' - x''| + \varepsilon$. 充分性显然.

推论 1 若函数 f 在区间 I 上一致连续,则存在实数 $A > 0, B > 0$,使得 $\forall x', x'' \in I$,都有 $|f(x') - f(x'')| \leqslant A|x' - x''| + B$.

推论 2 若函数 f 在区间 $(-\infty, +\infty)$ 上一致连续,则存在实数 $A > 0, B > 0$,使得 $\forall x \in, (-\infty, +\infty)$ 都有 $|f(x)| \leqslant A|x| + B$.

证明 在推论 1 中,取 $x' = x, x'' = 0$ 即可.

推论 3 若函数 f 在 $[0, +\infty)$ 上一致连续,则 $\forall \lambda > 0$ 有 $\lim\limits_{x \to +\infty} \dfrac{f(x)}{x^{1+\lambda}} = 0$.

证明 由推论 2 可以得到 $|f(x)| \leqslant Ax + B, \forall x \in [0, +\infty)$,其中 $A > 0, B > 0$. 从而有 $\left|\dfrac{f(x)}{x^{1+\lambda}}\right| \leqslant \dfrac{A}{x^{\lambda}} + \dfrac{B}{x^{1+\lambda}}$, $\lim\limits_{x \to +\infty} \dfrac{f(x)}{x^{1+\lambda}} = 0$ 成立.

定理 5 设函数 f 在 $[0, +\infty)$ 上连续,若 $\forall x \in [0, +\infty)$,有 $\lim\limits_{n \to \infty} f(x+n) = 0 (n \in \mathbf{N}_+)$. 则 f 在 $[0, +\infty)$ 上一致连续的充分必要条件是 $\lim\limits_{x \to +\infty} f(x) = 0$.

证明 必要性:由于 f 在 $[0, +\infty)$ 上一致连续,则 $\forall \varepsilon > 0, \exists \delta > 0, \forall x', x'' \in [0, +\infty)$, 只要 $|x' - x''| < \delta$,就有 $|f(x') - f(x'')| < \dfrac{\varepsilon}{2}$.

对 $[0,1]$ 作 p 等分, $0 = x_0 < x_1 < \cdots < x_p = 1$, 满足 $\Delta x_i = x_i - x_{i-1} < \delta (i = 1, 2, \cdots p)$.

由于 $\lim\limits_{n \to \infty} f(x_k + n) = 0$,则对上述 $\varepsilon > 0$, $\exists N_k \in N$,使得 $\forall n \geqslant N_k$,有 $|f(x_k + n)| < \dfrac{\varepsilon}{2}$, $k = 0, 1, 2, \cdots, p-1$. 取 $N = \max\{N_0, N_1, \cdots, N_{p-1}\}$, 则 $\forall x > N$, $\exists n \geqslant N$ 及 $x_k \in [0,1)$,使得 $|x - (x_k + n)| < \delta$, 此时有

$$|f(x)| \leqslant |f(x) - f(x_k + n)| + |f(x_k + n)| < \frac{\varepsilon}{2} + \frac{\varepsilon}{2} = \varepsilon$$

所以 $\lim\limits_{x \to +\infty} f(x) = 0$.

充分性：由于 $\lim\limits_{x \to +\infty} f(x) = 0$，又 f 在 $[0, +\infty)$ 上连续，由4.3节的定理4知，f 在 $[0, +\infty)$ 上一致连续.

定理6　设函数 f 在 $[0, +\infty)$ 上连续，若 $\forall h > 0$，都有 $\lim\limits_{n \to \infty} f(nh)$ 存在，则 f 在 $[0, +\infty)$ 上一致连续的充分必要条件为 $\lim\limits_{x \to +\infty} f(x)$ 存在.

证明　必要性：由于 f 在 $[0, +\infty)$ 上一致连续，则 $\forall \varepsilon > 0, \exists \delta > 0$，只要 $x_1, x_2 \in [0, +\infty)$ 且 $|x_1 - x_2| < \delta$，就有 $|f(x_1) - f(x_2)| < \varepsilon$.

由于 $\forall h > 0$，都有 $\lim\limits_{n \to \infty} f(nh)$ 存在，则 $\lim\limits_{n \to \infty} f(n\delta)$. 由数列极限的柯西准则，对上述的正数 ε，存在 $N \in \mathbf{N}_+$，当 $n, m > N$ 时，有 $|f(n\delta) - f(m\delta)| < \varepsilon$.

记 $M = (N+1)\delta$，$\forall x_1, x_2 > M$，有 $x_1 > (N+1)\delta$，$\frac{x_1}{\delta} > N+1$，$\left[\frac{x_1}{\delta}\right] > N$. 同理 $\left[\frac{x_2}{\delta}\right] > N$，从而有

$$\begin{aligned}|f(x_1) - f(x_2)| \leqslant & \left|f\left(\frac{x_1}{\delta}\delta\right) - f\left(\left[\frac{x_1}{\delta}\right]\delta\right)\right| + \left|f\left(\left[\frac{x_1}{\delta}\right]\delta\right) - f\left(\left[\frac{x_2}{\delta}\right]\delta\right)\right| + \\ & \left|f\left(\left[\frac{x_2}{\delta}\right]\delta\right) - f\left(\frac{x_2}{\delta}\delta\right)\right| < 3\varepsilon\end{aligned}$$

由函数极限存在的柯西准则知 $\lim\limits_{x \to +\infty} f(x)$ 存在.

充分性：由于 $\lim\limits_{x \to +\infty} f(x)$ 存在，又 f 在 $[0, +\infty)$ 上连续，由4.3节的定理4知，f 在 $[0, +\infty)$ 上一致连续.

第5章　导数与微分

5.1　导数的概念与性质

5.1.1　导数的概念

1. 函数 f 在 x_0 点导数的定义

设函数 f 在 $U(x_0)$ 内有定义, $x \in U(x_0)$, $x_0 + \Delta x \in U(x_0)$. 若极限

$$\lim_{x \to x_0} \frac{f(x) - f(x_0)}{x - x_0} \quad \left(\text{或} \lim_{\Delta x \to 0} \frac{f(x_0 + \Delta x) - f(x_0)}{\Delta x}\right)$$

存在,则称函数 f 在 x_0 点可导,并称此极限为函数 f 在 x_0 点的导数,记为 $f'(x_0)$,即

$$f'(x_0) = \lim_{x \to x_0} \frac{f(x) - f(x_0)}{x - x_0} = \lim_{\Delta x \to 0} \frac{f(x_0 + \Delta x) - f(x_0)}{\Delta x}$$

2. 函数 f 在 x_0 点左导数与右导数的定义

(1) 设函数 f 在 $U_-(x_0)$ 内有定义, $x \in U_-(x_0)$, $x_0 + \Delta x \in U_-(x_0)$,若极限

$$\lim_{x \to x_0^-} \frac{f(x) - f(x_0)}{x - x_0} \quad \left(\text{或} \lim_{\Delta x \to 0^-} \frac{f(x_0 + \Delta x) - f(x_0)}{\Delta x}\right)$$

存在,则称函数 f 在 x_0 点存在左导数,并称此极限为函数 f 在 x_0 点的左导数,记为 $f'_-(x_0)$,即

$$f'_-(x_0) = \lim_{x \to x_0^-} \frac{f(x) - f(x_0)}{x - x_0} = \lim_{\Delta x \to 0^-} \frac{f(x_0 + \Delta x) - f(x_0)}{\Delta x}$$

(2) 设函数 f 在 $U_+(x_0)$ 内有定义, $x \in U_+(x_0)$, $x_0 + \Delta x \in U_+(x_0)$,若极限

$$\lim_{x \to x_0^+} \frac{f(x) - f(x_0)}{x - x_0} \quad \left(\text{或} \lim_{\Delta x \to 0^+} \frac{f(x_0 + \Delta x) - f(x_0)}{\Delta x}\right)$$

存在,则称函数 f 在 x_0 点存在右导数,并称此极限为函数 f 在 x_0 点的右导数,记为 $f'_+(x_0)$. 即

$$f'_+(x_0) = \lim_{x \to x_0^+} \frac{f(x) - f(x_0)}{x - x_0} = \lim_{\Delta x \to 0^+} \frac{f(x_0 + \Delta x) - f(x_0)}{\Delta x}$$

3. 导数的几何意义

导数 $f'(x_0)$ 表示曲线 $y = f(x)$ 在点 $(x_0, f(x_0))$ 处的切线斜率.

5.1.2　导数的性质

(1) 函数 f 在 x_0 点可导 $\Leftrightarrow f'_-(x_0)$ 和 $f'_+(x_0)$ 存在且相等.

(2) 函数 f 在 x_0 点可导 $\Rightarrow f$ 在 x_0 点连续.

(3) 基本初等函数的导数公式:略.

(4) 求导法则包括:四则运算求导法则、反函数求导法则、复合函数求导法则和参数方程所确定函数的求导法则.

5.1.3　高阶导数

1. 高阶导数

二阶及二阶以上的导数称为高阶导数.

2. 高阶导数求导法则

设函数 $u = u(x), v = v(x)$ 在点 x 具有 $n(n \in \mathbf{N}_+, n \geqslant 2)$ 阶导数,则

(1) $(u \pm v)^{(n)} = u^{(n)} \pm v^{(n)}$;

(2) $(Cu)^{(n)} = Cu^{(n)}$;

(3) 莱布尼兹公式: $(u \cdot v)^{(n)} = \sum\limits_{k=0}^{n} C_n^k u^{(n-k)} v^{(k)}$.

5.1.4　费马(Fermat)定理与达布(Darboux)定理

1. 费马定理

设 f 在 x_0 的某邻域内有定义,且在 x_0 点可导. 若 x_0 为 f 极值点,则必有 $f'(x_0) = 0$.

2. 达布定理

若函数 f 在 $[a,b]$ 可导,且 $f'_+(a) \neq f'_-(b)$, k 为介于 $f'_+(a)$ 与 $f'_-(b)$ 之间的任意实数,则至少存在一点 $\xi \in (a,b)$,使得 $f'(\xi) = K$.

例 5 – 1　设 $f(x_0) = 0, f'(x_0) = 4$,试求极限 $\lim\limits_{\Delta x \to 0} \dfrac{f(x_0 + \Delta x)}{\Delta x}$.

解　由导数定义,有

$$\lim_{\Delta x \to 0} \frac{f(x_0 + \Delta x)}{\Delta x} = \lim_{\Delta x \to 0} \frac{f(x_0 + \Delta x) - f(x_0)}{\Delta x} = f'(x_0) = 4$$

例 5 – 2　设 $f(x) = (x^3 - 1)g(x)$, $g(x)$ 在 $x = 1$ 处连续,且 $g(1) = 1$,求 $f'(1)$.

解

$$\begin{aligned} f'(1) &= \lim_{x \to 1} \frac{f(x) - f(1)}{x - 1} = \lim_{x \to 1} \frac{(x^3 - 1)g(x)}{x - 1} \\ &= \lim_{x \to 1}(x^2 + x + 1) \lim_{x \to 1} g(x) \\ &= 3g(1) = 3 \end{aligned}$$

例 5 – 3　设函数 $f(x) = \begin{cases} x^m \sin \dfrac{1}{x}, & x \neq 0 \\ 0, & x = 0 \end{cases}$ $(m \in \mathbf{N}_+)$,试问:

(1)m 等于何值时,f 在 $x=0$ 处连续;

(2)m 等于何值时,f 在 $x=0$ 处可导;

(3)m 等于何值时,f' 在 $x=0$ 处连续.

解 (1) 当 $m\geqslant 1$ 时,由于$\lim\limits_{x\to 0}f(x)=\lim\limits_{x\to 0}x^m\sin\dfrac{1}{x}=0=f(0)$,所以当 $m\geqslant 1$ 时,f 在 $x=0$ 处连续.

(2) 当 $m-1\geqslant 1$,即 $m\geqslant 2$ 时,由于

$$\lim_{x\to 0}\frac{f(x)-f(0)}{x-0}=\lim_{x\to 0}x^{m-1}\sin\frac{1}{x}=0$$

所以当 $m\geqslant 2$ 时,f 在 $x=0$ 处可导,且 $f'(0)=0$.

(3) 当 $m\geqslant 2$ 时

$$f'(x)=\begin{cases}mx^{m-1}\sin\dfrac{1}{x}-x^{m-2}\cos\dfrac{1}{x} & x\neq 0\\ 0 & x=0\end{cases}$$

只有 $m-2\geqslant 1$,即 $m\geqslant 3$ 时,才有$\lim\limits_{x\to 0}f'(x)=f'(0)$, 即仅当 $m\geqslant 3$ 时,f' 在 $x=0$ 处连续.

例 5-4 设函数 f 在点 x_0 处存在左、右导数,试证 f 在点 x_0 处连续.

证明 由条件知

$$\lim_{x\to x_0^-}\frac{f(x)-f(x_0)}{x-x_0}=f'_-(x_0)$$

$$\lim_{x\to x_0^+}\frac{f(x)-f(x_0)}{x-x_0}=f'_+(x_0)$$

则

$$\lim_{x\to x_0^-}f(x)=\lim_{x\to x_0^-}\left[\frac{f(x)-f(x_0)}{x-x_0}\cdot(x-x_0)+f(x_0)\right]=f'_-(x_0)\cdot 0+f(x_0)=f(x_0)$$

$$\lim_{x\to x_0^+}f(x)=\lim_{x\to x_0^+}\left[\frac{f(x)-f(x_0)}{x-x_0}\cdot(x-x_0)+f(x_0)\right]=f'_+(x_0)\cdot 0+f(x_0)=f(x_0)$$

所以 f 在点 x_0 处既左连续,又右连续,即 f 在点 x_0 处连续.

例 5-5 讨论下列函数的连续性与可导性:

(1)$f(x)=\begin{cases}0, & x\text{ 为无理数}\\ x, & x\text{ 为有理数}\end{cases}$; (2)$g(x)=\begin{cases}0, & x\text{ 为无理数}\\ x^2, & x\text{ 为有理数}\end{cases}$.

解 (1) 任取 $x_0\neq 0$,取有理数数列$\{r_n\}$,无理数数列$\{s_n\}$,使得$\lim\limits_{n\to\infty}r_n=\lim\limits_{n\to\infty}s_n=x_0$.

$$\lim_{n\to\infty}f(r_n)=\lim_{n\to\infty}r_n=x_0;\lim_{n\to\infty}f(s_n)=\lim_{n\to\infty}0=0$$

由归结原则知$\lim\limits_{x\to x_0}f(x)$ 不存在,则 f 在 x_0 点不连续,当然也不可导.

由于 $0 \leqslant |f(x)| \leqslant |x| \to 0(x \to 0)$，则 $\lim\limits_{x\to 0} f(x) = 0 = f(0)$，$f$ 在 $x = 0$ 点连续.

$$\frac{f(x) - f(0)}{x - 0} = \begin{cases} 0, & x \text{ 为无理数} \\ 1, & x \text{ 为有理数} \end{cases}$$

利用归结原则可证明 $\lim\limits_{x\to 0}\dfrac{f(x) - f(0)}{x - 0}$ 不存在，所以 f 在 $x = 0$ 点不可导.

(2) 任取 $x_0 \neq 0$,取有理数列 $\{r_n\}$,无理数列 $\{s_n\}$,使得 $\lim\limits_{n\to\infty} r_n = \lim\limits_{n\to\infty} s_n = x_0$.

$$\lim_{n\to\infty} g(r_n) = \lim_{n\to\infty} r_n^2 = x_0^2; \qquad \lim_{n\to\infty} g(s_n) = \lim_{n\to\infty} 0 = 0$$

由归结原则知 $\lim\limits_{x\to x_0} g(x)$ 不存在,则 g 在 x_0 点不连续,当然也不可导.

$$\frac{g(x) - g(0)}{x - 0} = \begin{cases} 0 & x \text{ 为无理数} \\ x & x \text{ 为有理数} \end{cases} = f(x)$$

由(1)知 $\lim\limits_{x\to 0}\dfrac{g(x) - g(0)}{x - 0} = \lim\limits_{x\to 0} f(x) = 0$.

所以 g 在 $x = 0$ 点可导,且 $g'(0) = 0$. 当然 g 在 $x = 0$ 点连续.

说明:(1) 函数 f,g 虽然都在 $\mathbf{R}$ 上有定义,但它们仅在 $x = 0$ 点连续.

(2) f 是在 $\mathbf{R}$ 上任一点都不可导的例子,g 是仅在 $x = 0$ 这一点可导的例子.

(3) 由此例可知,函数的连续性与可导性都只是描述该函数在所考察点的局部形态.

(4) 函数在一点不可导的常见情况如下:

① 函数在这一点不连续;

② 函数在这一点左、右导数中有一个不存在;

③ 函数在这一点左、右导数都存在,但不相等;

④ 在孤立点处,例如 $f(x) = \sqrt{1 - x^2} + \sqrt{x^2 - 1}$ 的定义域为 $\{-1,1\}$，-1 与 1 都是定义域的孤立点，f 在 -1 与 1 点都不可导.

例 5-6　设函数 f 在 $x = 0$ 点可导,且 $|f(x)| \leqslant |\sin x|$,证明: $|f'(0)| \leqslant 1$.

证明　由 $|f(x)| \leqslant |\sin x|$ 及迫敛性知 $\lim\limits_{x\to 0} f(x) = 0$. 又 f 在 $x = 0$ 点可导,则 f 在 $x = 0$ 点连续,所以 $f(0) = 0$.

当 $x \neq 0$ 时,

$$\left|\frac{f(x)}{x}\right| \leqslant \left|\frac{\sin x}{x}\right|$$

即

$$\left|\frac{f(x) - f(0)}{x - 0}\right| \leqslant \left|\frac{\sin x}{x}\right|$$

令 $x \to 0$,得 $|f'(0)| \leqslant 1$.

例 5-7　证明:若 $f'_+(x_0) > 0$,则存在 $\delta > 0$,对任何 $x \in (x_0, x_0 + \delta)$ 有 $f(x_0) < f(x)$.

证明 由于$\lim\limits_{x\to x_0^+}\dfrac{f(x)-f(x_0)}{x-x_0}=f'_+(x_0)>0$,则由局部保号性,存在$\delta>0$,使得当$x\in(x_0,x_0+\delta)$时,有$\dfrac{f(x)-f(x_0)}{x-x_0}>0$,则对任何$x\in(x_0,x_0+\delta)$,$x-x_0>0$,所以有$f(x_0)<f(x)$.

类似可以证明:

(1) 若$f'_+(x_0)<0$,则存在$\delta>0$,对任何$x\in(x_0,x_0+\delta)$有$f(x_0)>f(x)$.

(2) 若$f'_-(x_0)>0$,则存在$\delta>0$,对任何$x\in(x_0,x_0+\delta)$有$f(x_0)>f(x)$.

(3) 若$f'_-(x_0)<0$,则存在$\delta>0$,对任何$x\in(x_0,x_0+\delta)$有$f(x_0)<f(x)$.

例 5-8 证明:若函数f在$[a,b]$上连续,且$f(a)=f(b)=k$,$f'_+(a)f'_-(b)>0$,则在(a,b)内至少有一点ξ,使得$f(\xi)=k$.

证明 作函数$F(x)=f(x)-k$. 由条件知$F'_+(a)=f'_+(a)$,$F'_-(b)=f'_-(b)$,$F'_+(a)F'_-(b)>0$. 不妨设$F'_+(a)>0$,且$F'_-(b)>0$.

由例 5-7 知,存在$x_1\in U^0_+(a)$,$x_2\in U^0_-(b)$,且$x_1<x_2$,有$F(a)<F(x_1)$,$F(x_2)<F(b)$. 又$F(a)=F(b)=0$,则$F(x_1)>0$,$F(x_2)<0$.

由于f在$[a,b]$上连续,则F在$[a,b]$上连续,根据介值定理,存在$\xi\in(x_1,x_2)\in(a,b)$,使得$F(\xi)=0$,即$f(\xi)=k$.

例 5-9 求下列函数的导数:

(1)$y=\ln\dfrac{\sqrt{1+x}-\sqrt{1-x}}{\sqrt{1+x}+\sqrt{1-x}}$; (2) $y=x^{\sin x}$;

(3)$y=x^{x^x}$; (4)$y=\sqrt{x+\sqrt{x+\sqrt{x}}}$;

(5)$y=\operatorname{arccot}\dfrac{1+x}{1-x}$; (6)$y=(x-a_1)^{\alpha_1}(x-a_2)^{\alpha_2}\cdots(x-a_n)^{\alpha_n}$.

解 (1)$y=\ln\dfrac{\sqrt{1+x}-\sqrt{1-x}}{\sqrt{1+x}+\sqrt{1-x}}=\ln(1-\sqrt{1-x^2})-\ln x$.

$$y'=\frac{-\frac{1}{2}(1-x^2)^{-\frac{1}{2}}}{1-\sqrt{1-x^2}}(-2x)-\frac{1}{x}=\frac{1}{x\sqrt{1-x^2}}$$

(2)$y=x^{\sin x}=\mathrm{e}^{\sin x\ln x}$

$$y'=(\mathrm{e}^{\sin x\ln x})'=\mathrm{e}^{\sin x\ln x}(\sin x\ln x)'=x^{\sin x}\left(\cos x\ln x+\sin x\frac{1}{x}\right)$$

(3) 两端取对数,$\ln y=x^x\ln x$(再取对数不合适,因为可能有$\ln x\leqslant 0$).

记$y_1=x^x$,则$\ln y_1=x\ln x$,$\dfrac{y_1'}{y_1}=\ln x+1$,即$y_1'=x^x(\ln x+1)$.

$$\frac{1}{y}y' = (x^x)'\ln x + x^x \cdot \frac{1}{x}$$

$$y' = x^{x^x}\left[x^x(\ln^2 x + \ln x) + x^x \cdot \frac{1}{x}\right] = x^{x^x} \cdot x^x\left(\ln^2 x + \ln x + \frac{1}{x}\right)$$

(4) $y' = \dfrac{1}{2\sqrt{x+\sqrt{x+\sqrt{x}}}}\left[1 + \dfrac{1}{2\sqrt{x+\sqrt{x}}}\left(1+\dfrac{1}{2\sqrt{x}}\right)\right]$

$$= \frac{2\sqrt{x}+1+4\sqrt{x}\sqrt{x+\sqrt{x}}}{8\sqrt{x}\sqrt{x+\sqrt{x}}\sqrt{x+\sqrt{x+\sqrt{x}}}}$$

(5) $y' = -\dfrac{1}{1+\left(\dfrac{1+x}{1-x}\right)^2} \cdot \dfrac{1-x-(1+x)(-1)}{(1-x)^2}$

$$= -\frac{2}{(1-x)^2+(1+x)^2} = -\frac{1}{1+x^2}$$

(6) 两端取绝对值再取对数：

$$\ln|y| = \alpha_1\ln|x-a_1| + \alpha_2\ln|x-a_2| + \cdots + \alpha_n\ln|x-a_n|$$

两端对 x 求导

$$\frac{y'}{y} = \frac{\alpha_1}{x-a_1} + \frac{\alpha_2}{x-a_2} + \cdots + \frac{\alpha_n}{x-a_n}$$

$$y' = (x-a_1)^{\alpha_1}(x-a_2)^{\alpha_2}\cdots(x-a_n)^{\alpha_n}\left[\frac{\alpha_1}{x-a_1} + \frac{\alpha_2}{x-a_2} + \cdots + \frac{\alpha_n}{x-a_n}\right]$$

例5-10 求下列函数的 n 阶导数：

(1) $y = \ln x$；　(2) $y = \dfrac{1}{x(1-x)}$；　(3) $y = \dfrac{\ln x}{x}$；

(4) $y = \dfrac{x^n}{1-x}$；　(5) $y = e^{ax}\sin bx$（a,b 均为实数，且 $a^2+b^2 \neq 0$）.

解 (1) $y' = x^{-1}, y'' = (-1)x^{-2}, y''' = (-1)(-2)x^{-3}, \cdots$

$$y^{(n)} = (-1)(-2)\cdots[-(n-1)] = (-1)^{n-1}(n-1)!x^{-n}$$

(2) $y = \dfrac{1}{x(1-x)} = \dfrac{1}{x} + \dfrac{1}{1-x}$

$$y^{(n)} = \left(\frac{1}{x}\right)^{(n)} + \left(\frac{1}{1-x}\right)^{(n)} = (-1)^n n!x^{-(n+1)} + n!(1-x)^{-(n+1)}$$

$$= n![(-1)^n x^{-(n+1)} + (1-x)^{-(n+1)}]$$

(3) $(\ln x)^{(k)} = (-1)^{k-1}(k-1)!x^{-k}, k = 1,2,\cdots$;

$\left(\dfrac{1}{x}\right)^{(k)} = (-1)^k k!x^{-(k+1)}, k = 0,1,2,\cdots$.

由莱布尼茨公式有

$$y^{(n)} = \sum_{k=0}^{n} C_n^k \left(\frac{1}{x}\right)^{(n-k)} (\ln x)^{(k)}$$

$$= \left(\frac{1}{x}\right)^{(n)} \ln x + \sum_{k=1}^{n-1} C_n^k \left(\frac{1}{x}\right)^{(n-k)} (\ln x)^{(k)} + \frac{1}{x} \cdot (\ln x)^{(n)}$$

$$= (-1)^n n! x^{-(n+1)} \ln x + \sum_{k=1}^{n-1} C_n^k \left(\frac{1}{x}\right)^{(n-k)} (\ln x)^{(k)} + \frac{1}{x} \cdot (\ln x)^{(n)}$$

$$= (-1)^n n! x^{-(n+1)} \ln x + \sum_{k=1}^{n-1} \frac{n!}{k!(n-k)!} \cdot (-1)^{n-k} (n-k)! x^{-(n-k+1)}$$

$$(-1)^{k-1} (k-1)! x^{-k} + (-1)^{n-1} (n-1)! x^{-n} \cdot \frac{1}{x}$$

$$= (-1)^n n! x^{-(n+1)} \ln x + \sum_{k=1}^{n} \frac{n!}{k} (-1)^{n-1} x^{-(n+1)}$$

$$= (-1)^n n! x^{-(n+1)} \left(\ln x - \sum_{k=1}^{n} \frac{1}{k}\right)$$

(4) $y = \dfrac{x^n}{1-x} = \dfrac{1}{1-x} - (x^{n-1} + x^{n-2} + \cdots + x + 1)$, $y^{(n)} = n!(1-x)^{-(n+1)}$.

(5) $y' = a\mathrm{e}^{ax}\sin bx + b\mathrm{e}^{ax}\cos bx = \mathrm{e}^{ax}(a\sin bx + b\cos bx)$.

设 $\cos\varphi = \dfrac{a}{\sqrt{a^2+b^2}}$, $\sin\varphi = \dfrac{b}{\sqrt{a^2+b^2}}$,则有

$$y' = \sqrt{a^2+b^2}\,\mathrm{e}^{ax}\left(\frac{a}{\sqrt{a^2+b^2}}\sin bx + \frac{b}{\sqrt{a^2+b^2}}\cos bx\right)$$

$$= \sqrt{a^2+b^2}\,\mathrm{e}^{ax}\sin(bx+\varphi)$$

$$y'' = \sqrt{a^2+b^2}\,\mathrm{e}^{ax}[a\sin(bx+\varphi) + b\cos(bx+\varphi)]$$

$$= (\sqrt{a^2+b^2})^2 \mathrm{e}^{ax}\sin(bx+2\varphi)$$

假设 $y^{(n-1)} = (\sqrt{a^2+b^2})^{n-1}\mathrm{e}^{ax}\sin[bx+(n-1)\varphi]$,则

$$y^{(n)} = (\sqrt{a^2+b^2})^{n-1}\mathrm{e}^{ax}\{a\sin[bx+(n-1)\varphi] + b\cos[bx+(n-1)\varphi]\}$$

$$= (\sqrt{a^2+b^2})^{n}\mathrm{e}^{ax}\sin(bx+n\varphi)$$

例 5－11 求由下列参数方程所确定函数的二阶导数$\dfrac{\mathrm{d}^2y}{\mathrm{d}x^2}$:

(1) $\begin{cases} x = a\cos^3 t \\ y = a\sin^3 t \end{cases}$;　　(2) $\begin{cases} x = \mathrm{e}^t\cos t \\ y = \mathrm{e}^t\sin t \end{cases}$.

解　(1) $\frac{dy}{dx}=\frac{(a\sin^3t)'}{(a\cos^3t)'}=\frac{3a\sin^2t\cos t}{-3a\cos^2t\sin t}=-\tan t$,

$$\frac{d^2y}{dx^2}=\frac{(-\tan t)'}{(a\cos^3t)'}=\frac{-\sec^2t}{-3a\cos^2t\sin t}=\frac{1}{3a\cos^4t\sin t}.$$

(2) $\frac{dy}{dx}=\frac{(e^t\sin t)'}{(e^t\cos t)'}=\frac{e^t\sin t+e^t\cos t}{e^t\cos t-e^t\sin t}=\frac{\sin t+\cos t}{\cos t-\sin t}$,

$$\frac{d^2y}{dx^2}=\frac{\left(\frac{\sin t+\cos t}{\cos t-\sin t}\right)'}{(e^t\cos t)'}=\frac{1}{e^t\cos t-e^t\sin t}\cdot\frac{2}{(\cos t-\sin t)^2}=\frac{2}{e^t(\cos t-\sin t)^3}.$$

例5－12　研究函数$f(x)=|x|^3$在$x=0$处的各阶导数.

解　由于$\lim\limits_{x\to0}\frac{f(x)-f(0)}{x-0}=\lim\limits_{x\to0}\frac{|x|^3}{x}=\lim\limits_{x\to0}\frac{x^2|x|}{x}=0$，所以$f$在$x=0$处可导，且$f'(0)=0$.

$$f'(x)=\begin{cases}3x^2 & x\geqslant0\\-3x^2 & x<0\end{cases}\ (\text{即}f'(x)=3\operatorname{sgn}x\cdot x^2)$$

又$\lim\limits_{x\to0}\frac{f'(x)-f'(0)}{x-0}=\lim\limits_{x\to0}\frac{3\operatorname{sgn}x\cdot x^2}{x}=\lim\limits_{x\to0}3\operatorname{sgn}x\cdot x=0$，所以$f$在$x=0$处二阶可导，且$f''(0)=0$.

$$f''(x)=\begin{cases}6x & x\geqslant0\\-6x & x<0\end{cases}\ (\text{即}f''(x)=6|x|)$$

由于$\lim\limits_{x\to0^+}\frac{f''(x)-f''(0)}{x-0}=6\lim\limits_{x\to0^+}\frac{|x|}{x}=6$，则$f''$在$x=0$处右导数为6；$\lim\limits_{x\to0^-}\frac{f''(x)-f''(0)}{x-0}=6\lim\limits_{x\to0^-}\frac{|x|}{x}=-6$，则$f''$在$x=0$处左导数为$-6$. 则$f''$在$x=0$处不可导，即$f$在$x=0$处不存在三阶导数. 因此$f'(0)=f''(0)=0$，$n\geqslant3$时，$f^{(n)}(0)$不存在.

5.2　微分的概念与性质

5.2.1　微分的概念

1. 函数f在x_0点微分的定义

设f在$U(x_0)$内有定义，$x_0+\Delta x\in U(x_0)$. 若

$$\Delta y=f(x_0+\Delta x)-f(x_0)=A\Delta x+o(\Delta x)$$

其中，A与Δx无关，则称f在x_0点可微，称$A\Delta x$为f在x_0点的微分，记为$dy|_{x=x_0}$，即$dy|_{x=x_0}=A\Delta x$.

称自变量的增量 Δx 为自变量的微分,记为 $\mathrm{d}x$. 由此函数在 x_0 点的微分可记为 $\mathrm{d}y\big|_{x_0} = f'(x_0)\mathrm{d}x$.

2. 函数的微分

函数的微分公式为 $\mathrm{d}y = f'(x)\mathrm{d}x$.

3. 微分的几何意义

$\mathrm{d}y\big|_{x=x_0} = f'(x_0)\Delta x$ 表示曲线 $y = f(x)$ 在点 $(x_0, f(x_0))$ 处切线的函数,当自变量在 x_0 点取得增量 Δx 时,相应因变量的增量.

5.2.2 微分的性质

(1) 函数 f 在 x_0 点可微 $\Leftrightarrow$ 函数 $f(x)$ 在 x_0 点可导,且 $\mathrm{d}y\big|_{x=x_0} = f'(x_0)\mathrm{d}x$.

(2) 基本初等函数的微分公式:略.

(3) 四则运算的微分法则如下:

①$\mathrm{d}[u(x) \pm v(x)] = \mathrm{d}u(x) \pm \mathrm{d}v(x)$;

②$\mathrm{d}[u(x)v(x)] = v(x)\mathrm{d}u(x) + u(x)\mathrm{d}v(x)$;

③$\mathrm{d}\left[\dfrac{u(x)}{v(x)}\right] = \dfrac{v(x)\mathrm{d}u(x) - u(x)\mathrm{d}v(x)}{v^2(x)}$.

(4) 微分形式不变性:

若 $y = f(u)$, u 是自变量,有 $\mathrm{d}y = f'(u)\mathrm{d}u$;若 $y = f(u)$, $u = g(x)$, u 是中间变量, $\mathrm{d}y = f'(u)g'(x)\mathrm{d}x = f'(u)\mathrm{d}u$.

总之,无论 u 是自变量还是中间变量, $\mathrm{d}y = f'(u)\mathrm{d}u$ 总成立,这一性质称为微分的形式不变性.

(5) 高阶微分:二阶及二阶以上的微分称为高阶微分.

n 阶微分的表达式为 $\mathrm{d}^n y = \mathrm{d}(\mathrm{d}^{n-1}y) = \mathrm{d}(f^{n-1}(x)\mathrm{d}x^{n-1}) = f^{(n)}(x)\mathrm{d}x^n$.

高阶微分不具有微分形式不变性.

5.2.3 近似计算与误差估计

1. 近似计算

设 f 在 x_0 点可微,当自变量在点 x_0 的增量绝对值 $|\Delta x|$ 很小时,有

$$\Delta y = f(x_0 + \Delta x) - f(x_0) \approx f'(x_0)\Delta x$$

即

$$\Delta y \approx \mathrm{d}y\big|_{x=x_0}$$

因此

$$f(x_0 + \Delta x) \approx f(x_0) + f'(x_0)\Delta x$$

令 $x = x_0 + \Delta x$,则 $\Delta x = x - x_0$,有

$$f(x) \approx f(x_0) + f'(x_0)(x - x_0)$$

2. 误差估计

(1) 绝对误差

$$|\Delta y| \approx |f'(x_0)||\Delta x|$$

(2) 相对误差

$$|\delta y| = \left|\frac{\Delta y}{y}\right| \approx \left|\frac{f'(x_0)}{f(x_0)}\right| \cdot |\Delta x|$$

例5－13　填空

(1) $d(\quad) = x dx$;　　(2) $d(\quad) = \cos\omega t dt$.

解　(1) $d\left(\frac{1}{2}x^2\right) = x dx$;　　(2) $d\left(\frac{1}{\omega}\sin\omega x\right) = \cos\omega t dt$.

例5－14　$y = e^{ax+bx^2}$,求 dy.

解　由微分形式的不变性得

$$dy = e^{ax+bx^2}d(ax+bx^2) = (a+2bx)e^{ax+bx^2}dx$$

例5－15　$y = \sqrt{1+\sin^2 x}$,求 dy.

解　由微分形式的不变性得

$$dy = \frac{1}{2\sqrt{1+\sin^2 x}}d(1+\sin^2 x) = \frac{\sin 2x}{2\sqrt{1+\sin^2 x}}dx$$

例5－16　求下列函数的二阶微分:

(1) $y = (1+x^2)\arctan x$;　　(2) $y = 2^{x^2}$.

解　(1) $y' = 2x\arctan x + 1, y'' = 2\arctan x + \frac{2x}{1+x^2}, d^2y = 2\left(\arctan x + \frac{x}{1+x^2}\right)dx^2$

(2) $y' = 2^{x^2}\ln 2 \cdot 2x, y'' = 2\ln 2[1+(2\ln 2)x^2]2^{x^2}, d^2y = 2\ln 2[1+(2\ln 2)x^2]2^{x^2}dx^2$.

例5－17　求 $\sqrt[4]{80}$ 的近似值.

解　设 $f(x) = \sqrt[4]{x}$,记 $x_0 = 81, \Delta x = -1$. 则

$$f'(x) = \frac{1}{4\sqrt[4]{x^3}},\quad f(x_0) = 3,\quad f'(x_0) = \frac{1}{108}$$

由近似公式有

$$\sqrt[4]{80} = f(x_0+\Delta x) \approx f(x_0) + f'(x_0)\Delta x = 3 + \frac{1}{108} \times (-1) \approx 2.9907$$

例5－18　为了使计算正方形面积的相对误差不超过1%,度量边长的最大相对误差为多少?

解　设正方形的边长为 x,面积为 A,则有

$$A = x^2,\quad |\Delta A| \approx |dA| = |2x\Delta x|$$

$$|\delta A| = \left|\frac{\Delta A}{A}\right| \approx \left|\frac{2x\Delta x}{x^2}\right| = 2|\delta x|$$

即

$$|\delta x| \approx \frac{1}{2}|\delta A| = 0.5\%$$

第6章　微分中值定理及其应用

6.1　中值定理与洛必达法则

6.1.1　中值定理

1. 罗尔(Rolle)中值定理

若函数 f 满足:(1) 在$[a,b]$上连续;(2) 在(a,b)内可导;(3) $f(a)=f(b)$,则在(a,b)内至少存在一点 ξ,使得 $f'(\xi)=0$.

2. 拉格朗日(Lagrange)中值定理

若函数 f 满足:(1) 在$[a,b]$上连续;(2) 在(a,b)内可导,则在(a,b)内至少存在一点 ξ,使得 f

$$f'(\xi)=\frac{f(b)-f(a)}{b-a}$$

3. 柯西(Cauchy)中值定理

若函数 f,g 满足:(1) 在$[a,b]$上连续;(2) 在(a,b)内可导;(3) f',g' 至少有一个不为 0;(4) $g(a)\neq g(b)$,则在(a,b)内至少存在一点 ξ,使得

$$\frac{f'(\xi)}{g'(\xi)}=\frac{f(b)-f(a)}{g(b)-g(a)}$$

6.1.2　泰勒(Taylor)公式

1. 带佩亚诺型余项的泰勒公式

若函数 f 在点 x_0 存在直到 n 阶的导数,则有 $f(x)=T_n(x)+o((x-x_0)^n)$,即

$$f(x)=f(x_0)+\frac{f'(x_0)}{1!}(x-x_0)+\cdots+\frac{f^{(n)}(x_0)}{n!}(x-x_0)^n+o((x-x_0)^n)$$

2. 带拉格朗日型余项的泰勒公式

若函数 f 在$[a,b]$上存在直到 n 阶的连续导函数,在(a,b)内存在 $n+1$ 阶导函数,则对任意给定的 $x,x_0\in[a,b]$,至少存在一点 $\xi\in(a,b)$ 使得

$$f(x)=f(x_0)+\frac{f'(x_0)}{1!}(x-x_0)+\cdots+\frac{f^{(n)}(x_0)}{n!}(x-x_0)^n+\frac{f^{(n+1)}(\xi)}{(n+1)!}(x-x_0)^{n+1}$$

3. 麦克劳林(Maclaurin) 公式

带佩亚诺型余项的麦克劳林公式为

$$f(x)=f(0)+\frac{f'(0)}{1!}x+\cdots+\frac{f^{(n)}(0)}{n!}x^n+o(x^n)$$

带拉格朗日型余项的麦克劳林公式为

$$f(x)=f(0)+\frac{f'(0)}{1!}x+\cdots+\frac{f^{(n)}(0)}{n!}x^n+\frac{f^{(n+1)}(\theta x)}{(n+1)!}x^{n+1},\theta\in(0,1)$$

6.1.3 导数极限定理

(1) 若函数 f 在点 x_0 的某邻域 $U(x_0)$ 内连续,在 $U^0(x_0)$ 内可导,且 $\lim\limits_{x\to x_0}f'(x)$ 存在,则 f 在点 x_0 可导,且 $f'(x_0)=\lim\limits_{x\to x_0}f'(x)$.

(2) 若函数 f 在点 x_0 的某左邻域 $U_-(x_0)$ 内连续,在 $U_-^0(x_0)$ 内可导,且 $\lim\limits_{x\to x_0^-}f'(x)$ 存在,则 f 在点 x_0 左导数存在,且 $f'_-(x_0)=\lim\limits_{x\to x_0^-}f'(x)$.

(3) 若函数 f 在点 x_0 的某右邻域 $U_+(x_0)$ 内连续,在 $U_+^0(x_0)$ 内可导,且 $\lim\limits_{x\to x_0^+}f'(x)$ 存在,则 f 在点 x_0 右导数存在,且 $f'_+(x_0)=\lim\limits_{x\to x_0^+}f'(x)$.

6.1.4 要求熟记的麦克劳林公式

$$\mathrm{e}^x=1+x+\frac{x^2}{2!}+\cdots+\frac{x^n}{n!}+\frac{\mathrm{e}^{\theta x}}{(n+1)!}x^{n+1}\quad x\in\mathbf{R},\theta\in(0,1).$$

$$\sin x=x-\frac{x^3}{3!}+\frac{x^5}{5!}+\cdots+(-1)^{m-1}\frac{x^{2m-1}}{(2m-1)!}+(-1)^m\frac{\cos\theta x}{(2m+1)!}x^{2m+1}\quad x\in\mathbf{R},\theta\in(0,1)$$

$$\cos x=1-\frac{x^2}{2!}+\frac{x^4}{4!}+\cdots+(-1)^m\frac{x^{2m}}{(2m)!}+(-1)^{m+1}\frac{\cos\theta x}{(2m+2)!}x^{2m+2}\quad x\in\mathbf{R},\theta\in(0,1)$$

$$\ln(1+x)=x-\frac{x^2}{2}+\frac{x^3}{3}+\cdots+(-1)^{n-1}\frac{x^n}{n}+(-1)^n\frac{x^{n+1}}{(n+1)(1+\theta x)^{n+1}}$$

$$x>-1,\theta\in(0,1)$$

$$(1+x)^\alpha=1+\alpha x+\frac{\alpha(\alpha-1)}{2!}x^2+\cdots+\frac{\alpha(\alpha-1)\cdots(\alpha-n+1)}{n!}x^n+$$

$$\frac{\alpha(\alpha-1)\cdots(\alpha-n)}{(n+1)!}(1+\theta x)^{\alpha-n-1}x^{n+1}\quad x>-1,\theta\in(0,1)$$

$$\frac{1}{1-x}=1+x+x^2+\cdots+x^n+\frac{x^{n+1}}{(1-\theta x)^{n+2}}\quad x<1,\theta\in(0,1)$$

6.1.5　洛必达(L'Hospital)法则

1. $\dfrac{0}{0}$ 型的洛必达法则

若函数 f 和 g 满足:

(1) $\lim\limits_{x\to x_0} f(x) = \lim\limits_{x\to x_0} g(x) = 0$;

(2) 在点 x_0 的某空心邻域内两者都可导,且 $g'(x) \neq 0$;

(3) $\lim\limits_{x\to x_0} \dfrac{f'(x)}{g'(x)} = A$($A$ 可以是实数,也可以是 $\pm\infty$ 或 ∞),则 $\lim\limits_{x\to x_0} \dfrac{f(x)}{g(x)} = \lim\limits_{x\to x_0} \dfrac{f'(x)}{g'(x)} = A$.

将 $x\to x_0$ 改成其他五种趋向时,此法则仍成立.

2. $\dfrac{*}{\infty}$ 型的洛必达法则

若 f,g 满足条件:

(1) $\lim\limits_{x\to x_0^+} g(x) = \infty$;

(2) f,g 在 x_0 的某右邻域 $U_+^0(x_0)$ 内可导,且 $g'(x) \neq 0$;

(3) $\lim\limits_{x\to x_0^+} \dfrac{f'(x)}{g'(x)} = A$($A$ 可为实数,也可为 $\pm\infty$ 或 ∞),则 $\lim\limits_{x\to x_0^+} \dfrac{f(x)}{g(x)} = \lim\limits_{x\to x_0^+} \dfrac{f'(x)}{g'(x)} = A$.

证明　设 A 为实数,由条件(3),$\forall \varepsilon > 0, \exists x_1 \in U_+^0(x_0)$,对满足不等式 $x_0 < x < x_1$ 的每一个 x 有

$$\left|\frac{f'(x)}{g'(x)} - A\right| < \varepsilon$$

即

$$A - \varepsilon < \frac{f'(x)}{g'(x)} < A + \varepsilon \tag{6-1}$$

由于 g 在 $U_+^0(x_0)$ 内连续,且 $\lim\limits_{x\to x_0^+} g(x) = \infty$,则当 x 充分接近 x_0 时,$g(x)$ 恒正或恒负,所以适当选取 x_1,使得满足 $x_0 < x < x_1$ 的每一个 x 有 $g(x)$ 恒正或恒负. 不妨设 $g(x) > 0$, $x \in (x_0, x_1)$,且可要求 $g(x) > g(x_1)$.

f,g 在 $[x, x_1]$ 上满足柯西中值定理的条件,必存在 $\xi \in (x, x_1) \subset (x_0, x_1)$,使得

$$\frac{f(x) - f(x_1)}{g(x) - g(x_1)} = \frac{f'(\xi)}{g'(\xi)}$$

由(6-1)有

$$A - \varepsilon < \frac{f(x) - f(x_1)}{g(x) - g(x_1)} < A + \varepsilon \tag{6-2}$$

解不等式(6-2)得

$$\varphi(x)<\frac{f(x)}{g(x)}<\psi(x)$$

其中，$\varphi(x)=\frac{f(x_1)}{g(x)}+(A-\varepsilon)\left[1-\frac{g(x_1)}{g(x)}\right]$，$\psi(x)=\frac{f(x_1)}{g(x)}+(A+\varepsilon)\left[1-\frac{g(x_1)}{g(x)}\right]$.

由于 $\lim\limits_{x\to x_0^+}\varphi(x)=A-\varepsilon$，$\lim\limits_{x\to x_0^+}\psi(x)=A+\varepsilon$. 则由局部保号性，存在 $\delta>0$，当 $x\in U_+^0(x_0;\delta)\subset(x_0,x_1)$ 时，$\varphi(x)>A-2\varepsilon$，$\psi(x)<A+2\varepsilon$. 从而有

$$A-2\varepsilon<\frac{f(x)}{g(x)}<A+2\varepsilon,\ \forall x\in U_+^0(x_0;\delta)$$

所以有 $\lim\limits_{x\to x_0^+}\frac{f(x)}{g(x)}=A=\lim\limits_{x\to x_0^+}\frac{f'(x)}{g'(x)}$.

将 $x\to x_0^+$ 改成其他五种趋向时，此法则仍成立.

例 6 - 1 求下列极限：

(1) $\lim\limits_{x\to 0}(1+x^2)^{\frac{1}{x}}$；

(2) $\lim\limits_{x\to 0^+}\sin x\ln x$；

(3) $\lim\limits_{x\to 0}\left(\frac{1}{x^2}-\frac{1}{\sin^2 x}\right)$；

(4) $\lim\limits_{x\to 0}\left(\frac{\tan x}{x}\right)^{\frac{1}{x^2}}$.

解 (1) $\lim\limits_{x\to 0}(1+x^2)^{\frac{1}{x}}=\lim\limits_{x\to 0}e^{\frac{1}{x}\ln(1+x^2)}=e^{\lim\limits_{x\to 0}\frac{\ln(1+x^2)}{x}}=e^{\lim\limits_{x\to 0}\frac{2x}{1+x^2}}=1$

(2) $\lim\limits_{x\to 0^+}\sin x\ln x=\lim\limits_{x\to 0^+}x\ln x=\lim\limits_{x\to 0^+}\frac{\ln x}{\frac{1}{x}}=\lim\limits_{x\to 0^+}\frac{\frac{1}{x}}{-\frac{1}{x^2}}=0$

(3)
$$\lim_{x\to 0}\left(\frac{1}{x^2}-\frac{1}{\sin^2 x}\right)=\lim_{x\to 0}\frac{\sin^2 x-x^2}{x^2\sin^2 x}=\lim_{x\to 0}\frac{\sin^2 x-x^2}{x^4}=\lim_{x\to 0}\frac{2\sin x\cos x-2x}{4x^3}$$
$$=\lim_{x\to 0}\frac{\sin 2x-2x}{4x^3}=\lim_{x\to 0}\frac{2\cos 2x-2}{12x^2}=\lim_{x\to 0}\frac{-4\sin 2x}{24x}=-\frac{1}{3}$$

(4) $\lim\limits_{x\to 0}\left(\frac{\tan x}{x}\right)^{\frac{1}{x^2}}=\lim\limits_{x\to 0}e^{\frac{1}{x^2}\ln\frac{\tan x}{x}}$

其中，
$$\lim_{x\to 0}\frac{1}{x^2}\ln\frac{\tan x}{x}=\lim_{x\to 0}\frac{\ln\frac{\tan x}{x}}{x^2}=\lim_{x\to 0}\frac{\frac{x}{\tan x}\cdot\frac{\sec^2 x\cdot x-\tan x}{x^2}}{2x}$$
$$=\lim_{x\to 0}\frac{x\sec^2 x-\tan x}{2x^2\tan x}=\lim_{x\to 0}\frac{x\sec^2 x-\tan x}{2x^3}$$
$$=\lim_{x\to 0}\frac{\sec^2 x+2x\sec^2 x\tan x-\sec^2 x}{6x^2}$$

$$= \lim_{x \to 0} \frac{1}{3x} \sec^2 x \tan x = \frac{1}{3}$$

或利用 $\ln \frac{\tan x}{x} = \ln\left[1 + \left(\frac{\tan x}{x} - 1\right)\right] \sim \frac{\tan x}{x} - 1 (x \to 0)$.

$$\lim_{x \to 0} \frac{1}{x^2} \ln \frac{\tan x}{x} = \lim_{x \to 0} \frac{1}{x^2}\left(\frac{\tan x}{x} - 1\right) = \lim_{x \to 0} \frac{\tan x - x}{x^3}$$

$$= \lim_{x \to 0} \frac{\sec^2 x - 1}{3x^2} = \lim_{x \to 0} \frac{\tan^2 x}{3x^2} = \frac{1}{3}$$

所以 $\lim_{x \to 0}\left(\frac{\tan x}{x}\right)^{\frac{1}{x^2}} = \lim_{x \to 0} e^{\frac{1}{x^2}\ln\frac{\tan x}{x}} = e^{\lim_{x \to 0}\frac{1}{x^2}\ln\frac{\tan x}{x}} = \sqrt[3]{e}$.

例 6－2 利用泰勒公式求下列极限：

(1) $\lim_{x \to 0} \frac{e^x \sin x - x(1 + x)}{x^3}$； (2) $\lim_{x \to \infty}\left[x - x^2 \ln\left(1 + \frac{1}{x}\right)\right]$；

(3) $\lim_{x \to 0} \frac{1}{x}\left(\frac{1}{x} - \cot x\right)$.

解 (1) 由于 $e^x = 1 + x + \frac{x^2}{2!} + o(x^2)$, $\sin x = x - \frac{x^3}{3!} + o(x^3)$, 则 $e^x \sin x = x + x^2 + \left(\frac{1}{2!} - \frac{1}{3!}\right)x^3 + o(x^3)$.

$$\lim_{x \to 0} \frac{e^x \sin x - x(1 + x)}{x^3} = \lim_{x \to 0} \frac{x + x^2 + \frac{1}{3}x^3 + o(x^3) - x(1 + x)}{x^3} = \frac{1}{3}$$

(2) 由于 $\ln(1 + t) = t - \frac{t^2}{2} + \frac{t^3}{3} + o(t^3)$, 则 $\ln\left(1 + \frac{1}{x}\right) = \frac{1}{x} - \frac{1}{2x^2} + \frac{1}{3x^3} + o\left(\frac{1}{x^3}\right)$.

$$\lim_{x \to \infty}\left[x - x^2 \ln\left(1 + \frac{1}{x}\right)\right] = \lim_{x \to \infty}\left[x - x^2\left(\frac{1}{x} - \frac{1}{2x^2} + \frac{1}{3x^3}\right) + o\left(\frac{1}{x^3}\right)\right]$$

$$= \lim_{x \to \infty}\left[\frac{1}{2} - \frac{1}{3x} - \frac{o\left(\frac{1}{x^3}\right)}{\frac{1}{x^3}} \cdot \frac{1}{x}\right] = \frac{1}{2}$$

(3) $$\lim_{x \to 0} \frac{1}{x}\left(\frac{1}{x} - \cot x\right) = \lim_{x \to 0} \frac{\sin x - x\cos x}{x^2 \sin x}$$

$$= \lim_{x \to 0} \frac{\left[x - \frac{x^3}{3!} + o(x^3)\right] - x\left[1 - \frac{x^2}{2!} + o(x^2)\right]}{x^3}$$

$$= \lim_{x \to 0} \frac{x - \frac{x^3}{6} + o(x^3) - x + \frac{x^3}{2} - xo(x^2)}{x^3}$$

$$= \lim_{x \to 0}\left(\frac{1}{3} + \frac{o(x^3)}{x^3}\right) = \frac{1}{3}$$

例 6 - 3 设函数 f 在点 a 处具有连续的二阶导数,证明:

$$\lim_{h \to 0}\frac{f(a+h)+f(a-h)-2f(a)}{h^2} = f''(a)$$

证明 由条件知 f 在某 $U(a)$ 内存在二阶导函数 f'',且 f'' 在 $x=a$ 点连续,即 $\lim\limits_{x \to a} f''(x) = f''(a)$. 利用洛必达法则有

$$\begin{aligned}\lim_{h \to 0}\frac{f(a+h)+f(a-h)-2f(a)}{h^2} &= \lim_{h \to 0}\frac{f'(a+h)-f'(a-h)}{2h}\\ &= \lim_{h \to 0}\frac{f''(a+h)+f''(a-h)}{2}\\ &= f''(a)\end{aligned}$$

例 6 - 4 设 f 为 n 阶可导函数,若 $f(x)=0$ 有 $n+1$ 个相异的实根,则方程 $f^{(n)}(x)=0$ 至少有一个实根.

证明 设 $f(x)=0$ 的 $n+1$ 个实根为 $x_1, x_2, \cdots, x_n, x_{n+1}$, 且

$$x_1 < x_2 < \cdots < x_n < x_{n+1}$$

则 f 在 $[x_1, x_2], [x_2, x_3], \cdots, [x_{n-1}, x_n], [x_n, x_{n+1}]$ 上满足罗尔定理的条件,从而分别存在 $\xi_1 \in (x_1, x_2), \xi_2 \in (x_2, x_3), \cdots, \xi_n \in (x_n, x_{n+1})$, 使得

$$f'(\xi_1) = f'(\xi_2) = \cdots = f'(\xi_n) = 0$$

即 $f'(x)=0$ 至少有 n 个相异的实根.

重复以上作法, $f''(x)=0$ 至少有 $n-1$ 个相异的实根.

将上述过程继续重复下去,得 $f^{(n)}(x)=0$ 至少有一个实根.

例 6 - 5 求函数 $f(x)=\dfrac{1}{1+x}$ 在 $x=0$ 处带拉格朗日型余项的泰勒公式.

解 $f(x)=\dfrac{1}{1+x}$, $f^{(k)}(x) = (-1)^k k!\,(1+x)^{-(k+1)}, k=1,2,\cdots$. 则 $f^{(k)}(0) = (-1)^k k!, k=1,2,\cdots$. 所以 $f(x)=\dfrac{1}{1+x}$ 在 $x=0$ 处带拉格朗日型余项的泰勒公式为

$$f(x)=\frac{1}{1+x} = 1 - x + x^2 - x^3 + \cdots + (-1)^n x^n + \frac{(-1)^{n+1}x^{n+1}}{(1+\theta x)^{n+2}},\ x > -1$$

例 6 - 6 设 f 在 I 上可导. 证明:当 I 满足下列条件之一时, $\exists \xi \in I$,使得 $f'(\xi)=0$.

(1) $I=(a,b)$, 且 $f(a+0)=f(b-0)$;

(2) $I=[a,+\infty)$,且 $\lim\limits_{x \to +\infty} f(x) = f(a)$;

(3) $I=(-\infty,+\infty)$,且 $\lim\limits_{x \to -\infty} f(x) = \lim\limits_{x \to +\infty} f(x)$.

证明　(1) 记 $F(x)=\begin{cases}f(a+0), & x=a\\ f(x), & a<x<b\\ f(b-0), & x=b\end{cases}$，$F$ 在 $[a,b]$ 上满足罗尔中值定理的条件，则 $\exists\xi\in I$，使得 $F'(\xi)=f'(\xi)=0$.

(2) 令 $t=\dfrac{1}{x-a+1}$，它将 $x\in[a,+\infty)$ 变换为 $t\in(0,1]$. 记 $x=\dfrac{1}{t}+a-1=\varphi(t)$，$\varphi(t)$ 在 $(0,1]$ 上连续单调，且 $\varphi(1)=a$，$\lim\limits_{t\to0^+}\varphi(t)=+\infty$.

设 $g(t)=f[\varphi(t)]$，$t\in(0,1]$. g 在 $(0,1]$ 上可导，且

$$g(0+0)=\lim_{t\to0^+}f[g(t)]=\lim_{x\to+\infty}f(x)=f(a)=f[\varphi(1)]=g(1)$$

由(1)的结论，$\exists\eta\in(0,1)$，使得 $g'(\eta)=\dfrac{\mathrm{d}}{\mathrm{d}t}f[\varphi(t)]\big|_{t=\eta}=f'[\varphi(\eta)]\varphi'(\eta)=0$. 由于 $\varphi'(\eta)=-\dfrac{1}{\eta^2}\neq0$，故令 $\xi=\varphi(\eta)\in(a,+\infty)$，由上式知 $f'(\xi)=0$.

(3) 令 $t=\dfrac{e^x-1}{e^x+1}$，即 $x=\ln\dfrac{1+t}{1-t}$，把 x 的取值范围 $(-\infty,+\infty)$ 变换为 t 的取值范围 $(-1,1)$.

设 $g(t)=f[\varphi(t)]$，$t\in(-1,1)$. g 在 $(-1,1)$ 上可导，且

$$\lim_{t\to-1^+}g(t)=\lim_{t\to-1^+}f[g(t)]=\lim_{x\to-\infty}f(x)=\lim_{x\to+\infty}f(x)=\lim_{t\to1^-}f[\varphi(t)]=\lim_{t\to1^-}g(t)$$

由(1)的结论，$\exists\eta\in(-1,1)$，使得 $g'(\eta)=\dfrac{\mathrm{d}}{\mathrm{d}t}f[\varphi(t)]\big|_{t=\eta}=f'[\varphi(\eta)]\varphi'(\eta)=0$. 由于 $\varphi'(\eta)=\dfrac{2}{1-\eta^2}\neq0$，故令 $\xi=\varphi(\eta)\in(-\infty,+\infty)$，由上式知 $f'(\xi)=0$.

例 6－7　设函数 f 在 $[0,a]$ 上连续，在 $(0,a)$ 内可导，且 $f(a)=0$，证明至少存在一点 $\xi\in(0,a)$，使得 $f'(\xi)=-\dfrac{2}{\xi}f(\xi)$.

证明　记 $F(x)=x^2f(x)$，$x\in[0,a]$. 则 $F(x)$ 在 $[0,a]$ 上连续，在 $(0,a)$ 内可导，且 $F(0)=F(a)=0$.

由罗尔中值定理知，至少存在一点 $\xi\in(0,a)$，使得 $F'(\xi)=0$，即 $\xi[\xi f'(\xi)+2f(\xi)]=0$，即 $f'(\xi)=-\dfrac{2}{\xi}f(\xi)$.

例 6－8　设 f 在 $[0,1]$ 上连续，在 $(0,1)$ 内可导，且 $f(0)=f(1)=0$，$f\left(\dfrac{1}{2}\right)=1$，试证至少存在一点 $\xi\in(0,1)$，使得 $f'(\xi)=1$.

解　记 $F(x)=f(x)-x$，则 $F(x)$ 在 $[0,1]$ 上连续，且 $F\left(\dfrac{1}{2}\right)=f\left(\dfrac{1}{2}\right)-\dfrac{1}{2}=\dfrac{1}{2}>0$，

$F(1)=f(1)-1=-1<0$,由零点定理知,存在 $\eta\in\left(\frac{1}{2},1\right)$,使得 $F(\eta)=0$.

又 $F(0)=f(0)-0=0$,且 F 在 $(0,\eta)$ 内可导,$F'(x)=f'(x)-1$,由罗尔中值定理知,至少存在一点 $\xi\in(0,\eta)\subset(0,1)$,使得 $F'(\xi)=0$,即 $f'(\xi)=1$.

例 6－9 设 f 在 $[0,1]$ 连续,在 $(0,1)$ 内可导,且 $f(0)=f(1)=0$, $f\left(\frac{1}{2}\right)=1$,证明:

(1) 存在 $\eta\in(0,1)$,使 $f(\eta)=\eta$;

(2) 对任意实数 λ,必存在 $\xi\in(0,\eta)$,使 $f'(\xi)-\lambda[f(\xi)-\xi]=1$.

证明 (1) 令 $F(x)=f(x)-x$,则 F 在 $\left[\frac{1}{2},1\right]$ 上连续,且 $F\left(\frac{1}{2}\right)=f\left(\frac{1}{2}\right)-\frac{1}{2}=\frac{1}{2}>0$,

$F(1)=f(1)-1=-1<0$. 由零点定理知,存在 $\eta\in\left(\frac{1}{2},1\right)\subset(0,1)$,使得 $F(\eta)=0$,即 $f(\eta)=\eta$.

(2) 令 $F(x)=e^{-\lambda x}[f(x)-x]$,则 F 在 $[0,\eta]\subset[0,1]$ 上连续,在 $(0,\eta)$ 内可导,且 $F(0)=0,F(\eta)=0$,由罗尔中值定理知,对任意实数 λ,必存在 $\xi\in(0,\eta)$,使

$$F'(\xi)=-\lambda e^{-\lambda\xi}[f(\xi)-\xi]+e^{-\lambda\xi}[f'(\xi)-1]=0$$

即

$$f'(\xi)-\lambda[f(\xi)-\xi]=1$$

例 6－10 设 f 在 $[0,1]$ 上连续,在 $(0,1)$ 内可导,且 $f(0)=0$, $f(1)=1$,证明:

(1) 存在 $x_0\in(0,1)$,使得 $f(x_0)=1-x_0$;

(2) 存在两个不同的点 $x_1,x_2\in(0,1)$ 使得 $f'(x_1)f'(x_2)=1$.

证明 (1) 令 $F(x)=f(x)-1+x$,则 F 在 $[0,1]$ 上连续,且 $F(0)=-1,F(1)=1$. 由零点定理知,存在 $x_0\in(0,1)$,使得 $F(x_0)=f(x_0)-1+x_0=0$,即 $f(x_0)=1-x_0$.

(2) f 在 $[0,x_0]$ 上应用拉格朗日中值定理有

$$f(x_0)-f(0)=f'(x_1)(x_0-0)$$

即

$$f'(x_1)=\frac{1-x_0}{x_0},\ (0<x_1<x_0)$$

f 在 $[x_0,1]$ 上应用拉格朗日中值定理有

$$f(1)-f(x_0)=f'(x_2)(1-x_0)$$

即

$$f'(x_2)=\frac{f(1)-f(x_0)}{1-x_0}=\frac{x_0}{1-x_0},\ (x_0<x_2<1)$$

所以 $f'(x_1)f'(x_2)=1$.

例 6－11 设函数 f 和 g 均在闭区间 $[a,b]$ 上连续,在 (a,b) 内可导,且满足 $g(a)=g(b)=0$,证明:存在点 $\xi\in(a,b)$,使得 $f'(\xi)\cdot g(\xi)+g'(\xi)=0$.

证明 令 $F(x)=g(x)\cdot e^{f(x)}$,则由条件知函数 F 在 $[a,b]$ 上连续,(a,b) 内可导,由

$g(a)=g(b)=0$,有 $F(a)=F(b)$.

由罗尔中值定理知,存在点 $\xi\in(a,b)$,使得 $F'(\xi)=0$,即

$$g'(\xi)e^{f(\xi)}+g(\xi)e^{f(\xi)}f'(\xi)=0$$

由于 $e^{f(\xi)}>0$,所以有 $g'(\xi)+g(\xi)f'(\xi)=0$.

例 6－12　已知函数 f 在 $[a,b]$ 上连续,在 (a,b) 内存在二阶导数,$a<c<b$,且三点 $(a,f(a))$,$(c,f(c))$,$(b,f(b))$ 在一条直线上,证明:在 (a,b) 内至少存在一点 ξ,使得

$$f''(\xi)=0$$

证明　由条件,f 在 $[a,c]$ 上连续,在 (a,c) 内可导,由拉格朗日中值定理知,至少存在一点 $\xi_1\in(a,c)$,使得 $f'(\xi_1)=\dfrac{f(c)-f(a)}{c-a}$.

又 f 在 $[c,b]$ 上连续,在 (c,b) 内可导,由拉格朗日中值定理知,至少存在一点 $\xi_2\in(c,b)$,使得 $f'(\xi_2)=\dfrac{f(c)-f(a)}{c-a}$.

又由条件,f' 在 $[\xi_1,\xi_2]$ 上连续,在 (ξ_1,ξ_2) 内可导,且三点 $(a,f(a))$,$(c,f(c))$,$(b,f(b))$ 在一条直线上,所以 $\dfrac{f(c)-f(a)}{c-a}=\dfrac{f(c)-f(a)}{c-a}$,即 $f'(\xi_1)=f'(\xi_2)$. 故由罗尔中值定理知,至少存在一点 $\xi\in(\xi_1,\xi_2)\subset(a,b)$,使得 $f''(\xi)=0$.

例 6－13　证明:当 $a>0$ 时,$0<\dfrac{1}{\ln(1+a)}-\dfrac{1}{a}<1$.

证明　记 $f(x)=\ln(1+x)$,f 在 $[0,a]$ 上满足拉格朗日中值定理的条件,则至少存在一点 $\xi\in(0,a)$ 使得

$$\ln(1+a)-\ln1=\frac{a}{1+\xi}$$

即

$$\frac{1}{\ln(1+a)}-\frac{1}{a}=\frac{\xi}{a}$$

由于 $0<\dfrac{\xi}{a}<1$,所以有 $0<\dfrac{1}{\ln(1+a)}-\dfrac{1}{a}<1$.

例 6－14　设 f 在 $[a,b](0<a<b)$ 上连续,在 (a,b) 内可导. 证明:存在 $\xi_1,\xi_2,\xi_3\in(a,b)$,使得 $f'(\xi_1)=(b+a)\dfrac{f'(\xi_2)}{2\xi_2}=(a^2+ab+b^2)\dfrac{f'(\xi_3)}{3\xi_3^2}$.

证明　f 在 $[a,b]$ 上满足拉格朗日中值定理的条件,存在 $\xi_1\in(a,b)$,使得

$$\frac{f(b)-f(a)}{b-a}=f'(\xi_1) \tag{6-3}$$

记 $g(x)=x^2$,$h(x)=x^3$. f,g 在 $[a,b]$ 上满足柯西中值定理的条件,存在 $\xi_2\in(a,b)$,使得

$$\frac{f(b)-f(a)}{g(b)-g(a)}=\frac{f'(\xi_2)}{g'(\xi_2)}$$

即
$$\frac{f(b)-f(a)}{b-a}=(a+b)\frac{f'(\xi_2)}{2\xi_2} \tag{6-4}$$

f,h 在$[a,b]$上满足柯西中值定理的条件,存在 $\xi_3\in(a,b)$,使得

$$\frac{f(b)-f(a)}{h(b)-h(a)}=\frac{f'(\xi_3)}{h'(\xi_3)}$$

即
$$\frac{f(b)-f(a)}{b-a}=(a^2+2ab+b^2)\frac{f'(\xi_3)}{3\xi_3^2} \tag{6-5}$$

由式(6-3)、式(6-4)、式(6-5)有

$$f'(\xi_1)=(b+a)\frac{f'(\xi_2)}{2\xi_2}=(a^2+ab+b^2)\frac{f'(\xi_3)}{3\xi_3^2}$$

例 6-15 设函数 f 在点 a 的某邻域 $U(a)$ 内有 $n+1$ 阶连续导数,且 $f^{(n+1)}(a)\neq 0$,则由泰勒中值定理,存在 $\theta\in(0,1)$,使得

$$f(a+h)=f(a)+hf'(a)+\cdots+\frac{h^{n-1}}{(n-1)!}f^{(n-1)}(a)+\frac{h^n}{n!}f^{(n)}(a+\theta h) \tag{6-6}$$

其中,$a+h\in U(a)$. 证明:$\lim\limits_{h\to 0}\theta=\dfrac{1}{n+1}$.

证明 对函数 $f^{(n)}$ 应用拉格朗日中值定理有

$$f^{(n)}(a+\theta h)=f^{(n)}(a)+\theta hf^{(n+1)}(a+\sigma\theta h),\sigma\in(0,1) \tag{6-7}$$

将式(6-7)代入式(6-6)得

$$f(a+h)=f(a)+hf'(a)+\cdots+\frac{h^{n-1}}{(n-1)!}f^{(n-1)}(a)+\frac{h^n}{n!}[f^{(n)}(a)+\theta hf^{(n+1)}(a+\sigma\theta h)] \tag{6-8}$$

又由泰勒中值定理有

$$f(a+h)=f(a)+hf'(a)+\cdots+\frac{h^{n-1}}{(n-1)!}f^{(n-1)}(a)+\frac{h^n}{n!}f^{(n)}(a)+\frac{h^{n+1}}{(n+1)!}f^{(n+1)}(a+\rho h),\rho\in(0,1) \tag{6-9}$$

由式(6-8)、式(6-9)得

$$\theta f^{(n+1)}(a+\sigma\theta h)=\frac{1}{n+1}f^{(n+1)}(a+\rho h)$$

由于 $f^{(n+1)}$ 在 $x=a$ 点连续,且 $f^{(n+1)}(a)\neq 0$,所以

$$\lim_{h\to 0}\theta=\lim_{h\to 0}\frac{1}{n+1}\frac{f^{(n+1)}(a+\rho h)}{f^{(n+1)}(a+\sigma\theta h)}=\frac{1}{n+1}\frac{f^{(n+1)}(a)}{f^{(n+1)}(a)}=\frac{1}{n+1}$$

6.2　函数的单调性与极值

6.2.1　函数的单调性与极值

1. 函数极值的概念

若函数 f 在 x_0 点的某邻域 $U(x_0)$ 内对一切 $x \in U(x_0)$，有

$$f(x_0) \geqslant f(x)(\text{或} f(x_0) \leqslant f(x))$$

则称函数 f 在点 x_0 取得极大(小)值，称 x_0 为 f 的极大(小)值点. 极大值、极小值统称为极值，极大值点、极小值点统称为极值点.

2. 函数单调性的判定定理

(1) 设函数 f 在区间 I 上可导，则 f 在 I 上递增(减)的充要条件是 $f'(x) \geqslant 0(\leqslant 0)$.

(2) 设函数 f 在 (a,b) 内可导，则 f 在 (a,b) 内严格递增(减)的充要条件是：

① 对一切 $x \in (a,b)$，有 $f'(x) \geqslant 0(\leqslant 0)$；

② 在 (a,b) 内的任何子区间上 $f'(x) \neq 0$.

若 f 在 (a,b) 上(严格)递增(减)，且在点 a 右连续，则 f 在 $[a,b)$ 上也(严格)递增(减)，对右端点 b 结论类似.

3. 函数极值的判定定理

(1) 极值的第一充分条件

设 f 在点 x_0 连续，在某邻域 $U^o(x_0;\delta)$ 内可导，则

① 若当 $x \in (x_0-\delta,x_0)$ 时，$f'(x_0) \leqslant 0$；当 $x \in (x_0,x_0+\delta)$ 时，$f'(x_0) \geqslant 0$，则 f 在点 x_0 取得最小值；

② 若当 $x \in (x_0-\delta,x_0)$ 时，$f'(x_0) \geqslant 0$；当 $x \in (x_0,x_0+\delta)$ 时，$f'(x_0) \leqslant 0$，则 f 在点 x_0 取得最大值；

③ 若 f' 在 $(x_0-\delta,x_0)$ 和 $(x_0,x_0+\delta)$ 内不变号，则点 x_0 不是极值点.

(2) 极值的第二充分条件

设 f 在点 x_0 的某邻域 $U(x_0;\delta)$ 内一阶可导，在 $x=x_0$ 处二阶可导，且 $f'(x_0)=0$，$f''(x_0) \neq 0$，则有：

① 若 $f''(x_0)<0$，则 f 在 x_0 点取得极大值；

② 若 $f''(x_0)>0$，则 f 在 x_0 点取得极小值.

(3) 极值的第三充分条件

设 f 在 x_0 的某邻域内存在直到 $n-1$ 阶导函数，在 x_0 处 n 阶可导，且 $f^{(k)}(x_0)=0$，$(k=1,2,\cdots,n-1)$，$f^{(n)}(x_0) \neq 0$，则

① 当 n 为偶数时, f 在 x_0 点取得极值,且当 $f^{(n)}(x_0)<0$ 时,取极大值;当 $f^{(n)}(x_0)>0$ 时,取极小值;

② 当 n 为奇数时, f 在 x_0 点不取得极值.

例 6－16　证明:当 $x\in\left(0,\frac{\pi}{2}\right)$时,$\frac{2x}{\pi}<\sin x<x$.

证明　作函数 $f(x)=\begin{cases}\frac{\sin x}{x} & x\in\left(0,\frac{\pi}{2}\right]\\ 1 & x=0\end{cases}$.

当 $x\in\left(0,\frac{\pi}{2}\right)$时, $f'(x)=\frac{x\cos x-\sin x}{x^2}=\frac{\cos x}{x^2}(x-\tan x)<0$, 则 f 在$\left(0,\frac{\pi}{2}\right)$内严格减少. 又 f 在 $x=0$ 点右连续,在 $x=\frac{\pi}{2}$ 点左连续,从而 f 在$\left[0,\frac{\pi}{2}\right]$上严格减少.

所以 $\forall x\in\left(0,\frac{\pi}{2}\right)$,有 $f\left(\frac{\pi}{2}\right)<f(x)<f(0)$,即$\frac{2x}{\pi}<\sin x<x$.

例 6－17　证明:当 $x>0$ 时,$e^x-1>(1+x)\ln(1+x)$.

解　记 $f(x)=e^x-1-(1+x)\ln(1+x)$,则 $f(x)$ 在$[0,+\infty)$上连续. 则有 $f(0)=0$, $f'(x)=e^x-1-\ln(1+x)$, $f''(x)=e^x-\frac{1}{1+x}>0(x>0)$.

f' 在$[0,+\infty)$上严格增加,当 $x>0$,时 $f'(x)>f'(0)=0$, f 在$[0,+\infty)$上严格增加. 当 $x>0$ 时, $f(x)>f(0)=0$,即 $e^x-1>(1+x)\ln(1+x)$.

例 6－18　设 $p(x)$ 为多项式,α 为 $p(x)=0$ 的 r 重根. 证明:α 必定是 $p'(x)=0$ 的 $r-1$ 重根.

证明　由条件知 $p(x)=(x-\alpha)^rQ(x)$, $Q(\alpha)\neq 0$.

$$\begin{aligned}p'(x)&=r(x-\alpha)^{r-1}Q(x)+(x-\alpha)^rQ'(x)\\&=(x-\alpha)^{r-1}[rQ(x)+(x-\alpha)Q'(x)]\\&=(x-\alpha)^{r-1}Q_1(x)\end{aligned}$$

$Q_1(\alpha)=rQ(\alpha)\neq 0$,所以 α 必定是 $p'(x)=0$ 的 $r-1$ 重根.

例 6－19　设 $f(x)=\begin{cases}x^4\sin^2\frac{1}{x}, & x\neq 0\\ 0, & x=0\end{cases}$,则

(1) 证明:$x=0$ 是极小值点;

(2) 说明 f 的极小值点 $x=0$ 处是否满足极值的第一充分条件、第二充分条件或第三充分条件.

证明　(1) 由于 $\forall x\in U^0(0)$,有 $f(x)=x^4\sin^2\frac{1}{x}\geqslant 0=f(0)$,所以 $x=0$ 是极小值点.

(2) $f'(0)=\lim\limits_{x\to 0}\dfrac{f(x)-f(0)}{x-0}=\lim\limits_{x\to 0}x^3\sin^2\dfrac{1}{x}=0.$

$$f'(x)=\begin{cases}2x^2\sin\dfrac{1}{x}\left(2x\sin\dfrac{1}{x}-\cos\dfrac{1}{x}\right), & x\neq 0\\ 0, & x=0\end{cases}$$

① 取 $x_n=\dfrac{1}{2n\pi+\dfrac{\pi}{4}}$,$y_n=\dfrac{1}{2n\pi+\dfrac{3}{4}\pi}$,$n=1,2,\cdots$,则$\lim\limits_{n\to\infty}x_n=\lim\limits_{n\to\infty}y_n=0$,且$f'(x_n)<0$,$f'(y_n)>0$,$n=1,2,\cdots$,所以 $\forall\delta>0$,在$(0,\delta)$内$f'(x)$有正有负,从而f在$x=0$处不满足极值的第一充分条件.

②$f''(0)=\lim\limits_{x\to 0}\dfrac{f'(x)-f'(0)}{x-0}=\lim\limits_{x\to 0}2x\sin\dfrac{1}{x}\left(2x\sin\dfrac{1}{x}-\cos\dfrac{1}{x}\right)=0$. 由此知$f$在$x=0$处不满足极值的第二充分条件.

③$f''(x)=\begin{cases}12x^2\sin^2\dfrac{1}{x}-6x\sin\dfrac{2}{x}+2\cos\dfrac{2}{x}, & x\neq 0\\ 0, & x=0\end{cases}$.

$\lim\limits_{x\to 0}f''(x)$不存在,$f''$在$x=0$点不连续,所以$f''$在$x=0$处不可导,$f$不满足极值的第三充分条件.

例 6－20　证明:若函数f在点x_0处有$f'_+(x_0)<0(>0)$,$f'_-(x_0)>0(<0)$,则x_0为f的极大(小)值点.

证明　设$f'_+(x_0)<0$,$f'_-(x_0)>0$. 由于$\lim\limits_{x\to x_0^+}\dfrac{f(x)-f(x_0)}{x-x_0}=f'_+(x_0)<0$,则根据局部保号性,$\exists\delta_1>0$,当$x\in(x_0,x_0+\delta_1)$时,有$\dfrac{f(x)-f(x_0)}{x-x_0}<0$,又$x-x_0>0$,所以当$x\in(x_0,x_0+\delta_1)$时,$f(x)<f(x_0)$.

由$\lim\limits_{x\to x_0^-}\dfrac{f(x)-f(x_0)}{x-x_0}=f'_-(x_0)>0$,同理可得,$\exists\delta_2>0$,当$x\in(x_0-\delta_2,x_0)$时,$f(x)<f(x_0)$.

取$\delta=\min\{\delta_1,\delta_2\}$,$x\in U^0(x_0;\delta)$时,有$f(x)<f(x_0)$,即$x_0$为$f$的极大值点.

当设$f'_+(x_0)>0$,$f'_-(x_0)<0$时,类似可以证明x_0为f的极小值点.

例 6－21　设f在区间I上连续,并且在I上仅有唯一的极值点x_0. 证明:若x_0是f的极大(小)值点,则x_0必是f在I上的最大(小)值点.

证明　设x_0是f的极大值点.

假设x_0不是f在I上的最大值点,则$\exists x_1\in I$,使得$f(x_0)<f(x_1)$. 不妨设$x_0<x_1$,因为f在$[x_0,x_1]$上连续,则f在$[x_0,x_1]$上某点x_2处取得f在$[x_0,x_1]$上的最小值$m=f(x_2)$.

因为x_0为f的唯一极大值点,则$x_0<x_2<x_1$,即x_2为f的极小值点,这与在I上f仅有

唯一极值点 x_0 矛盾. 所以 x_0 必是 f 在 I 上的最大值点.

例 6 - 22 求函数 $f(x) = x^2 - 4x + 4\ln(x+1)$ 的单调区间和极值.

解 $f'(x) = 2x - 4 + \dfrac{4}{x+1}$, 令 $f'(x) = 0$,得驻点为 $x_1 = 0, x_2 = 1$.

当 $x \in (-1,0)$,或 $x \in (1,+\infty)$ 时, $f'(x) > 0$;当 $x \in (0,1)$ 时, $f'(x) < 0$,所以 f 在 $(-1,0]$ 及 $[1,+\infty)$ 上单调递增,在 $[0,1]$ 上单调递减;极大值是 $f(0) = 0$,极小值是 $f(1) = 4\ln 2 - 3$.

例 6 - 23 设 $f(x)$ 在 $[0,a]$ 上可导,且 $f(0) = 0$, $f'(x)$ 单调增加,试证 $\dfrac{f(x)}{x}$ 在 $(0,a)$ 内单调增加.

证明 记 $F(x) = \dfrac{f(x)}{x}, x \in (0,a]$. 当 $x \in (0,a)$ 时,有

$$F'(x) = \frac{xf'(x) - f(x)}{x^2} = \frac{xf'(x) - [f(x) - f(0)]}{x^2}$$

$$= \frac{xf'(x) - xf'(\xi)}{x^2} = \frac{f'(x) - f'(\xi)}{x} > 0 \qquad (\xi \text{ 介于 } 0 \text{ 与 } x \text{ 之间})$$

所以 $\dfrac{f(x)}{x}$ 在 $(0,a)$ 内单调增加.

例 6 - 24 讨论方程 $x + p + q\cos x = 0$ 有几个实根(p,q 为常数,$0 < q < 1$).

解 设 $f(x) = x + p + q\cos x$,则 $f(x)$ 在 $(-\infty,+\infty)$ 内可导,且 $f'(x) = 1 - q\sin x > 0$,所以方程 $x + p + q\cos x = 0$ 至多有一个实根.

又因为 $\lim\limits_{x\to-\infty} f(x) = -\infty$, $\lim\limits_{x\to+\infty} f(x) = +\infty$,所以方程 $x + p + q\cos x = 0$ 至少有一个实根. 所以方程 $x + p + q\cos x = 0$ 恰有一个实根.

例 6 - 25 讨论方程 $\ln x = \dfrac{x}{3}$ 有几个实根.

解 记 $f(x) = \ln x - \dfrac{x}{3}, x \in (0,+\infty)$.

由 $f'(x) = \dfrac{1}{x} - \dfrac{1}{3} = 0$ 得 $x = 3$. 当 $0 < x < 3$ 时, $f'(x) > 0$,即 f 在 $(0,3]$ 上连续且单调增加;当 $x > 3$ 时, $f'(x) < 0$,即 f 在 $[3,+\infty)$ 上连续且单调减少. 因此有

$$f(3) = \ln 3 - 1 > 0, \lim_{x\to 0^+} f(x) = -\infty, f(\mathrm{e}^2) = 2 - \frac{\mathrm{e}^2}{3} < 0$$

所以 $f(x) = 0$ 在 $(0,3)$ 和 $(3,+\infty)$ 内各有一个实根,所以原方程在 $(0,+\infty)$ 内有两个不同的实根.

第7章　函数的凸性

7.1　凸函数的概念

7.1.1　凸函数的定义

定义1　设函数 f 在区间 I 上有定义，若对 I 上任意两点 x_1,x_2 和任意正数 $\lambda\in(0,1)$，总有

$$f[\lambda x_1+(1-\lambda)x_2]\leqslant\lambda f(x_1)+(1-\lambda)f(x_2) \tag{7-1}$$

成立，则称 f 为区间 I 上的凸函数.

几何含义是：连接点 $(x_1,f(x_1))$，$(x_2,f(x_2))$ 的线段位于曲线 $y=f(x)$ 的上方.

定义2　设函数 f 在区间 I 上有定义，若 $\forall x_1,x_2,x_3\in I$，且 $x_1<x_2<x_3$，有

$$\frac{f(x_2)-f(x_1)}{x_2-x_1}\leqslant\frac{f(x_3)-f(x_1)}{x_3-x_1}\leqslant\frac{f(x_3)-f(x_2)}{x_3-x_2} \tag{7-2}$$

成立，则称 f 为区间 I 上的凸函数.

几何含义是：连接点 $(x_1,f(x_1))$，$(x_2,f(x_2))$ 的弦斜率小于等于连接点 $(x_1,f(x_1))$，$(x_3,f(x_3))$ 的弦斜率小于等于连接点 $(x_2,f(x_2))$，$(x_3,f(x_3))$ 的弦斜率.

定义3　设函数 f 在区间 I 上有定义，若 $\forall x_1,x_2,x_3\in I$，且 $x_1<x_2<x_3$，有

$$\begin{vmatrix}1 & x_1 & f(x_1)\\ 1 & x_2 & f(x_2)\\ 1 & x_3 & f(x_3)\end{vmatrix}\geqslant 0 \tag{7-3}$$

成立，则称 f 为区间 I 上的凸函数.

说明：

(1) 式(7-1)、式(7-2)、式(7-3)中，“$\leqslant$”改成“$\geqslant$”，“$\geqslant$”改成“$\leqslant$”，便是凹函数的定义；

(2) 式(7-1)、式(7-2)、式(7-3)中，“$\leqslant$”改成“$<$”，“$\geqslant$”改成“$>$”，便是严格凸函数的定义；

(3) 式(7-1)、式(7-2)、式(7-3)中，“$\leqslant$”改成“$>$”，“$\geqslant$”改成“$<$”，便是严格凹函数的定义.

7.1.2 凸函数定义的等价证明

定义 1⇒定义 2:

令 $\lambda = \frac{x_3 - x_2}{x_3 - x_1}$,则 $0 < \lambda < 1, 1 - \lambda = \frac{x_2 - x_1}{x_3 - x_1}, x_2 = \lambda x_1 + (1 - \lambda)x_3$.

由定义 1 知

$$f[\lambda x_1 + (1 - \lambda)x_3] \leqslant \lambda f(x_1) + (1 - \lambda) f(x_3)$$

故

$$f(x_2) \leqslant \lambda f(x_1) + (1 - \lambda) f(x_3)$$

两边同减 $f(x_1)$ 得

$$f(x_2) - f(x_1) \leqslant (1 - \lambda)[f(x_3) - f(x_1)] \tag{7-4}$$

整理得

$$f(x_3) - f(x_2) \geqslant \lambda[f(x_3) - f(x_1)]$$

即

$$\frac{f(x_3) - f(x_2)}{x_3 - x_2} \geqslant \frac{f(x_3) - f(x_1)}{x_3 - x_1} \tag{7-5}$$

又由式(7-4)得

$$\frac{f(x_2) - f(x_1)}{x_2 - x_1} \leqslant \frac{f(x_3) - f(x_1)}{x_3 - x_1} \tag{7-6}$$

式(7-5)、式(7-6)合并得定义 2.

定义 2⇒定义 3:

由定义 2 知,$\forall x_1, x_2, x_3 \in I$,且 $x_1 < x_2 < x_3$,有

$$\frac{f(x_2) - f(x_1)}{x_2 - x_1} \leqslant \frac{f(x_3) - f(x_1)}{x_3 - x_1}$$

故

$$(x_2 - x_1)[f(x_3) - f(x_1)] \geqslant (x_3 - x_1)[f(x_2) - f(x_1)] \tag{7-7}$$

而

$$\begin{vmatrix} 1 & x_1 & f(x_1) \\ 1 & x_2 & f(x_2) \\ 1 & x_3 & f(x_3) \end{vmatrix} = \begin{vmatrix} 1 & x_1 & f(x_1) \\ 0 & x_2 - x_1 & f(x_2) - f(x_1) \\ 0 & x_3 - x_1 & f(x_3) - f(x_1) \end{vmatrix}$$
$$= (x_2 - x_1)[f(x_3) - f(x_1)] - (x_3 - x_1)[f(x_2) - f(x_1)]$$

由式(7-7)知

$$\begin{vmatrix} 1 & x_1 & f(x_1) \\ 1 & x_2 & f(x_2) \\ 1 & x_3 & f(x_3) \end{vmatrix} \geqslant 0$$

成立,从而得定义3.

定义3⇒定义1:

对 $\forall x_1, x_2 \in I$,且 $x_1 < x_2$,任取 $\lambda \in (0,1)$,令 $x_0 = \lambda x_1 + (1-\lambda)x_2$,显然有 $x_1 < x_0 < x_2$,又由定义3知

$$\begin{vmatrix} 1 & x_1 & f(x_1) \\ 1 & x_0 & f(x_0) \\ 1 & x_2 & f(x_2) \end{vmatrix} \geqslant 0$$

即

$$-[f(x_0) - \lambda f(x_1) - (1-\lambda) f(x_2)](x_2 - x_1) \geqslant 0$$

故

$$f(x_0) \leqslant \lambda f(x_1) + (1-\lambda) f(x_2)$$

即

$$f[\lambda x_1 + (1-\lambda)x_2] \leqslant \lambda f(x_1) + (1-\lambda) f(x_2)$$

从而得定义1.

7.2　凸函数的性质与函数凸性的判别

7.2.1　凸函数的性质

性质1　设函数 f,g 在区间 I 上为凸函数,则 $\max\{f(x), g(x)\}$ 在区间 I 上也为凸函数.

证明　$\forall x_1, x_2 \in I$, $\forall \lambda \in (0,1)$,因函数 f,g 在区间 I 上为凸函数,从而

$$f[\lambda x_1 + (1-\lambda)x_2] \leqslant \lambda f(x_1) + (1-\lambda) f(x_2)$$

且

$$g[\lambda x_1 + (1-\lambda)x_2] \leqslant \lambda g(x_1) + (1-\lambda) g(x_2)$$

令 $F(x) = \max\{f(x), g(x)\}$,则

$$\begin{aligned} F[\lambda x_1 + (1-\lambda)x_2] &= \max\{f[\lambda x_1 + (1-\lambda)x_2], g[\lambda x_1 + (1-\lambda)x_2]\} \\ &\leqslant \max\{\lambda f(x_1) + (1-\lambda) f(x_2), \lambda g(x_1) + (1-\lambda) g(x_2)\} \\ &\leqslant \lambda \max\{f(x_1), g(x_1)\} + (1-\lambda)\max\{f(x_2), g(x_2)\} \\ &= \lambda F(x_1) + (1-\lambda) F(x_2) \end{aligned}$$

因此,$F(x) = \max\{f(x), g(x)\}$ 在区间 I 也为凸函数.

性质 2　若 f 与 g 均为在区间 I 上的凸函数,则 $f+g$ 也是区间 I 上的凸函数.

证明　$\forall x_1,x_2\in I,\forall\lambda\in(0,1)$,因 f,g 都是区间 I 上的凸函数,故

$$f[\lambda x_1+(1-\lambda)x_2]\leqslant\lambda f(x_1)+(1-\lambda)f(x_2)$$
$$g[\lambda x_1+(1-\lambda)x_2]\leqslant\lambda g(x_1)+(1-\lambda)g(x_2)$$

两式相加,便得

$$f[\lambda x_1+(1-\lambda)x_2]+g[\lambda x_1+(1-\lambda)x_2]$$
$$\leqslant\lambda[f(x_1)+g(x_1)]+(1-\lambda)[f(x_2)+g(x_2)]$$

由凸函数的定义 1 知,$f+g$ 也是区间 I 上的凸函数.

性质 3　若 f 为区间 I 上的凸函数,则对于 $\lambda\geqslant0(\leqslant0)$,$\lambda f$ 是 I 上的凸(凹)函数.

证明　由于 f 是区间 I 上的凸函数,则 $\forall t\in(0,1)$ 和 $\forall x_1,x_2\in I$,有

$$f[tx_1+(1-t)x_2]\leqslant tf(x_1)+(1-t)f(x_2)$$

上式两端均乘以 $\lambda(\lambda\geqslant0)$,可得

$$\lambda f[tx_1+(1-t)x_2]\leqslant\lambda tf(x_1)+\lambda(1-t)f(x_2)=t\lambda f(x_1)+(1-t)\lambda f(x_2)$$

由凸函数的定义 1 知,λf 也是区间 I 上的凸函数.

推论 1　f 与 g 都是区间 I 上的凸函数,$\alpha\geqslant0,\beta\geqslant0$,则 $\alpha f+\beta g$ 也是区间 I 上的凸函数.

推论 2　若 f_i 是区间 I 上的凸函数,$k_i\geqslant0(i=1,2,\cdots,n)$,则 $\sum\limits_{i=1}^{n}k_if_i$ 也是区间 I 上的凸函数.

推论 3　若 f_i 是区间 I 上的凸(或凹)函数,$k_i<0(i=1,2,\cdots,n)$,则 $\sum\limits_{i=1}^{n}k_if_i$ 也是区间 I 上的凹(或凸)函数.

性质 4　若 f 为区间 I 上的凹函数,且 $\forall x\in I,f(x)>0$,则 $\dfrac{1}{f}$ 为 I 上的凸函数;反之不成立,即若 $f(x)>0$ 为凸函数,$\dfrac{1}{f}$ 不一定为凹函数.

证明　要证明 $\dfrac{1}{f}$ 为凸函数,只要证明 $\forall x,y\in I,\forall\lambda\in(0,1)$,有

$$\frac{1}{f[\lambda x+(1-\lambda)y]}\leqslant\frac{\lambda}{f(x)}+\frac{1-\lambda}{f(y)}\tag{7-8}$$

事实上,因 $f(x)>0$ 为凹函数,故有

$$f[\lambda x+(1-\lambda)y]\geqslant\lambda f(x)+(1-\lambda)f(y)$$

所以

$$\frac{1}{f[\lambda x+(1-\lambda)y]}\leqslant\frac{1}{\lambda f(x)+(1-\lambda)f(y)}$$

从而,要证明式(7-8)只要证明

$$\frac{1}{\lambda f(x)+(1-\lambda)f(y)}\leqslant\frac{\lambda}{f(x)}+\frac{1-\lambda}{f(y)}\tag{7-9}$$

即可. 注意到$f(x)^2+f(y)^2\geqslant 2f(x)f(y)$,可得式(7-9)显然成立,从而式(7-5)成立,这说明$\frac{1}{f}$为I上的凸函数.

另一方面,当$f(x)>0$为凸函数时,$\frac{1}{f}$不一定为凹函数,例如$f(x)=\mathrm{e}^{-x}>0$为凸函数,但$\frac{1}{f}=\mathrm{e}^{x}$仍为凸函数.

性质5　设f与g都是区间I上的非负单调递增的凸函数,则$h=fg$也是I上的凸函数.

证明　对$\forall x_1,x_2\in I$且$x_1<x_2$,$\forall\lambda\in(0,1)$,因f与g都是区间I上的非负单调递增函数,故

$$[f(x_1)-f(x_2)][g(x_2)-g(x_1)]\leqslant 0$$

即

$$f(x_1)g(x_2)+f(x_2)g(x_1)\leqslant f(x_1)g(x_1)+f(x_2)g(x_2)\tag{7-10}$$

又因f与g为区间I上的凸函数,故

$$f[\lambda x_2+(1-\lambda)x_1]\leqslant\lambda f(x_2)+(1-\lambda)f(x_1)$$
$$g[\lambda x_2+(1-\lambda)x_1]\leqslant\lambda g(x_2)+(1-\lambda)g(x_1)$$

而$f(x)\geqslant 0,g(x)\geqslant 0$,将上面两个不等式相乘,可得

$$f[\lambda x_2+(1-\lambda)x_1]g[\lambda x_2+(1-\lambda)x_1]$$
$$\leqslant\lambda^2 g(x_2)f(x_2)+\lambda(1-\lambda)[f(x_2)g(x_1)+f(x_1)g(x_2)]+(1-\lambda)^2 f(x_1)g(x_1)$$

又由式(7-10)知

$$f[\lambda x_2+(1-\lambda)x_1]g[\lambda x_2+(1-\lambda)x_1]$$
$$\leqslant(1-\lambda)^2 f(x_1)g(x_1)+\lambda^2 g(x_2)f(x_2)+\lambda(1-\lambda)[f(x_1)g(x_1)+f(x_2)g(x_2)]$$
$$=\lambda f(x_2)g(x_2)+(1-\lambda)f(x_1)g(x_1)$$

由凸函数的定义1知,$h=fg$也是I上的凸函数.

注　(1)$f(x),g(x)$非负不能少.

例如$f(x)=-1,g(x)=x^2$,均为$[0,1]$凸函数,但$h(x)=f(x)g(x)=-x^2$. 显然$h(x)$不是凸函数,原因是$f(x)=-1$为负.

(2)$f(x),g(x)$单调递增不能少.

例如$f(x)=3-x,g(x)=x^2$是$(1,3)$非负凸函数,但$h(x)=f(x)g(x)=3x^2-x^3$不是$(1,3)$上的凸函数,原因是$f(x)=3-x$是单调递减的.

推论1　若函数f_i都是区间I上的非负单调递增的凸函数,则$h=\prod\limits_{i=1}^{n}f_i$也是$I$上的凸

函数.

推论2 若函数f是区间I上的非负单调递增的凸函数,g是区间I上的正值单调递减的凹函数,则$\frac{f}{g}$是I上的凸函数.

证明 由g是区间I上的正值单调递减的凹函数,知$\frac{1}{g}$是区间I上的正值单调递增的凸函数,令$F(x)=\frac{1}{g(x)}$,则$\frac{f(x)}{g(x)}=f(x)\cdot F(x)$,由性质5知$f\cdot F$为$I$上的凸函数.

性质6 设$y=f(x)$在区间I为严格减少的凸(或凹)函数,其值域区间$A=f(I)$,则反函数$x=f^{-1}(y)$也为A上的凸(或凹)函数.

证明 因$y=f(x)$在区间I上严格减少,从而存在反函数$x=f^{-1}(y)$.

$\forall y_1,y_2\in A,\forall\lambda\in(0,1),\exists x_1,x_2\in I$,使$y_1=f(x_1),y_2=f(x_2)$,即$x_1=f^{-1}(y_1)$,$x_2=f^{-1}(y_2)$.

因$y=f(x)$为凸函数,从而

$$\begin{aligned}f[\lambda x_1+(1-\lambda)x_2]&\leqslant\lambda f(x_1)+(1-\lambda)f(x_2)\\&=f\{f^{-1}[\lambda f(x_1)+(1-\lambda)f(x_2)]\}\end{aligned}$$

因为$y=f(x)$严格减少,因此

$$f^{-1}[\lambda f(x_1)+(1-\lambda)f(x_2)]\leqslant\lambda x_1+(1-\lambda)x_2$$

即

$$f^{-1}[\lambda f(x_1)+(1-\lambda)f(x_2)]\leqslant\lambda f^{-1}(y_1)+(1-\lambda)f^{-1}(y_2)$$

亦即

$$f^{-1}[\lambda y_1+(1-\lambda)y_2]\leqslant\lambda f^{-1}(y_1)+(1-\lambda)f^{-1}(y_2)$$

因此,由定义1知$x=f^{-1}(y)$在$A=\{y\mid y=f(x),x\in I\}$也为凸函数.

类似地有:设$y=f(x)$在区间I为严格增加的凸(或凹)函数,且$f(I)$为$f(x)$的值域,则反函数$x=f^{-1}(y)$在区间$f(I)$上严格增加且为$f(I)$上的凹(或凸)函数.

性质7 设函数f为定义在$[a,b]$上的凸函数,g为定义在$[m,M]$上的凸函数且单调递增,其中$\sup\limits_{x\in[a,b]}f(x)=M$, $\inf\limits_{x\in[a,b]}f(x)=m$,则$g[f(x)]$是$[a,b]$上的凸函数.

证明 由于f为定义在$[a,b]$上的凸函数,故对于任意$x_1,x_2\in[a,b]$,$\forall\lambda\in(0,1)$,总有

$$f[\lambda x_1+(1-\lambda)x_2]\leqslant\lambda f(x_1)+(1-\lambda)f(x_2)$$

又因为g为定义在$[m,M]$上单调递增的凸函数,因而有

$$\begin{aligned}g[f(\lambda x_1+(1-\lambda)x_2)]&\leqslant g[\lambda f(x_1)+(1-\lambda)f(x_2)]\\&\leqslant\lambda g[f(x_1)]+(1-\lambda)g[f(x_2)]\end{aligned}$$

即

$$g[f(\lambda x_1+(1-\lambda)x_2)]\leqslant\lambda g[f(x_1)]+(1-\lambda)g[f(x_2)]$$

故 $g[f(x)]$ 是 $[a,b]$ 上的凸函数.

7.1.2　函数凸性的判别

定理1　设 f 在区间 I 上可导,则以下命题等价:

(1) f 在 I 上为凸函数;

(2) f' 是 I 上的增函数;

(3) 对于 I 上的任意两点 x_1,x_2,有 $f(x_2)\geqslant f'(x_1)(x_2-x_1)+f(x_1)$.

证明　(1)⇒(2):任取 I 上两点 $x_1<x_2$,及充分小的 $h>0$,满足 $x_1<x_1+h<x_2-h<x_2$,根据函数的凸性有

$$\frac{f(x_1+h)-f(x_1)}{h}\leqslant\frac{f(x_2)-f(x_2-h)}{h}$$

由于 f 在区间 I 上可导,令 $h\to0^+$,有 $f'(x_1)\leqslant f'(x_2)$,所以 f' 是 I 上的增函数.

(2)⇒(3):在以 $x_1,x_2(x_1<x_2)$ 为端点的区间上应用拉格朗日中值定理,同时由 f' 递增性有

$$f(x_2)-f(x_1)=f'(\xi)(x_2-x_1)\geqslant f'(x_1)(x_2-x_1),\ (x_1<\xi<x_2)$$

即

$$f(x_2)\geqslant f'(x_1)(x_2-x_1)+f(x_1)$$

(3)⇒(1):设 x_1,x_2 为 I 上的任意两点,$\forall\lambda\in(0,1)$,记 $x_3=\lambda x_1+(1-\lambda)x_2,x_1-x_3=(1-\lambda)(x_1-x_3);x_2-x_3=\lambda(x_2-x_1)$.

由条件有 $f(x_1)\geqslant f'(x_3)(x_1-x_3)+f(x_3)=f'(x_3)(1-\lambda)(x_1-x_2)+f(x_3)$;$f(x_2)\geqslant f'(x_1)(x_2-x_3)+f(x_3)=f'(x_3)\lambda(x_2-x_1)+f(x_3)$.

两式相加得

$$\lambda f(x_1)+(1-\lambda)f(x_2)\geqslant f(x_3)$$

所以 f 在 I 上为凸函数.

推论　设 f 在区间 I 上有二阶导数,则 f 为 I 上的凸函数(或严格凸函数)的充分必要条件是任给 $x\in I$ 有 $f''(x)\geqslant0$(或 $f''(x)>0$).

例7-1　证明:若 f 在区间 I 上是凸函数,则 f 不能在 I 的内部达到最大值,除非 f 是常值函数.

证明　假设 f 非常值函数,能在 I 的内部达到最大值,则存在 $x_0\in I$ 及闭子区间 $[x_1,x_2]\subset I$,使得 $x_0\in(x_1,x_2)$,且 $f(x_0)>f(x_1)$,$f(x_0)>f(x_2)$ 中至少有一个成立.

不妨设 $f(x_0)>f(x_1)$.因为 $x_0\in(x_1,x_2)$,故存在 $q_1,q_2\in(0,1)$,$q_1+q_2=1$ 使得 $x_0=q_1x_1+q_2x_2$.因为 $f(x_0)>f(x_1)$,$f(x_0)\geqslant f(x_2)$,故

$$f(x_0)=(q_1+q_2)f(x_0)>q_1f(x_1)+q_2f(x_2)$$

这与 $f(x_0) \leqslant q_1 f(x_1) + q_2 f(x_2)$ 矛盾,所以 f 不能在 I 的内部达到最大值.

例 7－2 证明:若函数 f 在区间 I 上为凸函数,则 f 在区间 I 的任意闭子区间上有界.

证明 设 $[a,b] \subset I$,首先证明 f 在 $[a,b]$ 上有上界:

$\forall x \in [a,b]$,取 $\lambda = \dfrac{x-a}{b-a} \in [0,1]$,则

$$x = \lambda b + (1-\lambda)a$$

令 $M = \max\{f(a), f(b)\}$,由 f 为凸函数有

$$f(x) = f[\lambda b + (1-\lambda)a] \leqslant \lambda f(b) + (1-\lambda) f(a) \leqslant \lambda M + (1-\lambda)M = M$$

故 f 在区间 $[a,b]$ 有上界 M.

其次证明 f 在区间 $[a,b]$ 上有下界:

令 $c = \dfrac{a+b}{2}$ 为 a,b 的中点,则 $\forall x \in [a,b]$ 有关于 c 的对称点 x',由 f 在区间 I 上为凸函数,有

$$f(c) \leqslant \frac{f(x) + f(x')}{2} \leqslant \frac{1}{2} f(x) + \frac{1}{2} M$$

从而,$2f(c) - M \leqslant f(x)$,因此,f 在 $[a,b]$ 有下界 $2f(c) - M$.

因此 f 在区间 I 的任意闭子区间上有界.

例 7－3 证明:若 f 为闭区间在 $[a,b]$ 上的凸函数,且单调有界,则 f 在 $[a,b]$ 上连续.

证明 设 f 在 $[a,b]$ 上单调递增.

任取 $x_0 \in (a,b]$,下证 f 在 x_0 点左连续:

任取 $x \in (a,x_0)$,令 $\lambda = \dfrac{x_0 - b}{x - b}$,则 $0 \leqslant \lambda < 1$,故有

$$x_0 = \lambda(x-b) + b = \lambda x + (1-\lambda) b$$

又 f 为区间 $[a,b]$ 上凸函数,且单调递增有界,即存在 $M > 0$,对于一切 $x \in [a,b]$,都有 $|f(x)| \leqslant M$,因而有

$$f(x_0) = f[\lambda x + (1-\lambda) b] \leqslant \lambda f(x) + (1-\lambda) f(b)$$

可得

$$\begin{aligned} 0 \leqslant f(x_0) - f(x) &\leqslant (1-\lambda) f(b) - (1-\lambda) f(x) \\ &= (1-\lambda)[f(b) - f(x)] \leqslant 2(1-\lambda) M \end{aligned}$$

当 $x \to x_0^-$ 时,$\lambda \to 1^-$ 这时有

$$\lim_{x \to x_0^-} [f(x_0) - f(x)] = 0$$

所以 f 在 x_0 点左连续.

任取 $x_0 \in [a,b)$,下证 f 在 x_0 点右连续:

任取 $x \in (x_0, b]$，令 $\lambda = \dfrac{x-b}{x_0-b}, 0 \leqslant \lambda < 1$，可得

$$x = \lambda x_0 + (1-\lambda) b$$

于是有

$$f(x) \leqslant \lambda f(x_0) + (1-\lambda) f(b)$$

因而

$$0 \leqslant f(x) - f(x_0) \leqslant (1-\lambda)[f(b) - f(x_0)] \leqslant 2(1-\lambda) M$$

当 $x \to x_0^+$ 时，$\lambda \to 1^-$ 这时有

$$\lim_{x \to x_0^+} [f(x_0) - f(x)] = 0$$

所以 f 在 x_0 点右连续. 又由 x_0 点的任意性知，f 在 $[a,b]$ 区间上连续.

例 7－4　证明：若 f 在区间 I 上为凸函数，则 f 在区间 I 的任意一内点 x 处连续.

证明　任取 I 的内点 x，则存在开区间 (a,b) 满足 $x \in (a,b) \subset I$，取 Δx 充分小，使 $x + \Delta x \in (a,b)$，由定义2，当 $\Delta x > 0$ 时

$$\frac{f(x) - f(a)}{x-a} \leqslant \frac{f(x+\Delta x) - f(x)}{\Delta x} \leqslant \frac{f(b) - f(x)}{b-x}$$

当 $\Delta x < 0$ 时

$$\frac{f(x) - f(a)}{x-a} \leqslant \frac{f(x) - f(x+\Delta x)}{-\Delta x} \leqslant \frac{f(b) - f(x)}{b-x}$$

故

$$|f(x+\Delta x) - f(x)| \leqslant |\Delta x| \max\left\{ \left|\frac{f(b) - f(x)}{b-x}\right|, \left|\frac{f(x) - f(a)}{x-a}\right| \right\}$$

即

$$\lim_{\Delta x \to 0} [f(x+\Delta x) - f(x)] = 0$$

所以 f 在 x 点连续，由 x 的任意性知，f 在区间 I 的任意一内点 x 处连续.

例 7－5　证明：若函数 f 是定义在开区间 I 上的凸函数，则 f 在开区间 I 上处处存在左导数 $f'_-(x)$ 和右导数 $f'_+(x)$，它们都是增函数，且 $f'_-(x) \leqslant f'_+(x)$.

证明　在开区间 I 上任取一点 x，再取 $h < 0, k > 0$，满足 $x + h \in I, x + k \in I$. 因为 f 为区间 I 上的凸函数，由定义2可得

$$\frac{f(x) - f(x+h)}{-h} \leqslant \frac{f(x+k) - f(x+h)}{k-h} \leqslant \frac{f(x+k) - f(x)}{k}$$

令 $F(h) = \dfrac{f(x+h) - f(x)}{h}$，当 x 固定时，由上式及定义2式可知 $F(h)$ 单调递增且有上界，

于是，$f'_-(x) = \lim\limits_{h \to 0^-} \dfrac{f(x+h) - f(x)}{h}$ 存在，类似地可证 $f'_+(x)$ 亦存在.

在区间 I 内任取两点 $x_1,x_2(x_1<x_2)$取 $h<0$,使得 $x_1+h\in I,x_2+h>x_1$,则有

$$\frac{f(x_1+h)-f(x_1)}{h}\leqslant\frac{f(x_2+h)-f(x_2)}{h}$$

因此有

$$\lim_{h\to0^-}\frac{f(x_1+h)-f(x_1)}{h}\leqslant\lim_{h\to0^-}\frac{f(x_2+h)-f(x_2)}{h}$$

即 $f'_-(x_1)\leqslant f'_-(x_2)$. 类似地可证 $f'_+(x_1)\leqslant f'_+(x_2)$.

任取 $x\in I$,取 $h>0$,使得 $x-h\in I,x+h\in I$,于是有

$$\frac{f(x)-f(x-h)}{h}\leqslant\frac{f(x+h)-f(x)}{h}$$

取极限得

$$\lim_{h\to0^+}\frac{f(x)-f(x-h)}{h}\leqslant\lim_{h\to0^+}\frac{f(x+h)-f(x)}{h}$$

即

$$f'_-(x)\leqslant f'_+(x)$$

由此例也可知,若函数 f 是定义在开区间 I 上的凸函数,则 f 在区间 I 上连续.

例 7-6 证明:若函数 f 在区间 (a,b) 内为凸函数,则 f 在任意一闭子区间 $[\alpha,\beta]\subset(a,b)$ 上满足 Lipschitz 条件:$\exists L>0$ 使 $\forall x_1,x_2\in[\alpha,\beta]$ 有 $|f(x_1)-f(x_2)|\leqslant L|x_1-x_2|$.

证明 因 $[\alpha,\beta]\subset(a,b)$,从而 $\exists h>0$,使 $[\alpha-h,\beta+h]\subset(a,b)$,$\forall x_1,x_2\in[\alpha,\beta]$,若 $x_1<x_2$,取 $x_3=x_2+h$,f 在区间 (a,b) 为凸函数,因此由定义 2 知

$$\frac{f(x_2)-f(x_1)}{x_2-x_1}\leqslant\frac{f(x_3)-f(x_2)}{x_3-x_2}\leqslant\frac{M-m}{h}$$

(其中 M,m 分别为 f 在 $[\alpha-h,\beta+h]$ 的上、下界),从而

$$|f(x_1)-f(x_2)|\leqslant\frac{M-m}{h}|x_1-x_2|$$

若 $x_1>x_2$,取 $x_3=x_2-h$,因 f 在区间 (a,b) 为凸函数,从而

$$\frac{f(x_2)-f(x_3)}{x_2-x_3}\leqslant\frac{f(x_1)-f(x_2)}{x_1-x_2}$$

$$\frac{f(x_2)-f(x_1)}{x_1-x_2}\leqslant\frac{f(x_3)-f(x_2)}{x_2-x_3}\leqslant\frac{M-m}{h}$$

因此

$$|f(x_1)-f(x_2)|\leqslant\frac{M-m}{h}|x_1-x_2|$$

取 $L=\dfrac{M-m}{h}$,则 $\forall x_1,x_2\in[\alpha,\beta]$ 有 $|f(x_1)-f(x_2)|\leqslant L|x_1-x_2|$.

由此例知，若函数 f 在区间 (a,b) 上为凸函数，则 f 在任意一闭子区间 $[\alpha,\beta]\subset(a,b)$ 上一致连续.

例7-7　证明詹森(Jensen)不等式：若 f 在区间 $[a,b]$ 上为凸函数，则 $\forall q_i\geqslant 0(i=1,2,\cdots,n)$，$q_1+q_2+\cdots+q_n=1$，$\forall x_1,x_2,\cdots,x_n\in[a,b]$，有

$$f(q_1x_1+q_2x_2+\cdots+q_nx_n)\leqslant q_1f(x_1)+q_2f(x_2)+\cdots+q_nf(x_n)$$

证明　当 $n=2$ 时由凸函数的定义1可知结论成立. 假设 $n=k$ 时结论成立. 当 $n=k+1$ 时，有

$$\begin{aligned}
&f(q_1x_1+q_2x_2+\cdots+q_kx_k+q_{k+1}x_{k+1})\\
&=f\left[(1-q_{k+1})\frac{q_1x_1+q_2x_2+\cdots+q_kx_k}{1-q_{k+1}}+q_{k+1}x_{k+1}\right]\\
&\leqslant(1-q_{k+1})f\left(\frac{q_1x_1+q_2x_2+\cdots+q_kx_k}{1-q_{k+1}}\right)+q_{k+1}f(x_{k+1})\\
&\leqslant(1-q_{k+1})\left[\frac{q_1}{1-q_{k+1}}f(x_1)+\frac{q_2}{1-q_{k+1}}f(x_2)+\cdots+\frac{q_k}{1-q_{k+1}}f(x_k)\right]+q_{k+1}f(x_{k+1})\\
&=q_1f(x_1)+q_2f(x_2)+\cdots+q_kf(x_k)+q_{k+1}f(x_{k+1})
\end{aligned}$$

因此，当 $n=k+1$ 时结论也成立.

所以对任何正整数 n，f 为凸函数时总有 $f(\sum\limits_{i=1}^{n}q_ix_i)\leqslant\sum\limits_{i=1}^{n}q_if(x_i)$ 成立.

例7-8　证明：若 f 是 $[a,c]$ 和 $[c,b]$ 上的可微凸函数，且 $f'_-(c)\leqslant f'_+(c)$，则 f 在 $[a,b]$ 上是凸函数.

证明　$\forall x_1,x_2\in[a,b]$，且 $x_1<x_2$.

若 $x_1,x_2\in[a,c]$ 或 $x_1,x_2\in[c,b]$，因 f 在 $[a,c]$ 和 $[c,b]$ 上是凸函数，则有

$$f[\lambda x_1+(1-\lambda)x_2]\leqslant\lambda f(x_1)+(1-\lambda)f(x_2)$$

若 $a\leqslant x_1\leqslant c,c<x_2\leqslant b$，则 $a\leqslant\lambda x_1+(1-\lambda)x_2\leqslant b$，有

$$f[\lambda x_1+(1-\lambda)c]\leqslant\lambda f(x_1)+(1-\lambda)f(c)\qquad(7-11)$$

$$f[\lambda c+(1-\lambda)x_2]\leqslant\lambda f(c)+(1-\lambda)f(x_2)\qquad(7-12)$$

由式(7-11)、式(7-12)有

$$\lambda f(x_1)\geqslant f[\lambda x_1+(1-\lambda)c]-(1-\lambda)f(c)$$

$$(1-\lambda)f(x_2)\geqslant f[\lambda c+(1-\lambda)x_2]-\lambda f(c)$$

当 $\lambda x_1+(1-\lambda)x_2\in[a,c]$ 时

$$\begin{aligned}
&f[\lambda x_1+(1-\lambda)x_2]-[\lambda f(x_1)+(1-\lambda)f(x_2)]\\
&\leqslant f[\lambda x_1+(1-\lambda)x_2]-\{f[\lambda x_1+(1-\lambda)c]-(1-\lambda)f(c)+f[\lambda c+(1-\lambda)x_2]-\lambda f(c)\}\\
&=f[\lambda x_1+(1-\lambda)x_2]-\{f[\lambda x_1+(1-\lambda)c]\}-\{f[\lambda c+(1-\lambda)x_2]-f(c)\}\\
&=f'(\xi_1)(1-\lambda)(x_2-c)-f'(\xi_2)(1-\lambda)(x_2-c)
\end{aligned}$$

(其中,$\lambda x_1 + (1-\lambda)c < \xi_1 < \lambda x_1 + (1-\lambda)x_2 < c, c < \xi_2 < \lambda c + (1-\lambda)x_2$)

$= (1-\lambda)(x_2 - c)[f'(\xi_1) - f'(\xi_2)]$

$= (1-\lambda)(x_2 - c)[f'_-(\xi_1) - f'_+(\xi_2)]$

因为f在$[a,c]$和$[c,b]$上是凸函数,$f'_-(x)$和$f'_+(x)$是递增函数,所以

$$f'_-(\xi_1) \leqslant f'_-(c) \leqslant f'_+(c) \leqslant f'_+(\xi_2)$$

因而

$$f'_-(\xi_1) - f'_+(\xi_2) \leqslant 0$$

$$f[\lambda x_1 + (1-\lambda)x_2] - [\lambda f(x_1) + (1-\lambda)f(x_2)] \leqslant 0$$

即

$$f[\lambda x_1 + (1-\lambda)x_2] \leqslant \lambda f(x_1) + (1-\lambda)f(x_2) \tag{7-13}$$

当$\lambda x_1 + (1-\lambda)x_2 \in [c,b]$时,同理可证式(7-13)成立. 所以$f$在$[a,b]$是凸函数.

第8章　实数完备性的基本定理

8.1　实数的连续性与完备性

8.1.1　数的扩展

人类对数的认识是从自然数开始的，自然数集 $\mathbf{N}$ 对加法、乘法运算是封闭的，对减法运算不封闭. 当数系由自然数集合扩充到整数集合 $\mathbf{Z}$ 后，关于加法、减法、乘法运算都封闭了，但对除法运算不封闭，因此数系又由整数集合 $\mathbf{Z}$ 扩充为有理数集：

$$\mathbf{Q} = \left\{x \,\middle|\, x = \frac{p}{q}, p \in \mathbf{Z}, q \in \mathbf{N}_+\right\}$$

显然有理数集合 $\mathbf{Q}$ 对加法、减法、乘法与除法(除数不为零) 四则运算都封闭.

在坐标轴上，整数集合 $\mathbf{Z}$ 的每一个元素都能找到自己的对应点，这些点称为整数点. 因为它们之间的最小间隔为1，所以称整数系 $\mathbf{Z}$ 具有"离散性". 有理数集合 $\mathbf{Q}$ 的每一个元素也都能在坐标轴上找到自己的对应点，这些点称为有理点. 容易知道，在坐标轴的任意一段长度大于0的线段上，总有无穷多个有理点. 我们称有理数系 $\mathbf{Q}$ 具有"稠密性".

有理数系 $\mathbf{Q}$ 是稠密的，在数轴上有理点密密麻麻，但并没有布满整条数轴，其中留有"空隙"，例如，单位正方形对角线的长度值 $c(=\sqrt{2})$，可以证明 c 不是有理数，所对应的点就位于有理点集合的"空隙中".

由于有理数一定能表示成有限小数或无限循环小数，很自然地将所有无限不循环的小数(定义为无理数) 吸纳进来，我们将全体有理数和全体无理数所构成的集合称为实数集，用 $\mathbf{R}$ 表示.

8.1.2　确界原理与实数的连续性

定理1　(确界原理) 非空有上界的实数集必有实数的上确界；非空有下界的实数集必有实数的下确界.

假设实数全体不能布满整个数轴，而是留有"空隙"，则"空隙" 左边的数集没有上确界，"空隙" 右边的数集没有下确界，这与确界原理相矛盾. 所以实数铺满整个数轴，即全体无理数所对应的点填补了有理点在数轴上的所有"空隙". 实数集 $\mathbf{R}$ 与数轴上点的集合建立了一一对应关系. 实数集合的这一性质称为实数系的连续性. 为了强调实数集所特有的这一性质,称 $\mathbf{R}$ 为实数连续统,而把表示实数全体的坐标轴称为实轴. 确界原理反映了实数系连续性这一基本性质.

例 8-1 设 $S=\{x \mid x\in\mathbf{Q}, x>0, x^2<2\}$,证明:$S$ 在 $\mathbf{Q}$ 内没有上确界.

证明 假设 S 在 $\mathbf{Q}$ 内上确界 $\sup S=\frac{n}{m}$($m,n\in\mathbf{N}_+$,且 m,n 互质),则有 $1<\left(\frac{n}{m}\right)^2<3$.

由于有理数平方不可能等于2,所以只有以下两种情况:

(1)$1<\left(\frac{n}{m}\right)^2<2$

记 $t=2-\frac{n^2}{m^2}$,则 $0<t<1$. 令 $r=\frac{n}{6m}t$,则 $\frac{n}{m}+r>0$,且 $\frac{n}{m}+r\in\mathbf{Q}$.

由于 $r^2=\frac{n^2}{36m^2}t^2=\frac{1}{18}t\cdot\frac{n^2}{2m^2}t=\frac{1}{18}t\cdot\frac{n^2}{2m^2}\left(2-\frac{n^2}{m^2}\right)<\frac{1}{18}t$,$\frac{2n}{m}r=\frac{n^2}{3m^2}t<\frac{2}{3}t$,则

$$\left(\frac{n}{m}+r\right)^2-2=r^2+\frac{2n}{m}r-t<0$$

这说明 $\frac{n}{m}+r\in S$,与 $\frac{n}{m}$ 是 S 的上确界矛盾.

(2)$2<\left(\frac{n}{m}\right)^2<3$

记 $t=\frac{n^2}{m^2}-2$,则 $0<t<1$. 令 $r=\frac{n}{6m}t$,则 $\frac{n}{m}-r>0$,且 $\frac{n}{m}-r\in\mathbf{Q}$.

由于 $\frac{2n}{m}r=\frac{n^2}{3m^2}t<t$,则 $\left(\frac{n}{m}-r\right)^2-2=r^2-\frac{2n}{m}r+t>0$.

这说明 $\frac{n}{m}-r$ 也是 S 的上界,与 $\frac{n}{m}$ 是 S 的上确界矛盾.

所以 S 在 $\mathbf{Q}$ 内没有上确界.

此例题说明在有理数系 $\mathbf{Q}$ 内确界原理不成立,所以有理数系 $\mathbf{Q}$ 不具有连续性.

8.1.3 柯西准则与实数的完备性

定理 2 (数列的柯西(Cauchy)收敛准则):数列 $\{a_n\}$ 收敛的充分必要条件为对于任意给定的 $\varepsilon>0$,总存在正整数 $\mathbf{N}$,使得当 $n,m>\mathbf{N}$ 时,有 $|a_n-a_m|<\varepsilon$.

柯西收敛准则的条件称为柯西条件,满足柯西条件的数列称为基本数列.

数列的柯西收敛准则表明:由实数构成的基本数列存在实数的极限. 这一性质称为实数系的完备性.

在有理数系内,柯西收敛准则不成立. 例如数列 $\left\{\left(1+\frac{1}{n}\right)^n\right\}$ 是由有理数构成的基本数

列,其极限是无理数 e. 所以有理数系也不具有完备性.

下节将证明:在实数系内确界原理和数列的柯西收敛准则是等价的,所以实数系的连续性与实数系的完备性是等价的.

8.2　实数完备性的基本定理

8.2.1　实数完备性的基本定理

定义1　设闭区间列$\{[a_n,b_n]\}$具有如下性质:

(1) $[a_n,b_n]\supset[a_{n+1},b_{n+1}],n=1,2,\cdots$;

(2) $\lim\limits_{n\to\infty}(b_n-a_n)=0$,则称$\{[a_n,b_n]\}$为闭区间套,简称为区间套.

定义2　设S为数轴上的点集,ξ为定点(它可以属于S,也可以不属于S). 若ξ的任何邻域内都含有S的无穷多个点,则称ξ为S的一个聚点.

定义2′　设S为数轴上的点集,若存在各项互异的收敛数列$\{a_n\}\subset S$,则其极限$\xi=\lim\limits_{n\to\infty}a_n$称为$S$的一个聚点.

可以证明定义2和定义2′是等价的.

定义3　设S为数轴上的点集,H为开区间的集合. 若S中任何一点都含在H中的至少一个开区间内,则称H为S的一个开覆盖,或H覆盖S. 若H中开区间的个数是无限(有限)的,则称H为S的一个无限(有限)开覆盖.

定理3　(单调有界定理)在实数系中,单调有界数列必有极限.

定理4　(区间套定理)若闭区间列$\{[a_n,b_n]\}$是一个区间套,则在实数系中存在唯一的一点ξ,使得$\xi\in[a_n,b_n],n=1,2,\cdots$,且$\lim\limits_{n\to\infty}a_n=\lim\limits_{n\to\infty}b_n=\xi$.

推论1　若$\xi\in[a_n,b_n](n=1,2,\cdots)$是区间套$\{[a_n,b_n]\}$所确定的点,则对任给的$\varepsilon>0$,存在$N\in\mathbf{N}_+$,使得当$n>\mathbf{N}$时,有$[a_n,b_n]\subset U(\xi;\delta)$.

推论2　若闭区间列$\{[a_n,b_n]\}$满足:

(1) $a_{2k-1}<a_{2k}\leqslant a_{2k+1}<\cdots\leqslant b_{2k+1}<b_{2k}\leqslant b_{2k-1},k=1,2,\cdots$;

(2) $\lim\limits_{n\to\infty}(b_n-a_n)=0$,则在实数系中存在唯一的一点$\xi\in(a_n,b_n),n=1,2,\cdots$,且$\lim\limits_{n\to\infty}a_n=\lim\limits_{n\to\infty}b_n=\xi$.

定理5　(有限覆盖定理)设H为闭区间$[a,b]$的一个(无限)开覆盖,则从H中可选出有限个开区间来覆盖$[a,b]$.

定理6　(聚点定理)实轴上的任一有界无限点集S至少有一个聚点.

定理7　(致密性定理)有界数列必有收敛子列.

在实数系内,确界原理、柯西收敛准则、单调有界定理、区间套定理、聚点定理、致密性定理及有限覆盖定理是等价的,它们以不同的方式反映了实数系的连续性或完备性.

8.2.2 实数完备性基本定理的等价证明

1. 用确界原理证明单调有界定理

设$\{a_n\}$为递增的有界数列. 由确界原理知,数列$\{a_n\}$有上确界,记$a = \sup\{a_n\}$,以下证明$a = \lim\limits_{n\to\infty} a_n$:

由确界定义,$\forall \varepsilon > 0$,存在数列$\{a_n\}$中的某一项a_N,满足$a - \varepsilon < a_N$. 由数列$\{a_n\}$的递增性知,当$n > N$时,有$a - \varepsilon < a_N \leqslant a_n$. 又$a$为$\{a_n\}$的上确界,则$\forall n \in \mathbf{N}_+$,有$a_n \leqslant a < a + \varepsilon$. 从而当$n > N$时,有$a - \varepsilon < a_n \leqslant a < a + \varepsilon$, 即$|a_n - a| < \varepsilon$,$a = \lim\limits_{n\to\infty} a_n$.

2. 用单调有界定理证明区间套定理

设闭区间列$\{[a_n, b_n]\}$是一个区间套,则$\{a_n\}$为递增的有界数列,根据单调有界定理,$\{a_n\}$存在极限,记为ξ,且$a_n \leqslant \xi$,$n = 1,2,\cdots$. 同理递减有界数列$\{b_n\}$也存在极限,由定义1(2)知$\lim\limits_{n\to\infty} b_n = \lim\limits_{n\to\infty}(b_n - a_n) + \lim\limits_{n\to\infty} a_n = \xi$,且$\xi \leqslant b_n$,$n = 1,2,\cdots$.

以下证明ξ的唯一性:

设ξ'也满足$\xi' \in [a_n, b_n]$,$n = 1,2,\cdots$. 则有$|\xi - \xi'| \leqslant b_n - a_n$,$n = 1,2,\cdots$. 由定义1(2)知$|\xi - \xi'| \leqslant \lim\limits_{n\to\infty}(b_n - a_n) = 0$,所以$\xi = \xi'$.

3. 用区间套定理证明有限覆盖定理

用反证法,设H是闭区间$[a,b]$的一个无限开覆盖. 假设H中任意有限个开区间都不能覆盖闭区间$[a,b]$.

将闭区间$[a,b]$二等分,得两个闭子区间$\left[a,\dfrac{a+b}{2}\right]$与$\left[\dfrac{a+b}{2},b\right]$,这两个闭子区间中必至少有一个不能被$H$中任意有限个开区间所覆盖. 将$\left[a,\dfrac{a+b}{2}\right]$与$\left[\dfrac{a+b}{2},b\right]$之中不能被$H$中任意有限个开区间所覆盖的那个记为$[a_1,b_1]$(如果二者都不能被$H$中任意有限个开区间所覆盖,则任取其一).

用同样的方法将闭区间$[a_1,b_1]$二等分,二者中必至少有一个闭子区间不能被H中任意有限个开区间所覆盖,记为$[a_2,b_2]$. 将上过程无限进行下去,得到闭区间列$\{[a_n,b_n]\}$($a_0 = a$, $b_0 = b$),且具有如下的性质:

(1) $[a_n,b_n] \supset [a_{n+1},b_{n+1}]$,$n = 0,1,2,\cdots$;

(2) $\lim\limits_{n\to\infty}(b_n - a_n) = \lim\limits_{n\to\infty}\dfrac{b-a}{2^n} = 0$;

(3) $[a_n,b_n]$不能被H中任意有限个开区间所覆盖,$n = 1,2,\cdots$.

根据区间套定理,存在唯一的一个数$\xi \in [a_n,b_n]$,$n = 0,1,2,\cdots$. 由于$\xi \in [a,b]$,又开

区间集H覆盖闭区间$[a,b]$,从而,H中必至少存在一个开区间(α,β),使得$\xi\in(\alpha,\beta)$. 由推论1知,当n充分大时,有$[a_n,b_n]\subset(\alpha,\beta)$. 即$[a_n,b_n]$被$H$中的一个开区间$(\alpha,\beta)$所覆盖,与(3)矛盾. 所以,必存在$H$中的有限个开区间覆盖$[a,b]$.

4. 用有限覆盖定理证明聚点定理

设有界无限点集$S\subset[a,b]$. 假设点集S没有聚点,则$\forall x\in[a,b]$,$\exists\delta_x>0$,使得$U(x;\delta_x)$内至多含有S的有限个点. 于是得到$[a,b]$上的一个开覆盖:

$H=\{U(x;\delta_x)\mid x\in[a,b],U(x;\delta_x)$ 内至多含有 S 的有限个点$\}$.

由有限覆盖定理,存在H的有限子集$H^*=\{U(x_i;\delta_i)\mid i=1,2,\cdots,n.\}$,使得$H^*$覆盖了$[a,b]$,当然$H^*$也覆盖了$S$,由于每个$U(x_i;\delta_i)$内至多含有$S$的有限个点,因而$\bigcup\limits_{i=1}^{n}U(x_i;\delta_i)$含有$S$的有限个点,但这与$S$为无限点集的假设相矛盾. 所以$S$至少有一个聚点.

5. 用聚点定理证明致密性定理

设$\{a_n\}$为有界数列. 若$\{a_n\}$中有无限个相同的项,则由这些项构成的子列是一个常数数列,因此该子列收敛.

若$\{a_n\}$中不含有无限个相同的项,则$\{a_n\}$在数轴上对应的点集是无限点集. 由聚点定理,点集$\{a_n\}$至少有一个聚点,记为ξ,则由定义2′,存在$\{a_n\}$的子列$\{a_{n_k}\}$,使得$\lim\limits_{k\to\infty}a_{n_k}=\xi$.

6. 用致密性定理证明数列的柯西收敛准则

必要性:设数列$\{a_n\}$满足柯西条件.

(1) 数列$\{a_n\}$有界:

取$\varepsilon=1$,则存在正整数N,当$n>N$时,有$|a_n-a_N|<1$. 则当$n>N$时,$|a_n|\leqslant|a_n-a_N|+|a_N|\leqslant1+|a_N|$. 记$M=\max\{|a_1|,|a_2|,\cdots,|a_{N-1}|,1+|a_N|\}$,则对一切的自然数$n\in\mathbf{N}_+$,都有$|a_n|\leqslant M$.

(2) 数列$\{a_n\}$收敛:

由致密性定理,有界数列$\{a_n\}$必有收敛子列$\{a_{n_k}\}$,记$a=\lim\limits_{k\to\infty}a_{n_k}$. 则$\forall\varepsilon>0$,存在$N\in\mathbf{N}_+$,当$n,m,k>N$时,有

$$|a_n-a_m|<\frac{\varepsilon}{2},|a_{n_k}-a|<\frac{\varepsilon}{2}$$

取$k_0>N$,则$n_{k_0}\geqslant k_0>N$,当$n>N$时有

$$|a_n-a|\leqslant|a_n-a_{n_{k_0}}|+|a_{n_{k_0}}-a|<\frac{\varepsilon}{2}+\frac{\varepsilon}{2}=\varepsilon$$

所以$\lim\limits_{n\to\infty}a_n=a$.

充分性:(略).

7. 用数列的柯西收敛准则证明确界原理

设S为非空有上界数集. 当S为有限数集时,显然有上确界. 以下设S为无限集,取a_1不是S的上界,b_1是S的上界. 将$[a_1,b_1]$二等分,得两个子区间$\left[a,\frac{a+b}{2}\right]$与$\left[\frac{a+b}{2},b\right]$,其中一个子区间的左端点不是$S$的上界,右端点是$S$的上界,记其为$[a_2,b_2]$. 将上述过程无限做下去,得闭区间列$\{[a_n,b_n]\}$满足:$a_n$不是$S$的上界,$b_n$是$S$的上界,$n=1,2,\cdots$. 以下证明数列$\{b_n\}$满足柯西条件:

由于$0\leqslant b_n-b_{n+1}\leqslant b_n-a_n=\frac{1}{2^{n-1}}(b_1-a_1),n=1,2,\cdots$,则$\forall\varepsilon>0$,取$N=\frac{b_1-a_1}{\varepsilon}+2$,当$n>m>N$时,

$$\begin{aligned}|b_n-b_m|=b_m-b_n&\leqslant(b_m-b_{m+1})+(b_{m+1}-b_{m+2})+\cdots+(b_{n-1}-b_n)\\&\leqslant\left(\frac{1}{2^{m-1}}+\frac{1}{2^m}+\cdots+\frac{1}{2^{n-2}}\right)(b_1-a_1)\\&\leqslant\frac{1}{2^{m-2}}(b_1-a_1)\leqslant\frac{1}{m-2}(b_1-a_1)<\varepsilon\end{aligned}$$

由柯西收敛准则知,数列$\{b_n\}$收敛,记$\eta=\lim\limits_{n\to\infty}b_n$. 同理可以证明数列$\{a_n\}$收敛,且$\lim\limits_{n\to\infty}a_n=\eta$. 以下证明$\eta=\sup S$:

(1) 由于$\forall n\in\mathbf{N}_+,\forall x\in S$,有$x\leqslant b_n$,根据保不等式性有$x\leqslant\lim\limits_{n\to\infty}b_n=\eta$;

(2) $\forall\varepsilon>0$,由于$\lim\limits_{n\to\infty}a_n=\eta>\eta-\varepsilon$,根据保号性,当$n$充分大时$a_n>\eta-\varepsilon$. 因为$a_n$不是$S$的上界,则存在$x\in S$,使得$x\geqslant a_n>\eta-\varepsilon$.

由(1)(2)知$\eta=\sup S$.

第9章　区间套定理的应用

9.1　区间套定理在证明实数完备性定理中的应用

9.1.1　证明确界原理

设S为非空有上界数集. 令$a_1 \in S$,b_1是S的一个上界,且$a_1 < b_1$,闭区间$[a_1,b_1]$具有如下性质:

(1)$[a_1,b_1] \cap S \neq \Phi$;

(2)b_1是数集S的一个上界.

将闭区间$[a_1,b_1]$二等分,所得的两个闭子区间$[a_1,c_1]$和$[c_1,b_1]$,若$[c_1,b_1] \cap S \neq \Phi$,取$[a_2,b_2]=[c_1,b_1]$;否则取$[a_2,b_2]=[a_1,c_1]$. $[a_2,b_2]$满足条件:

(1)$[a_2,b_2] \cap S \neq \Phi$;

(2)b_2是数集S的一个上界.

将上述过程无限进行下去,得到一个闭区间列$\{[a_n,b_n]\}$,且满足如下条件:

(1)$[a_{n+1},b_{n+1}] \subset [a_n,b_n]$,$n=1,2,\cdots$;

(2)$\lim\limits_{n\to\infty}(b_n-a_n)=\lim\limits_{n\to\infty}\dfrac{b_1-a_1}{2^{n-1}}=0$,$n=1,2,\cdots$;

(3)$[a_n,b_n] \cap S \neq \Phi$,$b_n$是数集$S$的一个上界,$n=1,2,\cdots$.

由(1)(2)知$\{[a_n,b_n]\}$为区间套,根据区间套定理,存在唯一的$\xi \in [a_n,b_n]$,$n=1,2,\cdots$,且$\lim\limits_{n\to\infty}a_n=\lim\limits_{n\to\infty}b_n=\xi$.

以下证明$\xi=\sup S$:

① 由于b_n是数集S的一个上界,则$\forall x \in S$,有$x \leqslant b_n$,$n=1,2,\cdots$. 由保不等式性,$x \leqslant \lim\limits_{n\to\infty}b_n=\xi$;

②$\forall \varepsilon>0$,由$\lim\limits_{n\to\infty}a_n=\xi>\xi-\varepsilon$知,当$n$充分大时,$a_n>\xi-\varepsilon$. 又$[a_n,b_n] \cap S \neq \Phi$,取$x_0 \in S \cap [a_n,b_n]$,则$\xi-\varepsilon<x_0$. 由①②知$\xi=\sup S$.

9.1.2　证明单调有界定理

设数列$\{x_n\}$为递增有上界数列,即$x_1 \leqslant x_2 \leqslant \cdots \leqslant x_n \leqslant \cdots < M$,记$[a_1,b_1]=[x_1,M] \supset \{x_n\}$.

取 $c_1 = \dfrac{a_1 + b_1}{2}$,若 c_1 是 $\{x_n\}$ 的上界,则记 $a_2 = a_1, b_2 = c_1$;否则记 $a_2 = c_1, b_2 = b_1$,显然有 $[a_2, b_2] \subset [a_1, b_1]$, $b_2 - a_2 = \dfrac{b_1 - a_2}{2}$,且 b_2 为 $\{x_n\}$ 的上界,a_2 不是 $\{x_n\}$ 的上界(除非 $\{x_n\}$ 是常值数列,此时 $\lim\limits_{n\to\infty} x_n = x_1$). 将上述过程无限进行下去,得到一个闭区间列 $\{[a_n, b_n]\}$,且满足如下条件:

(1) $[a_{n+1}, b_{n+1}] \subset [a_n, b_n], n = 1,2,\cdots$;

(2) $\lim\limits_{n\to\infty}(b_n - a_n) = \lim\limits_{n\to\infty} \dfrac{b_1 - a_1}{2^{n-1}} = 0, n = 1,2,\cdots$;

(3) b_n 为 $\{x_n\}$ 的上界,a_n 不是 $\{x_n\}$ 的上界,$n = 1,2,\cdots$.

由(1)(2)知 $\{[a_n, b_n]\}$ 为区间套,由区间套定理,存在唯一的 $\xi \in [a_n, b_n], n = 1,2,\cdots$,且 $\lim\limits_{n\to\infty} a_n = \lim\limits_{n\to\infty} b_n = \xi$.

以下证明 $\lim\limits_{n\to\infty} x_n = \xi$:

因为 $\forall k, b_k$ 为 $\{x_n\}$ 的上界,则由 $x_n \leqslant b_k$,有 $x_n \leqslant \lim\limits_{k\to\infty} b_k = \xi, n = 1,2,\cdots$.

又因为 $\lim\limits_{k\to\infty} a_k = \xi$,则 $\forall \varepsilon > 0$, 由 $\lim\limits_{k\to\infty} a_k = \xi > \xi - \varepsilon$ 知,当 k 充分大时,$a_k > \xi - \varepsilon$. 由于 a_k 不是 $\{x_n\}$ 的上界,则 $\exists x_N > a_k$,由 $\{x_n\}$ 的递增性,当 $n > N$ 时,有

$$\xi - \varepsilon < a_k < x_N \leqslant x_n < \xi + \varepsilon$$

即当 $n > N$ 时,$|x_n - \xi| < \varepsilon$,所以 $\lim\limits_{n\to\infty} x_n = \xi$.

9.1.3 证明有限覆盖定理(第8章已证)

9.1.4 证明聚点定理

设 S 为有界无限点集,所以存在闭区间 $[a_1, b_1]$,使 $S \subset [a_1, b_1]$.

将 $[a_1, b_1]$ 等分为两个子区间,因 S 为无限点集,故其中至少有一个子区间中含有 S 中的无限多个点,记此子区间为 $[a_2, b_2]$,则 $[a_2, b_2] \subset [a_1, b_1]$,且 $b_2 - a_2 = \dfrac{1}{2}(b_1 - a_1)$.

再 $[a_2, b_2]$ 等分为两个子区间,则其中至少有一个子区间中含有 S 中的无限多个点,记此子间为 $[a_3, b_3]$,则 $[a_3, b_3] \subset [a_2, b_2]$,且 $b_3 - a_3 = \dfrac{1}{2^2}(b_1 - a_1)$. 将上述过程无限进行下去,得闭区间列 $\{[a_n, b_n]\}$,且满足以下条件:

(1) $[a_{n+1}, b_{n+1}] \subset [a_n, b_n], n = 1,2,\cdots$;

(2) $\lim\limits_{n\to\infty}(b_n - a_n) = \lim\limits_{n\to\infty} \dfrac{b_1 - a_1}{2^{n-1}} = 0$;

(3) $[a_n,b_n]$ 含 S 中的无限多个点, $n=1,2,\cdots$.

由(1)(2)知 $\{[a_n,b_n]\}$ 为区间套,由区间套定理,存在唯一的 $\xi\in[a_n,b_n]$, $n=1,2,\cdots$,且 $\lim\limits_{n\to\infty}a_n=\lim\limits_{n\to\infty}b_n=\xi$.

由第8章的推论1, $\forall\varepsilon>0$,当 n 充分大时, $[a_n,b_n]\subset U(\xi,\varepsilon)$.由(3)知 $[a_n,b_n]$ 中含有 S 的无限多个点,从而 $U(\xi,\varepsilon)$ 也含有 S 的无限多个点,即 ξ 是 S 的聚点.

9.1.5　证明致密性定理

设数列 $\{x_n\}$ 有界,则存在闭区间 $[a_1,b_1]$ 满足 $\{x_n\}\subset[a_1,b_1]$.

将 $[a_1,b_1]$ 等分为子区间,则其中至少有一个含有数列 $\{x_n\}$ 中的无穷多项,把它记为 $[a_2,b_2]$,再将闭区间 $[a_2,b_2]$ 等分为两个子区间,同样其中至少有一个含有数列 $\{x_n\}$ 中的无穷多项,把它记为 $[a_3,b_3]$.将上述过程无限进行下去,得到一个闭区间列 $\{[a_k,b_k]\}$,且满足以下条件:

(1) $[a_{k+1},b_{k+1}]\subset[a_k,b_k]$, $k=1,2,\cdots$;

(2) $\lim\limits_{k\to\infty}(b_k-a_k)=\lim\limits_{k\to\infty}\dfrac{b_1-a_1}{2^{k-1}}=0$;

(3) $[a_k,b_k]$ 中都含有数列 $\{x_n\}$ 中无穷多项, $k=1,2,\cdots$.

由(1)(2)知 $\{[a_k,b_k]\}$ 为区间套,由区间套定理,存在唯一的 $\xi\in[a_k,b_k]$, $k=1,2,\cdots$,且 $\lim\limits_{k\to\infty}a_n=\lim\limits_{k\to\infty}b_n=\xi$.

以下证明数列 $\{x_n\}$ 必有一子列收敛于 ξ:

首先在 $[a_1,b_1]$ 中选取 $\{x_n\}$ 中某一项,记它为 x_{n_1}.因为在 $[a_2,b_2]$ 中含有 $\{x_n\}$ 中无穷多项,可以选取位于 x_{n_1} 后的某一项,记它为 x_{n_2}, $n_2>n_1$.继续这样做下去,在选取 $x_{n_k}\in[a_k,b_k]$ 后,因为在 $[a_{k+1},b_{k+1}]$ 中仍含有 $\{x_n\}$ 中无穷多项,可以选取位于 x_{n_K} 后的某一项,记它为 $x_{n_{k+1}}$, $n_{k+1}>n_k$ 这样就得到了数列 $\{x_n\}$ 的一个子列 $\{x_{n_k}\}$,满足 $a_k\leqslant x_{n_K}\leqslant b_k$, $k=1,2,3\cdots$,由 $\lim\limits_{k\to\infty}a_k=\lim\limits_{k\to\infty}b_k=\xi$,再利用迫敛性得到 $\lim\limits_{k\to\infty}x_{n_K}=\xi$.

9.1.6　证明柯西收敛准则

必要性:设 $\lim\limits_{n\to\infty}a_n=A$,由数列极限定义,对任给的 $\varepsilon>0$,存在 $N\in\mathbf{N}_+$,当 $m,n>N$ 时,有 $|a_m-A|<\dfrac{\varepsilon}{2}$, $|a_n-A|<\dfrac{\varepsilon}{2}$,因而 $|a_m-a_n|\leqslant|a_m-A|+|a_n-A|<\dfrac{\varepsilon}{2}+\dfrac{\varepsilon}{2}=\varepsilon$.

充分性:由条件, $\forall\varepsilon>0$, $\exists N\in\mathbf{N}_+$,使得对一切 $n\geqslant N$,有 $|a_n-a_N|\leqslant\varepsilon$,即在区间 $[a_N-\varepsilon,a_N+\varepsilon]$ 内含有 $\{a_n\}$ 中除有限项外的所有项.

令 $\varepsilon=\dfrac{1}{2}$,则存在 $N_1\in\mathbf{N}_+$,在区间 $\left[a_{N_1}-\dfrac{1}{2},a_{N_1}+\dfrac{1}{2}\right]$ 内含有 $\{a_n\}$ 中除有限项外的所

有项,记这个区间为$[\alpha_1,\beta_1]$.

再令$\varepsilon=\frac{1}{2^2}$,则存在$N_2\in\mathbf{N}_+(N_2>N_1)$,在区间$\left[a_{N_2}-\frac{1}{2^2},a_{N_2}+\frac{1}{2^2}\right]$内含有$\{a_n\}$中除有限项外的所有项,记$[\alpha_2,\beta_2]=\left[a_{N_2}-\frac{1}{2^2},a_{N_2}+\frac{1}{2^2}\right]\cap[\alpha_1,\beta_1]$,它也含有$\{a_n\}$中除有限项外的所有项,且满足:

$$[\alpha_1,\beta_1]\supset[\alpha_2,\beta_2]\text{ 及 }\beta_2-\alpha_2\leqslant\frac{1}{2}$$

继续依次$\varepsilon=\frac{1}{2^3},\cdots,\frac{1}{2^n},\cdots$,按以上方法得一闭区间列$\{[\alpha_n,\beta_n]\}$,满足:

(1)$[\alpha_n,\beta_n]\supset[\alpha_{n+1},\beta_{n+1}]$,$n=1,2,\cdots$;

(2)$\beta_n-\alpha_n\leqslant\frac{1}{2^{n-1}}\to0(n\to\infty)$;

(3)$[\alpha_n,\beta_n]$含有$\{a_n\}$中除有限项外的所有项,$n=1,2,\cdots$.

由(1)(2)知$\{[\alpha_n,\beta_n]\}$为区间套,由区间套定理,存在唯一的一个数$\xi\in[\alpha_n,\beta_n]$,$n=1,2,\cdots$.

以下证明ξ就是数列$\{a_n\}$的极限:

由第8章的推论1,$\forall\varepsilon>0$,$\exists N\in\mathbf{N}_+$,使得当$n>N$时,有$[\alpha_n,\beta_n]\subset U(\xi;\varepsilon)$,因此在$U(\xi;\varepsilon)$内含有$\{a_n\}$中除有限项外的所有项,所以$\lim\limits_{n\to\infty}a_n=\xi$.

9.2 区间套定理在证明闭区间上连续函数性质中的应用

9.2.1 有界性定理

若函数f在闭区间$[a,b]$上连续,则f在$[a,b]$上有界.

证明 (用反证法)假定f在$[a,b]$上无界,将$[a,b]$等分成两个子区间,则f至少在其中之一上无界,把该子区间记为$[a_1,b_1]$;再将闭区间$[a_1,b_1]$等分为两个子区间,同样f至少在其中之一上无界,把它记为$[a_2,b_2]$.

将上述过程无限进行下去,得到一个闭区间列$\{[a_n,b_n]\}$,且满足以下条件:

(1)$[a_{n+1},b_{n+1}]\subset[a_n,b_n]$,$n=1,2,\cdots$;

(2)$\lim\limits_{n\to\infty}(b_n-a_n)=\lim\limits_{n\to\infty}\frac{b-a}{2^n}=0$;

(3)f在$[a_n,b_n]$上无界,$n=1,2,\cdots$.

由(1)(2)知$\{[a_n,b_n]\}$为区间套，根据区间套定理，存在唯一的实数$\xi\in[a_n,b_n]$，$n=1,2,\cdots$.

因为$\xi\in[a,b]$，则f在点ξ连续. 由局部有界性可知，存在$\delta>0,M>0$，对于一切$x\in U(\xi,\delta)\cap[a,b]$成立$|f(x)|\leqslant M$. 由第8章的推论1知，当$n$充分大时，$[a_n,b_n]\subset U(\xi,\delta)\cap[a,b]$，则得到$f$在$[a_n,b_n]$上有界的结论，与(3)矛盾. 所以$f$在$[a,b]$上必定有界.

9.2.2　最值性定理

若函数f在闭区间$[a,b]$上连续，则f在$[a,b]$上必能取到最大值和最小值.

证明　根据有界性定理及确界原理知，f的值域$f([a,b])$有上确界，记为M. 以下证明存在$\xi\in[a,b]$，使得$f(\xi)=M$：

将区间$[a,b]$二等分，得两个子区间$[a,c]$与$[c,b]$，则f在其中至少一个子区间上以M为上确界，把它记为$[a_1,b_1]$，再将闭区间$[a_1,b_1]$等分为两个子区间，同样f在其中至少一个子区间上以M为上确界，把它记为$[a_2,b_2]$.

将上述过程无限进行下去，得到一个闭区间列$\{[a_n,b_n]\}$，且满足以下条件：

(1) $[a_{n+1},b_{n+1}]\subset[a_n,b_n],n=1,2,\cdots$;

(2) $\lim\limits_{n\to\infty}(b_n-a_n)=\lim\limits_{n\to\infty}\dfrac{b-a}{2^n}=0$;

(3) f在$[a_n,b_n]$上以M为上确界$n=1,2,\cdots$.

由(1)(2)知$\{[a_n,b_n]\}$为区间套，根据区间套定理，存在唯一的实数$\xi\in[a_n,b_n]$，$n=1,2,\cdots$，$f(\xi)\leqslant M$. 假设$f(\xi)<M$，由f在点ξ的连续性及局部保号性可知，$\exists\delta>0$，当$x\in U(\xi;\delta)\cap[a,b]$时，$f(x)<\dfrac{f(\xi)+M}{2}<M$，由第8章的推论1知，当$n$充分大时，$[a_n,b_n]\subset U(\xi;\delta)$，则$f$在$[a_n,b_n]$上的上确界$M'\leqslant\dfrac{f(\xi)+M}{2}<M$，与(3)矛盾. 所以$f(\xi)=M$，即$f$在$[a,b]$上能取得最大值$M$.

同理可以证明存在$\eta\in[a,b]$使得$f(\eta)=m$，m为f在$[a,b]$上的下确界.

9.2.3　零点定理

若函数f在闭区间$[a,b]$连续，且$f(a)f(b)<0$，则在开区间(a,b)内至少存在一点c，使$f(c)=0$.

证明　(用反证法)不妨设$f(a)<0$，$f(b)>0$，假设$\forall x\in(a,b)$，有$f(x)\neq0$. 将区间$[a,b]$二等分，得两个子区间$[a,c]$与$[c,b]$. 若$f(c)>0$，则记$[a_1,b_1]=[a,c]$；若$f(c)<0$，则记$[a_1,b_1]=[c,b]$，显然$f(a_1)<0$，$f(b_1)>0$.

再将$[a_1,b_1]$二等分，得两个子区间$[a_1,c_1]$与$[c_1,b_1]$. 若$f(c_1)>0$，则记$[a_2,b_2]=$

$[a_1,c_1]$;若 $f(c_1)<0$,则记 $[a_2,b_2]=[c_1,b_1]$,显然 $f(a_2)<0$, $f(b_2)>0$. 将上述过程无限进行下去,得到一个闭区间列 $\{[a_n,b_n]\}(a_0=a,b_0=b)$,且满足以下条件:

(1) $[a_{n+1},b_{n+1}]\subset[a_n,b_n]$, $n=0,1,2,\cdots$;

(2) $\lim\limits_{n\to\infty}(b_n-a_n)=\lim\limits_{n\to\infty}\dfrac{b-a}{2^n}=0$;

(3) $f(a_n)<0$, $f(b_n)>0$, $n=0,1,2,\cdots$.

由(1)(2)知 $\{[a_n,b_n]\}$ 为区间套,根据区间套定理,存在唯一的实数 $c\in[a_n,b_n]$, $n=0,1,2,\cdots$, 且 $\lim\limits_{n\to\infty}a_n=\lim\limits_{n\to\infty}b_n=c$. 由于 f 在 c 点连续,由(3) $f(c)=\lim\limits_{n\to\infty}f(a_n)\leqslant 0$;且 $f(c)=\lim\limits_{n\to\infty}f(b_n)\geqslant 0$,所以 $f(c)=0$,与假设矛盾. 从而在开区间 (a,b) 内至少存在一点 c,使 $f(c)=0$.

9.2.4　康托定理

若函数 f 在闭区间 $[a,b]$ 上连续,则 f 在 $[a,b]$ 上一致连续.

证明　只需证明:对 $\forall\varepsilon>0$,可将 $[a,b]$ 分成有限个小段,使 f 在每个小段上任意两点函数之差都小于 ε.

(用反证法)假设上述结论不成立,即存在某个 $\varepsilon_0>0$, $[a,b]$ 不能分成有限个小段满足上述要求. 将闭区间 $[a,b]$ 二等分,所得的两个闭子区间中必至少有一个不能按上述要求分为有限个小段(若两区间皆满足条件则任取其一),记为 $[a_1,b_1]$.

再将 $[a_1,b_1]$ 二等分,所得的两个闭子区间中必有一个不能按上述要求分为有限个小段,记为 $[a_2,b_2]$. 将上述过程无限进行下去,得到一个闭区间列 $\{[a_n,b_n]\}$,且满足以下条件:

(1) $[a_{n+1},b_{n+1}]\subset[a_n,b_n]$, $n=1,2,\cdots$;

(2) $\lim\limits_{n\to\infty}(b_n-a_n)=\lim\limits_{n\to\infty}\dfrac{b-a}{2^n}=0$;

(3) $[a_n,b_n]$ 不能按上述要求分为有限个小段, $n=1,2,\cdots$.

由(1)(2)知 $\{[a_n,b_n]\}$ 为区间套,根据区间套定理,存在唯一的实数 $\xi\in[a_n,b_n]$, $n=1,2,\cdots$. 因为 $\xi\in[a,b]$,则 f 在 ξ 连续,则对上述的 ε_0,存在 $\delta>0$,使得当 $x\in U(\xi;\delta)\cap[a,b]$ 时, $|f(x)-f(\xi)|<\dfrac{\varepsilon_0}{2}$. 由第8章的推论1知,当 n 充分大时, $[a_n,b_n]\subset U(\xi;\delta)\cap[a,b]$,则 $\forall x\in[a_n,b_n]$,都有 $x\in U(\xi;\delta)\cap[a,b]$,因此 $\forall x_1,x_2\in[a_n,b_n]$ 有

$$|f(x_1)-f(x_2)|\leqslant|f(x_1)-f(\xi)|+|f(\xi)-f(x_2)|<\frac{\varepsilon_0}{2}+\frac{\varepsilon_0}{2}=\varepsilon_0$$

这说明 $[a_n,b_n]$ 上任意两点函数值之差小于 ε_0,与(3)矛盾,故假设不成立. 所以 $\forall\varepsilon>0$,可将 $[a,b]$ 分成有限个小段,使 f 在每一个小段上任意两点函数值之差的绝对值都小于 ε,

所以 f 在 $[a,b]$ 上一致连续.

9.3　区间套定理在证明中值定理中的应用

9.3.1　引理

引理1　设函数 f 在 $[a,b]$ 内有定义，在 $x_0 \in (a,b)$ 点可导. 若数列 $\{a_n\}, \{b_n\} \subset [a, b]$ 满足：

(1) $a_{2n-1} < a_{2n} \leqslant a_{2n+1} < \cdots \leqslant b_{2n+1} < b_{2n} \leqslant b_{2n-1}, n = 1,2,\cdots$；

(2) $\lim\limits_{n\to\infty} a_n = \lim\limits_{n\to\infty} b_n = x_0$，则 $f'(x_0) = \lim\limits_{n\to\infty} \dfrac{f(b_n) - f(a_n)}{b_n - a_n}$.

引理2　若 f 在 $[a,b]$ 上连续，且 $f(a) = f(b)$，则存在 $[\alpha,\beta] \subset [a,b]$，满足：

(1) $f(\alpha) = f(\beta)$；

(2) $\beta - \alpha = \dfrac{1}{2}(b-a)$；

(3) 可要求 $a < \alpha,\beta \leqslant b$，也可要求 $a \leqslant \alpha,\beta < b$.

证明　设函数 $F(x) = f\left[x + \dfrac{1}{2}(b-a)\right] - f(x), x \in \left[a, \dfrac{a+b}{2}\right]$，显然 F 在 $\left[a, \dfrac{a+b}{2}\right]$ 上连续.

$$F(a) = f\left(\frac{a+b}{2}\right) - f(a), \quad F\left(\frac{a+b}{2}\right) = f(a) - f\left(\frac{a+b}{2}\right) = -F(a)$$

则 $F(a)F\left(\dfrac{a+b}{2}\right) \leqslant 0$.

若 $F(a)F\left(\dfrac{a+b}{2}\right) = 0$，则 $f(a) = f\left(\dfrac{a+b}{2}\right) = f(b)$，如果要求 $a < \alpha,\beta \leqslant b$，则取 $[\alpha,\beta] = \left[\dfrac{a+b}{2}, b\right]$；如果要求 $a \leqslant \alpha,\beta < b$，则取 $[\alpha,\beta] = \left[a, \dfrac{a+b}{2}\right]$.

若 $F(a)F\left(\dfrac{a+b}{2}\right) < 0$，则由介值定理，存在 $c \in \left(a, \dfrac{a+b}{2}\right)$，使 $F(c) = 0$. 取 $[\alpha,\beta] = \left[c, c + \dfrac{b-a}{2}\right] \subset (a,b)$.

引理3　若 f 在 $[a,b]$ 上连续，则存在 $[\alpha,\beta] \subset [a,b]$，满足：

(1) $\dfrac{f(\beta) - f(\alpha)}{\beta - \alpha} = \dfrac{f(b) - f(a)}{b - a}$；

(2) $\beta - \alpha = \dfrac{1}{2}(b-a)$；

(3) 可要求 $a < \alpha, \beta \leqslant b$,也可要求 $a \leqslant \alpha, \beta < b$.

证明 记 $F(x) = f(x) - px, p = \dfrac{f(b) - f(a)}{b - a}, x \in [a,b]$. 显然 F 在$[a,b]$上连续,且 $F(a) = F(b)$. 由引理 2 知存在$[\alpha,\beta] \subset [a,b]$,满足:

(1)$F(\alpha) = F(\beta)$;(2)$\beta - \alpha = \dfrac{1}{2}(b - a)$;(3) 可要求 $a < \alpha, \beta \leqslant b$,也可要求 $a \leqslant \alpha$, $\beta < b$.

由(1) $f(\alpha) - p\alpha = f(\beta) - p\beta$, 即$\dfrac{f(\beta) - f(\alpha)}{\beta - \alpha} = \dfrac{f(b) - f(a)}{b - a}$.

引理 4 设 f, g 在$[a,b]$上连续,g 为单射,则存在$[\alpha,\beta] \subset [a,b]$,满足:

(1) $\dfrac{f(\beta) - f(\alpha)}{g(\beta) - g(\alpha)} = \dfrac{f(b) - f(a)}{g(b) - g(a)}$;

(2) $\beta - \alpha = \dfrac{1}{2}(b - a)$;

(3) 可要求 $a < \alpha, \beta \leqslant b$,也可要求 $a \leqslant \alpha, \beta < b$.

证明 记 $p = \dfrac{f(b) - f(a)}{g(b) - g(a)}$,设 $F(x) = f(x) - pg(x), x \in [a,b]$. 显然 F 在$[a,b]$上连续,且 $F(a) = F(b)$.

由引理 2 知存在$[\alpha,\beta] \subset [a,b]$,满足:

(1)$F(\alpha) = F(\beta)$);(2) $\beta - \alpha = \dfrac{1}{2}(b - a)$;(3) 可要求 $a < \alpha, \beta \leqslant b$,也可要求 $a \leqslant \alpha, \beta < b$.

则 $f(\alpha) - pg(\alpha) = f(\beta) - pg(\beta)$, 即$\dfrac{f(\beta) - f(\alpha)}{g(\beta) - g(\alpha)} = \dfrac{f(b) - f(a)}{g(b) - g(a)}$.

9.3.2 中值定理的证明

定理(罗尔(Rolle)中值定理) 若函数 f 满足如下条件:

(1) f 在闭区间$[a,b]$上连续;

(2) f 在开区间(a,b)内可导;

(3) $f(a) = f(b)$,则在(a,b)内至少存在一点 ξ,使得 $f'(\xi) = 0$.

证明 记$[a_1,b_1] = [a,b]$. 由引理 2,存在$[a_2,b_2] \subset [a_1,b_1]$使 $b_2 - a_2 = \dfrac{1}{2}(b_1 - a_1)$,且

$$f(a_2) = f(b_2), a_1 < a_2, b_2 \leqslant b_1$$

在$[a_2,b_2]$上应用引理 2,存在$[a_3,b_3] \subset [a_2,b_2]$,使 $b_3 - a_3 = \dfrac{1}{2}(b_2 - a_2)$,且

$$f(a_3)=f(b_3),a_2\leqslant a_3,b_3<b_2$$

将上述过程无限进行下去,得闭区间列$\{[a_n,b_n]\}$,满足:

(1)$a_{2k-1}<a_{2k}\leqslant a_{2k+1}<\cdots\leqslant b_{2k+1}<b_{2k}\leqslant b_{2k-1},k=1,2,\cdots$;

(2)$\lim\limits_{n\to\infty}(b_n-a_n)=\lim\limits_{n\to\infty}\frac{1}{2^n}(b_1-a_1)=0$;

(3)$f(a_n)=f(b_n),n=1,2,\cdots$.

由第8章的推论2,存在$\xi\in(a_n,b_n),n=1,2,\cdots$,且$\lim\limits_{n\to\infty}a_n=\lim\limits_{n\to\infty}b_n=\xi$. 由引理1知

$$f'(\xi)=\lim_{n\to\infty}\frac{f(b_n)-f(a_n)}{b_n-a_n}=0$$

定理(拉格朗日(Lagrange)中值定理)　若函数f满足如下条件:

(1)f在闭区间$[a,b]$上连续;

(2)f在开区间(a,b)内可导,则在(a,b)内至少存在一点ξ,使得$f'(\xi)=\frac{f(b)-f(a)}{b-a}$.

证明　记$[a_1,b_1]=[a,b]$. 由引理3,存在$[a_2,b_2]\subset[a_1,b_1]$,使$b_2-a_2=\frac{1}{2}(b_1-a_1)$,且

$$\frac{f(b_2)-f(a_2)}{b_2-a_2}=\frac{f(b_1)-f(a_1)}{b_1-a_1},\ a_1<a_2,b_2\leqslant b_1$$

在$[a_2,b_2]$上应用引理3,存在$[a_3,b_3]\subset[a_2,b_2]$,使$b_3-a_3=\frac{1}{2}(b_2-a_2)$,且

$$\frac{f(b_3)-f(a_3)}{b_3-a_3}=\frac{f(b_2)-f(a_2)}{b_2-a_2},\ a_2\leqslant a_3,b_3<b_2$$

将上述过程无限进行下去,得闭区间列$\{[a_n,b_n]\}$,满足:

(1)$a_{2k-1}<a_{2k}\leqslant a_{2k+1}<\cdots\leqslant b_{2k+1}<b_{2k}\leqslant b_{2k-1},k=1,2,\cdots$;

(2)$\lim\limits_{n\to\infty}(b_n-a_n)=\lim\limits_{n\to\infty}\frac{1}{2^n}(b_1-a_1)=0$;

(3)$\frac{f(b_n)-f(a_n)}{b_n-a_n}=\frac{f(b)-f(a)}{b-a},n=1,2,\cdots$.

由第8章的推论2,存在$\xi\in(a_n,b_n),n=1,2,\cdots$. 且$\lim\limits_{n\to\infty}a_n=\lim\limits_{n\to\infty}b_n=\xi$. 由引理1知

$$f'(\xi)=\lim_{n\to\infty}\frac{f(b_n)-f(a_n)}{b_n-a_n}=\frac{f(b)-f(a)}{b-a}$$

定理(柯西(Cauchy)中值定理)　若函数f,g满足:

(1)f,g在闭区间$[a,b]$上连续;

(2)f,g在开区间(a,b)内可导;

(3) $g'(x) \neq 0$,则在(a,b)内至少存在一点ξ,使得$\dfrac{f'(\xi)}{g'(\xi)} = \dfrac{f(b)-f(a)}{g(b)-g(a)}$.

证明 若有$c,d \in [a,b], c \neq d$使$g(c) = g(\mathrm{d})$,由定理1,必存在$e \in (a,b)$,使$g'(e) = 0$,与条件(3)矛盾,所以g为单射.

记$[a_1,b_1] = [a,b]$. 由引理4,存在$[a_2,b_2] \subset [a_1,b_1]$使$b_2 - a_2 = \dfrac{1}{2}(b_1 - a_1)$

$$\frac{f(b_2)-f(a_2)}{g(b_2)-g(a_2)} = \frac{f(b_1)-f(a_1)}{g(b_1)-g(a_1)},\ a_1 < a_2, b_2 \leqslant b_1$$

在$[a_2,b_2]$上应用引理4,存在$[a_3,b_3] \subset [a_2,b_2]$,使$b_3 - a_3 = \dfrac{1}{2}(b_2 - a_2)$,且

$$\frac{f(b_3)-f(a_3)}{g(b_3)-g(a_3)} = \frac{f(b_2)-f(a_2)}{g(b_2)-g(a_2)},\ a_2 \leqslant a_3, b_3 < b_2$$

将上述过程无限进行下去,得闭区间列$\{[a_n,b_n]\}$,满足:

(1) $a_{2k-1} < a_{2k} \leqslant a_{2k+1} < \cdots \leqslant b_{2k+1} < b_{2k} \leqslant b_{2k-1}, k = 1,2,\cdots$;

(2) $\lim\limits_{n\to\infty}(b_n - a_n) = \lim\limits_{n\to\infty}\dfrac{1}{2^n}(b_1 - a_1) = 0$;

(3) $\dfrac{f(b_n)-f(a_n)}{g(b_n)-g(a_n)} = \dfrac{f(b)-f(a)}{g(b)-g(a)}, n = 1,2,\cdots$.

由第8章的推论2,存在$\xi \in (a_n,b_n), n = 1,2,\cdots$,且$\lim\limits_{n\to\infty}a_n = \lim\limits_{n\to\infty}b_n = \xi$. 由引理1知

$$\frac{f'(\xi)}{g'(\xi)} = \lim_{n\to\infty}\frac{\dfrac{f(b_n)-f(a_n)}{b_n - a_n}}{\dfrac{g(b_n)-g(a_n)}{b_n - a_n}} = \frac{f(b)-f(a)}{g(b)-g(a)}$$

9.4 区间套定理的其他应用举例

例9-1 设函数f在$[a,b]$上为递增函数,但不一定连续. $f(a) \geqslant a, f(b) \leqslant b$,证明:$\exists x_0 \in [a,b]$,使得$f(x_0) = x_0$.

证明 当$f(a) = a$或$f(b) = b$时,a或b是所求的ξ. 以下设$f(a) > a, f(b) < b$,假设$\forall x \in [a,b], f(x) \neq x$. 将$[a,b]$二等分,得子区间$[a,c]$和$[c,b]$. 若$f(c) < c$,记$[a_1,b_1] = [a,c]$;若$f(c) > c$,记$[a_1,b_1] = [c,b]$,满足$f(a_1) > a_1, f(b_1) < b_1$.

将$[a_1,b_1]$二等分,得子区间$[a_1,c_1]$和$[c_1,b_1]$. 若$f(c_1) < c_1$,记$[a_2,b_2] = [a_1,c_1]$;若$f(c_1) > c_1$,记$[a_2,b_2] = [c_1,b_1]$,满足$f(a_2) > a_2, f(b_2) < b_2$.

将上述过程无限进行下去,得到一个闭区间列$\{[a_n,b_n]\}$,且满足以下条件:

(1) $[a_{n+1},b_{n+1}] \subset [a_n,b_n], n = 1,2,\cdots$;

(2) $b_n - a_n = \frac{1}{2^n}(b-a) \to 0(n \to \infty)$;

(3) $f(a_n) > a_n, f(b_n) < b_n, n = 1,2,\cdots$.

由(1)(2)知$\{[a_n,b_n]\}$为区间套,由区间套定理,存在唯一的$\xi \in [a_n,b_n], n = 1,2,\cdots$,且$\lim\limits_{n\to\infty} a_n = \lim\limits_{n\to\infty} b_n = \xi$.

由于f为增函数,再由(3)有

$$a_n < f(a_n) \leqslant f(\xi) \leqslant f(b_n) < b_n$$

令$n \to \infty$,得$f(\xi) = \xi$,与假设矛盾.所以$\exists x_0 \in [a,b]$,使得$f(x_0) = x_0$.

例9-2　设闭区间$[a,b]$上函数f连续,g递增,且$f(a) < g(a), f(b) > g(b)$.证明:方程$f(x) = g(x)$在区间(a,b)内有实根.

证明　假设$\forall x \in (a,b), f(x) \neq g(x)$.将$[a,b]$二等分,得子区间$[a,c]$和$[c,b]$.若$f(c) > g(c)$,记$[a_1,b_1] = [a,c]$;若$f(c) < g(c)$,记$[a_1,b_1] = [c,b]$,满足$f(a_1) < g(a_1), f(b_1) > g(b_1)$.

将$[a_1,b_1]$二等分,得子区间$[a_1,c_1]$和$[c_1,b_1]$.若$f(c_1) > g(c_1)$,记$[a_2,b_2] = [a_1,c_1]$;若$f(c_1) < g(c_1)$,记$[a_2,b_2] = [c_1,b_1]$,满足$f(a_2) < g(a_2), f(b_2) > g(b_2)$.

将上述过程无限进行下去,得到一个闭区间列$\{[a_n,b_n]\}$,且满足以下条件:

(1) $[a_{n+1},b_{n+1}] \subset [a_n,b_n], n = 1,2,\cdots$;

(2) $b_n - a_n = \frac{1}{2^n}(b-a) \to 0(n \to \infty)$;

(3) $f(a_n) < g(a_n), f(b_n) > g(b_n) n = 1,2,\cdots$.

由(1)(2)知$\{[a_n,b_n]\}$为区间套,由区间套定理,存在唯一的$\xi \in [a_n,b_n], n = 1,2,\cdots$,且$\lim\limits_{n\to\infty} a_n = \lim\limits_{n\to\infty} b_n = \xi$.

由f在ξ点的连续性及归结原则,有$\lim\limits_{n\to\infty} f(a_n) = f(\xi), \lim\limits_{n\to\infty} f(b_n) = f(\xi)$.

由g在$[a,b]$的递增性,有$f(a_n) < g(a_n) \leqslant g(\xi) \leqslant g(b_n) < f(b_n)$.

令$n \to \infty$,得$f(\xi) = g(\xi)$,与假设矛盾.所以方程$f(x) = g(x)$在区间(a,b)内有实根.

例9-3　如果在区间$[a,b]$上恒有$f'(x) \geqslant 0$,则$f(x)$在$[a,b]$上单调递增.

证明　对给定函数f,定义$[a,b]$上曲线两端连线的斜率为$k_{[a,b]} = \frac{f(b)-f(a)}{b-a}$.则对任意$c \in (a,b)$,则$k_{[a,c]}$和$k_{[c,b]}$之中必有一个大于等于$k_{[a,b]}$,一个小于等于$k_{[a,b]}$.

假设f在区间$[a,b]$上不是单调递增的,则存在$a_1 < b_1 (a \leqslant a_1 < b_1 \leqslant b)$,使得$f(a_1) > f(b_1)$.记斜率$k_{[a_1,b_1]} = m$,则可知$m < 0$,取闭区间$[a_1,b_1]$二等分,可得两个闭区间$\left[a_1, \frac{a_1+b_1}{2}\right]$与$\left[\frac{a_1+b_1}{2}, b_1\right]$,且$k_{\left[a_1,\frac{a_1+b_1}{2}\right]}$和$k_{\left[\frac{a_1+b_1}{2},b_1\right]}$中必有一个大于等于$k_{[a_1,b_1]}$,一个小

于等于 $k_{[a_1,b_1]}$,取小于等于 $k_{[a_1,b_1]}$ 的闭区间记为 $[a_2,b_2]$,则 $k_{[a_2,b_2]} \leqslant k_{[a_1,b_1]} = m$;再将 $[a_2,b_2]$ 二等分,可得两个闭区间 $\left[a_2,\frac{a_2+b_2}{2}\right]$ 与 $\left[\frac{a_2+b_2}{2},b_2\right]$,且 $k_{\left[a_2,\frac{a_2+b_2}{2}\right]}$ 和 $k_{\left[\frac{a_2+b_2}{2},b_2\right]}$ 中必有一个大于等于 $k_{[a_2,b_2]}$,一个小于等于 $k_{[a_2,b_2]}$,取小于等于 $k_{[a_2,b_2]}$ 的闭区间记为 $[a_3,b_3]$,则 $k_{[a_3,b_3]} \leqslant k_{[a_2,b_2]} \leqslant k_{[a_1,b_1]} = m$.

将上述过程无限进行下去,得到一个闭区间列 $\{[a_n,b_n]\}$,且具有如下的性质:

(1) $[a_{n+1},b_{n+1}] \subset [a_n,b_n]$, $n = 1,2,\cdots$;

(2) $\lim\limits_{n\to\infty}(b_n - a_n) = \lim\limits_{n\to\infty}\frac{b_1-a_1}{2^{n-1}} = 0$, $n = 1,2,\cdots$;

(3) $k_{[a_{n+1},b_{n+1}]} \leqslant k_{[a_n,b_n]}$, $n = 1,2,\cdots$.

由(1)(2)知 $\{[a_n,b_n]\}$ 为区间套,由区间套定理,存在唯一的 $\xi \in [a_n,b_n]$, $n = 1,2,\cdots$,且 $\lim\limits_{n\to\infty}a_n = \lim\limits_{n\to\infty}b_n = \xi$.

若存在某 n_0 使 $a_{n_0} = \xi$,则当 $n \geqslant n_0$ 时,$a_n = \xi$. 由归结原则有:

$$f'(\xi) = \lim_{x\to\xi}\frac{f(x)-f(\xi)}{x-\xi} = \lim_{n\to\infty}\frac{f(b_n)-f(\xi)}{b_n-\xi} = \lim_{n\to\infty}\frac{f(b_n)-f(a_n)}{b_n-a_n}$$
$$= \lim_{n\to\infty}k_{[a_n,b_n]} \leqslant k_{[a_1,b_1]} = m < 0$$

即 $f'(\xi) < 0$,矛盾. 所以 $\forall n \in \mathbf{N}_+$, $a_n \neq \xi$. 同理 $\forall n \in \mathbf{N}_+$, $b_n \neq \xi$,所以 $\xi \in (a_n,b_n)$, $n = 1,2,\cdots$.

由于 $f'(\xi) \geqslant 0$,且 $m < 0$,即 $\lim\limits_{x\to\xi}\frac{f(x)-f(\xi)}{x-\xi} = f'(\xi) \geqslant 0 > m$,由保号性,$\exists\delta > 0$,当 $x \in U(\xi;\delta) \subset (a_1,b_1)$ 时,有 $\frac{f(x)-f(\xi)}{x-\xi} > m$. 对上述的 δ,当 n 充分大时有 $a_n,b_n \in U(\xi;\varepsilon)$,所以当 n 充分大时

$$k_{[a_n,\xi]} = \frac{f(\xi)-f(a_n)}{\xi-a_n} = \frac{f(a_n)-f(\xi)}{a_n-\xi} > m,\ k_{[\xi,b_n]} = \frac{f(b_n)-f(\xi)}{b_n-\xi} > m$$

而当 $\xi \in (a_n,b_n)$ 时,应有 $k_{[a_n,\xi]}$ 和 $k_{[\xi,b_n]}$ 必有一个大于等于 m,一个小于等于 m,矛盾. 所以 f 在 $[a,b]$ 上单调递增.

例 9-4 设函数 f 在 $[a,b]$ 上无界,证明:$\exists c \in [a,b]$,使得对 $\forall\delta > 0$, f 在 $(c-\delta,c+\delta) \cap [a,b]$ 上无界.

证明 将 $[a,b]$ 二等分,得子区间 $[a,c]$ 和 $[c,b]$, f 在其中至少一个上无界(如果两个都是可任取一个),记为 $[a_1,b_1]$. 将 $[a_1,b_1]$ 二等分,得子区间 $[a_1,c_1]$ 和 $[c_1,b_1]$, f 在其中至少一个上无界,记为 $[a_2,b_2]$.

将上述过程无限进行下去,得到一个闭区间列 $\{[a_n,b_n]\}$,且具有如下的性质:

(1) $[a_{n+1},b_{n+1}] \subset [a_n,b_n]$, $n = 1,2,\cdots$;

(2) $\lim\limits_{n\to\infty}(b_n - a_n) = \lim\limits_{n\to\infty}\dfrac{b-a}{2^n} = 0$;

(3) f 在 $[a_n, b_n]$ 上无界,$n = 1,2,\cdots$.

由(1)(2)知 $\{[a_n, b_n]\}$ 为区间套,由区间套定理,存在唯一的 $c \in [a_n, b_n], n = 1,2,\cdots$,且 $\lim\limits_{n\to\infty} a_n = \lim\limits_{n\to\infty} b_n = c$.

$\forall \delta > 0$,当 n 充分大时,有 $[a_n, b_n] \subset (c-\delta, c+\delta) \cap [a,b]$,由(3)知 f 在 $[a_n, b_n]$ 上无界,故 f 在 $(c-\delta, c+\delta) \cap [a,b]$ 上无界.

例9－5　证明实数集 $\mathbf{R}$ 是不可列集.

证明　假设 $\mathbf{R}$ 可列,即 $\mathbf{R} = \{x_1, x_2, \cdots, x_n, \cdots\}$,先取闭区间 $[a_1, b_1]$,使得 x_1 不属于 $[a_1, b_1]$,然后将 $[a_1, b_1]$ 三等分,则三个子区间中至少有一个不含 x_2,将其记为 $[a_2, b_2]$,将 $[a_2, b_2]$ 三等分,同样三个子区间中至少有一个不含 x_3,将其记为 $[a_3, b_3]$.

将上述过程无限进行下去,得到一个闭区间列 $\{[a_n, b_n]\}$,且具有以下性质:

(1) $[a_{n+1}, b_{n+1}] \subset [a_n, b_n], n = 1,2,\cdots$;

(2) $\lim\limits_{n\to\infty}(b_n - a_n) = \lim\limits_{n\to\infty}\dfrac{b_1 - a_1}{2^{n-1}} = 0$;

(3) x_n 不属于 $[a_n, b_n], n = 1,2,\cdots$.

由(1)(2)知 $\{[a_n, b_n]\}$ 为区间套,由区间套定理,存在唯一数 $\xi \in [a_n, b_n], n = 1,2,\cdots$. 而 $\xi \neq x_n (\forall n \in \mathbf{N}_+)$,这与集合 $\{x_1, x_2, \cdots x_n \cdots\}$ 表示实数集矛盾,故实数集 $\mathbf{R}$ 是不可列集.

第 10 章　有限覆盖定理的应用

10.1　有限覆盖定理在证明实数完备性定理中的应用

10.1.1　证明确界原理

设 S 为非空有上界的数集,即 $\forall x \in S, x \leqslant M$. 任取 $x_0 \in S$,考虑闭区间 $[x_0, M]$. 假设 S 无上确界,则 $\forall x \in [x_0, M]$,有以下两种情况:

(1) 当 x 为 S 的上界时,必有更小的上界 $x_1 < x$, 因而 x 有一开邻域 Δ_x,其中的点都是 S 的上界;

(2) 当 x 不是 S 的上界时,必有 S 中的点 $x_2 > x$, 则 x 有一开邻域 Δ_x,其中的点都不是 S 的上界.

对于 $[x_0, M]$ 上的每点 x 都存在一个邻域 Δ_x,它要么属于第一种情况,要么属于第二种情况. 这些邻域构成 $[x_0, M]$ 的一个无限开覆盖 $H = \{\Delta_x \mid x \in [x_0, M]\}$. 由有限覆盖定理,必存在 H 的有限子集 $H^* = \{\Delta_i \mid i = 1, 2, \cdots, n\}$ 覆盖 $[x_0, M]$. 因为 M 所在的开邻域属于第一种情况,该开邻域与其相邻的开邻域有公共点,也应属于第一种情况,经有限次邻接,可知 x_0 所在的开邻域也属于第一种情况,矛盾. 所以 S 存在上确界.

同理可证:若 S 为非空有下界的数集,则 S 存在下确界.

10.1.2　证明数列的柯西收敛准则

充分性:由条件可以证明数列 $\{a_n\}$ 有界,设 $\{a_n\} \subset [a, b]$.

假设 $\forall x \in [a, b]$, x 都不是 $\{a_n\}$ 的极限,则 $\exists \varepsilon_x > 0, \forall N \in \mathbf{N}_+$,存在 $n > N$,使得

$$|a_n - x| \geqslant \varepsilon_x \tag{10-1}$$

由条件,对于上述的 ε_x,存在 $N_x \in \mathbf{N}_+$,当 $n, m > N_x$ 时,有

$$|a_n - a_m| < \frac{\varepsilon_x}{2} \tag{10-2}$$

由(10－1)式,对于上述的 N_x,存在 $n_x > N_x$,使得

$$|a_{n_x} - x| \geqslant \varepsilon_x \tag{10-3}$$

则当 $n > N_x$ 时,由(10－2)(10－3)式有

$$|a_n - x| \geqslant |a_{n_x} - x| - |a_n - a_{n_x}| > \varepsilon_x - \frac{\varepsilon_x}{2} = \frac{\varepsilon_x}{2}$$

所以 $U(x;\frac{\varepsilon_x}{2})$ 内至多有 $\{a_n\}$ 的有限项. 记 $H = \{U(x;\frac{\varepsilon_x}{2}) \mid x \in [a,b]\}$,则 H 为 $[a,b]$ 的一个无限开覆盖. 由有限覆盖定理,存在 H 的有限子集 $H^* = \{U(x_i;\frac{\varepsilon_{x_i}}{2}) \mid i = 1,2,\cdots,k\}$ 覆盖 $[a,b]$,也覆盖数列 $\{a_n\}$. 由于 $U(x_i;\frac{\varepsilon_{x_i}}{2})$ 内至多有 $\{a_n\}$ 的有限项,$i = 1,2,\cdots,k$,则 H^* 至多覆盖数列 $\{a_n\}$ 的有限项,矛盾. 所以存在 $x \in [a,b]$,使得 $\lim\limits_{n\to\infty}a_n = x$.

必要性:略.

10.1.3　证明单调有界定理

设数列 $\{a_n\}$ 为单调有界数列,则存在数 m,M,满足 $\{a_n\} \subset [m,M]$.

如果点 a 的任何 $\varepsilon(>0)$ 邻域 $U(a;\varepsilon)$ 内都含有 $\{a_n\}$ 的无穷多项,则由 $\{a_n\}$ 的单调性知,$\exists N \in \mathbf{N}_+$,当 $n > N$ 时,$a_n \in U(a;\varepsilon)$,即 $\{a_n\}$ 收敛于 a.

假设 $\{a_n\}$ 不存在极限,则对于任意的 $x \in [m,M]$,必存在 $\varepsilon_x > 0$,使得 $U(x;\varepsilon_x)$ 内至多含有 $\{a_n\}$ 的有限项,记 $H = \{U(x;\varepsilon_x) \mid x \in [m,M]\}$,则 H 为 $[m,M]$ 的一个无限开覆盖. 由有限覆盖定理,存在 H 的有限子集 $H^* = \{U(x_i;\varepsilon_{x_i}) \mid i = 1,2,\cdots,k\}$ 覆盖 $[m,M]$,当然 H^* 也覆盖了数列 $\{a_n\}$ 的每一项. 由于每个 $U(x_i;\varepsilon_{x_i})$ 都至多含有 $\{a_n\}$ 的有限项,因而 $\bigcup\limits_{i=1}^{k} U(x_i;\varepsilon_{x_i})$ 也至多含有 $\{a_n\}$ 的有限项,矛盾. 所以单调有界数列必有极限.

10.1.4　证明区间套定理

假设 $\forall x \in [a_1,b_1]$,存在 $n_x \in \mathbf{N}_+$,使得 $x \notin [a_{n_x},b_{n_x}]$, 则存在含有 x 的开区间 Δ_x,使得 $\Delta_x \cap [a_{n_x},b_{n_x}] = \Phi$,又当 $n > n_x$ 时,$[a_n,b_n] \subset [a_{n_x},b_{n_x}]$,则当 $n > n_x$ 时,$\Delta_x \cap [a_n,b_n] = \Phi$. 记 $H = \{\Delta_x \mid x \in [a_1,b_1]\}$,则 H 为 $[a_1,b_1]$ 的一个无限开覆盖. 由有限覆盖定理,存在 H 的有限子集 $H^* = \{\Delta_{x_i} \mid x_i \in [a_1,b_1], i = 1,2,\cdots,k\}$ 覆盖 $[a_1,b_1]$, 其中对于 x_i,存在 $n_i \in \mathbf{N}_+$,使得当 $n > n_i$ 时,$\Delta_{x_i} \cap [a_n,b_n] = \Phi, i = 1,2,\cdots,k$. 取 $N = \max\{n_1,n_2,\cdots,n_k\}$,则当 $n > N$ 时,$(\bigcup\limits_{i=1}^{k}\Delta_{x_i}) \cap [a_n,b_n] = \Phi$,$[a_n,b_n]$ 中的点没有被 H^* 覆盖,矛盾.

所以在实数系中存在一点 $\xi \in [a_n,b_n], n = 1,2,\cdots$.

ξ 唯一性的证明略.

10.1.5　证明聚点定理

设有界无限点集 $S \subset [a,b]$. 假设点集 S 没有聚点,则 $\forall x \in [a,b]$, $\exists \varepsilon_x > 0$,使得

$U(x;\varepsilon_x)$ 内至多含有 S 的有限个点. 记 $H = \{U(x;\varepsilon_x) \mid x \in [a,b]\}$,则 H 为 $[a,b]$ 的一个无限开覆盖. 由有限覆盖定理,存在 H 的有限子集 $H^* = \{U(x_i;\varepsilon_{x_i}) \mid i = 1,2,\cdots,n\}$ 覆盖了 $[a,b]$,当然 H^* 也覆盖了 S,由于每个 $U(x_i;\varepsilon_{x_i})$ 都含有 S 的有限个点,因而 $\bigcup_{i=1}^{n} U(x_i;\varepsilon_{x_i})$ 也含有 S 的有限个点,但这与 S 为无限点集的假设相矛盾. 所以 S 至少有一个聚点.

10.1.6 证明致密性定理

设 $\{a_n\}$ 为有界数列,则存在数 m,M,满足 $\{a_n\} \subset [m,M]$.

如果 a 的任何 $\varepsilon(>0)$ 邻域 $U(a;\varepsilon)$ 内都含有 $\{a_n\}$ 的无穷多项,容易证明存在 $\{a_n\}$ 的子列以 a 为极限.

假设数列 $\{a_n\}$ 不存在收敛子列,则对于任意的 $x \in [m,M]$, 必存在 $\varepsilon_x > 0$,使得 $U(x;\varepsilon_x)$ 内至多含有 $\{a_n\}$ 的有限项,记 $H = \{U(x;\varepsilon_x) \mid x \in [m,M]\}$, 则 H 为 $[m,M]$ 的一个无限开覆盖. 由有限覆盖定理,存在 H 的有限子集 $H^* = \{U(x_i;\varepsilon_{x_i}) \mid i = 1,2,\cdots,n\}$ 覆盖 $[m,M]$,当然 H^* 也覆盖了数列 $\{a_n\}$ 的每一项. 由于每个 $U(x_i;\varepsilon_{x_i})$ 都至多含有 $\{a_n\}$ 的有限项,因而 $\bigcup_{i=1}^{n} U(x_i;\varepsilon_{x_i})$ 也至多含有 $\{a_n\}$ 的有限项,矛盾. 所以有界数列必有收敛子列.

10.2 有限覆盖定理在证明闭区间上连续函数性质中的应用

10.2.1 有界性定理

若函数 f 在闭区间 $[a,b]$ 上连续,则 f 在 $[a,b]$ 上有界.

证明 由连续函数的局部有界性,对每一个 $x \in [a,b]$, $\exists \delta_x > 0$ 及 $M_x > 0$,当 $x' \in U(x;\varepsilon_x) \cap [a,b]$ 时, $|f(x')| \leqslant M_x$. 则

$$H = \{U(x;\varepsilon_x) \mid x \in [a,b], \text{且当 } x' \in U(x;\varepsilon_x) \cap [a,b] \text{ 时}, |f(x')| \leqslant M_x\}$$

是 $[a,b]$ 的一个无限开覆盖. 由有限覆盖定理,存在 H 的有限子集 $H^* = \{U(x_i;\varepsilon_{x_i}) \mid x_i \in [a,b], i = 1,2,\cdots,n\}$ 覆盖 $[a,b]$,其中当 $x' \in U(x_i;\varepsilon_{x_i}) \cap [a,b]$ 时, $|f(x')| \leqslant M_i, i = 1, 2,\cdots,n$.

记 $M = \max\{M_i \mid i = 1,2,\cdots,n\}$,则对每一个 $x \in [a,b]$,必存在 $i_0: 1 \leqslant i_0 \leqslant n$,使得 $x \in U(x_{i_0};\delta_{i_0})$, 有 $|f(x)| \leqslant M_{i_0} \leqslant M$,所以 f 在 $[a,b]$ 上有界.

10.2.2 最值性定理

若函数 f 在闭区间 $[a,b]$ 上连续,则 f 在 $[a,b]$ 上有最大值与最小值.

证明　由于函数 f 在闭区间 $[a,b]$ 上连续，则 f 在 $[a,b]$ 上有界，记 $M=\sup\limits_{x\in[a,b]}f(x)$.

假设 f 在 $[a,b]$ 上取不到 M，即 $\forall x\in[a,b]$，$f(x)<M$. 由与 f 在 x 点连续，则存在 $\delta_x>0$，当 $x'\in U(x;\varepsilon_x)\cap[a,b]$ 时，$f(x')<\frac{1}{2}[f(x)+M]$. 记 $H=\{U(x;\varepsilon_x)\mid x\in[a,b]$，且当 $x'\in U(x;\varepsilon_x)\cap[a,b]$ 时，$f(x')<\frac{1}{2}[f(x)+M)]\}$，则 H 是 $[a,b]$ 的一个无限开覆盖. 由有限覆盖定理，存在 H 的有限子集

$$H^*=\{U(x_i;\varepsilon_{x_i})\mid x_i\in[a,b],i=1,2,\cdots,n\}$$

覆盖 $[a,b]$，其中当 $x'\in U(x_i;\varepsilon_{x_i})\cap[a,b]$ 时，$f(x')<\frac{1}{2}[f(x_i)+M]$，$i=1,2,\cdots,n$.

记 $L=\frac{1}{2}\max\{f(x_1),f(x_2),\cdots,f(x_n)\}+\frac{1}{2}M$，则 $\forall x\in[a,b]$，$f(x)<L<M$. 这与 M 为 f 在 $[a,b]$ 上的上确界矛盾，所以 f 在 $[a,b]$ 上能取到上确界 M，即 f 在 $[a,b]$ 上能取到最大值.

同理可以证明 f 在 $[a,b]$ 上能取到最小值.

10.2.3　零点定理

若函数 f 在闭区间 $[a,b]$ 连续，且 $f(a)f(b)<0$，则在开区间 (a,b) 内至少存在一点 c，使 $f(c)=0$.

证明　假设 $\forall x\in[a,b]$，$f(x)\neq0$，则由于 f 在 $[a,b]$ 上连续，则存在 $\delta_x>0$，当 $x'\in U(x;\varepsilon_x)\cap[a,b]$ 时，$f(x')$ 与 $f(x)$ 同号，即对于所有 $x'\in U(x;\varepsilon_x)\cap[a,b]$，$f(x')$ 都为正或都为负. 记 $H=\{U(x;\varepsilon_x)\mid x\in[a,b]$，当 $x'\in U(x;\varepsilon_x)\cap[a,b]$ 时，$f(x')$ 与 $f(x)$ 同号$\}$，则 H 是 $[a,b]$ 的一个无限开覆盖. 由有限覆盖定理，存在 H 的有限子集

$$H^*=\{U(x_i;\varepsilon_{x_i})\mid x_i\in[a,b],i=1,2,\cdots,n\}$$

覆盖 $[a,b]$，其中当 $x'\in U(x_i;\varepsilon_{x_i})\cap[a,b]$ 时，$f(x')$ 都为正或都为负，$i=1,2,\cdots,n$. 这样的邻域可以从左到右排列，相邻的邻域是相交的. 所以 $f(x)$ 在 $[a,b]$ 上恒正或恒负，与 $f(a)f(b)<0$ 矛盾. 因此在开区间 (a,b) 内至少存在一点 c，使 $f(c)=0$.

10.2.4　康托定理

若函数 f 在闭区间 $[a,b]$ 上连续，则 f 在 $[a,b]$ 上一致连续.

证明　$\forall x>0$ 由于 f 在 $[a,b]$ 上连续，$\forall x\in[a,b]$，$\exists\delta_x>0$，当 $x'\in U(x;\varepsilon_x)\cap[a,b]$ 时，有 $|f(x')-f(x)|<\frac{\varepsilon}{2}$. 记 $H=\{U(x;\frac{\delta_x}{2})\mid x\in[a,b]$，当 $x'\in U(x;\varepsilon_x)\cap[a,b]$ 时，$|f(x')-f(x)|<\frac{\varepsilon}{2}\}$，则 H 为 $[a,b]$ 的一个无限开覆盖. 由有限覆盖定理，存在 H 的一个有

限子集

$$H^* = \{U(x_i;\varepsilon_{x_i}) \mid x_i \in [a,b], i = 1,2,\cdots,n\}$$

覆盖$[a,b]$,其中当$x' \in U(x_i;\varepsilon_{x_i}) \cap [a,b]$时,$|f(x') - f(x)| < \dfrac{\varepsilon}{2}$.

记$\delta = \min\limits_{1\leqslant i\leqslant k}\left\{\dfrac{\delta_i}{2}\right\} > 0$. 对任何$x$、$x' \in [a,b]$,且$|x' - x| < \delta$,$x'$必属于$H^*$的某个开区间,设$x' \in U\left(x_i;\dfrac{\delta_{x_i}}{2}\right)$,即$|x' - x_i| < \dfrac{\delta_i}{2}$,则

$$|x'' - x_i| \leqslant |x'' - x'| + |x' - x_i| < \delta + \frac{\delta_i}{2} \leqslant \frac{\delta_i}{2} + \frac{\delta_i}{2} = \delta_i$$

从而$|f(x') - f(x'')| \leqslant |f(x') - f(x_i)| + |f(x'') - f(x_i)| < \dfrac{\varepsilon}{2} + \dfrac{\varepsilon}{2} = \varepsilon$. 所以$f$在$[a,b]$上一致连续.

第11章　不定积分

11.1　不定积分的概念与性质

11.1.1 原函数与不定积分的概念

1. 原函数

设函数 F 和 f 在区间 I 上有定义，若 $\forall x \in I$，都有

$$F'(x) = f(x) \text{ 或 } \mathrm{d}F(x) = f(x)\mathrm{d}x$$

则称函数 F 为 f 在区间 I 上的原函数.

定理 1　若函数 f 在区间 I 上连续，则 f 在区间 I 上存在原函数，即 $\forall x \in I$，都有

$$F'(x) = f(x)$$

定理 2　设 F 是 f 在区间 I 上的原函数，则：

(1) $F + C$ 也为 f 在区间 I 上的原函数，其中 C 为任意常数；

(2) f 在区间 I 上的任意两个原函数之间，只可能相差一个常数.

2. 不定积分

函数 f 在区间 I 上的全体原函数称为 f 在区间 I 上的不定积分，记作 $\int f(x)\mathrm{d}x$.

若 F 为 f 在区间 I 上的一个原函数，则 $\int f(x)\mathrm{d}x = F(x) + C$.

11.1.2　基本积分表

(1) $\int 0\mathrm{d}x = C$；

(2) $\int 1\mathrm{d}x = \int \mathrm{d}x = x + C$；

(3) $\int x^{\alpha}\mathrm{d}x = \dfrac{x^{\alpha+1}}{\alpha+1} + C$；

(4) $\int \dfrac{1}{x}\mathrm{d}x = \ln|x| + C(x \neq 0)$；

(5) $\int \mathrm{e}^{x}\mathrm{d}x = \mathrm{e}^{x} + C$；

(6) $\int a^x \mathrm{d}x = \dfrac{a^x}{\ln a} + C(a > 0, a \neq 1)$;

(7) $\int \cos ax \mathrm{d}x = \dfrac{1}{a}\sin ax + C, (a \neq 0)$;

(8) $\int \sin ax \mathrm{d}x = -\dfrac{1}{a}\cos ax + C, (a \neq 0)$;

(9) $\int \sec^2 x \mathrm{d}x = \tan x + C$;

(10) $\int \csc^2 x \mathrm{d}x = -\cot x + C$;

(11) $\int \sec x \cdot \tan x \mathrm{d}x = \sec x + C$;

(12) $\int \csc x \cdot \cot x \mathrm{d}x = -\csc x + C$;

(13) $\int \dfrac{\mathrm{d}x}{\sqrt{1 - x^2}} = \arcsin x + C = -\arccos x + C_1$;

(14) $\int \dfrac{\mathrm{d}x}{1 + x^2} = \arctan x + C = -\mathrm{arccot} x + C_1$.

11.1.3　不定积分的性质

(1) $[\int f(x)\mathrm{d}x]' = f(x)$ 或 $\mathrm{d}[\int f(x)\mathrm{d}x] = f(x)\mathrm{d}x$;

$\int f'(x)\mathrm{d}x = f(x) + C$ 或 $\int \mathrm{d}f(x) = f(x) + C$.

(2) $\int k f(x)\mathrm{d}x = k\int f(x)\mathrm{d}x \ (k \neq 0)$.

(3) $\int [f(x) \pm g(x)]\mathrm{d}x = \int f(x)\mathrm{d}x \pm \int g(x)\mathrm{d}x$.

例 11－1　验证 $y = \dfrac{x^2}{2}\mathrm{sgn}x$ 是 $|x|$ 在 $(-\infty, +\infty)$ 上的一个原函数.

解　$y = \begin{cases} \dfrac{x^2}{2}, & x > 0 \\ 0, & x = 0 \\ -\dfrac{x^2}{2}, & x < 0 \end{cases}$.

$$y'_+(0) = \lim_{\Delta x \to 0^+} \frac{y(0 + \Delta x) - y(0)}{\Delta x} = \lim_{\Delta x \to 0^+} \frac{1}{2}\Delta x = 0$$

$$y'_-(0)=\lim_{\Delta x\to 0^-}\frac{y(0+\Delta x)-y(0)}{\Delta x}=-\lim_{\Delta x\to 0^-}\frac{1}{2}\Delta x=0$$

所以 $y'(0)=0$.

$$y'=\begin{cases}x & x\geqslant 0\\ -x & x<0\end{cases}=|x|$$

本题说明：$\int|x|\mathrm{d}x=\int x\operatorname{sgn}x\mathrm{d}x=\operatorname{sgn}x\int x\mathrm{d}x=\frac{x^2}{2}\operatorname{sgn}x+C.$

例 11-2　据理说明为什么每一个含有第一类间断点的函数都没有原函数?

解　设 f 在 (a,b) 内有定义，$x_0\in(a,b)$ 为 f 的第一类间断点，则 $f(x_0-0)$ 和 $f(x_0+0)$ 存在. 假设 F 为 f 在 (a,b) 上的原函数，即 $F'(x)=f(x)$，$x\in(a,b)$. 由导数极限定理：

$$f(x_0)=F'(x_0)=F'_+(x_0)=\lim_{x\to x_0^+}F'(x)=\lim_{x\to x_0^+}f(x)=f(x_0+0)$$

$$f(x_0)=F'(x_0)=F'_-(x_0)=\lim_{x\to x_0^-}F'(x)=\lim_{x\to x_0^-}f(x)=f(x_0-0)$$

从而有 $f(x_0)=f(x_0-0)=f(x_0+0)$，f 在 x_0 点连续，矛盾.

所以每一个含有第一类间断点的函数都没有原函数.

说明：由例 2 知，含有第一类间断点的函数都没有原函数. 但含有第二类间断点的函数可能存在原函数，也可能不存在原函数.

例如，$f(x)=\begin{cases}\sin\frac{1}{x}-\frac{1}{x}\cos\frac{1}{x} & x\neq 0\\ 0 & x=0\end{cases}$ 在 $(-\infty,+\infty)$ 上有定义，$x=0$ 是 f 的第二类间断点，f 在 $(-\infty,+\infty)$ 上不存在原函数.

事实上，假设 f 在 $(-\infty,+\infty)$ 上存在原函数 F，则 $F'(0)=f(0)=0$.

由于当 $x\neq 0$ 时，$F(x)=x\sin\frac{1}{x}$，则由 F 的连续性有

$$F(0)=\lim_{x\to 0}f(x)=\lim_{x\to 0}x\sin\frac{1}{x}=0$$

又 $\lim\limits_{\Delta x\to 0}\frac{F(0+\Delta x)-F(0)}{\Delta x}=\lim\limits_{\Delta x\to 0}\sin\frac{1}{\Delta x}$ 不存在，根据导数定义知 $F'(0)$ 不存在，矛盾. 所以 f 在 $(-\infty,+\infty)$ 上不存在原函数.

再如，$f(x)=\begin{cases}2x\sin\frac{1}{x}-\cos\frac{1}{x} & x\neq 0\\ 0 & x=0\end{cases}$ 在 $(-\infty,+\infty)$ 上有定义，$x=0$ 是 f 的第二类间断点，f 在 $(-\infty,+\infty)$ 上存在原函数：

$$F(x)=\begin{cases}x^2\sin\frac{1}{x}, & x\neq 0\\ 0, & x=0\end{cases}$$

例 11 - 3 求(1)$\int \cos 3x \cdot \sin x \mathrm{d}x$;(2)$\int (10^x - 10^{-x})^2 \mathrm{d}x$.

解 (1)$\int \cos 3x \cdot \sin x \mathrm{d}x = \frac{1}{2}\int (\sin 4x - \sin 2x)\mathrm{d}x = \frac{1}{2}\left(-\frac{1}{4}\cos 4x + \frac{1}{2}\cos 2x\right) + C$

$$= -\frac{1}{8}(\cos 4x - 2\cos 2x) + C$$

(2)$\int (10^x - 10^{-x})^2 \mathrm{d}x = \int (10^{2x} + 10^{-2x} - 2)\mathrm{d}x = \int [(10^2)^x + (10^{-2})^x - 2]\mathrm{d}x$

$$= \frac{1}{2\ln 10}(10^{2x} - 10^{-2x}) - 2x + C$$

11.2 不定积分的计算

11.2.1 换元积分法

设 $g(u)$ 在$[\alpha,\beta]$上有定义,$u = \varphi(x)$ 在$[a,b]$上可导,且 $\alpha \leqslant \varphi(x) \leqslant \beta, x \in [a,b]$,记 $f(x) = g[\varphi(x)]\varphi'(x), x \in [a,b]$.

1.(第一换元积分法)若 $g(u)$ 在$[\alpha,\beta]$上存在原函数 $G(u)$,则 $f(x)$ 在$[a,b]$上也存在原函数 $F(x)$,且有 $F(x) = G[\varphi(x)] + C$,即

$$\int f(x)\mathrm{d}x = \int g[\varphi(x)]\varphi'(x)\mathrm{d}x = G[\varphi(x)] + C$$

也可写为

$$\int g[\varphi(x)]\varphi'(x)\mathrm{d}x = \int g[\varphi(x)]\mathrm{d}\varphi(x) = \left[\int g(u)\mathrm{d}u\right]_{u=\varphi(x)} = G[\varphi(x)] + C$$

2.(第二换元积分法)又若 $\varphi'(x) \neq 0, x \in [a,b]$,则上述命题(1)可逆,即当 $f(x)$ 在$[a,b]$上存在原函数 $F(x)$ 时,$g(u)$ 在$[\alpha,\beta]$上也存在原函数 $G(u)$,且 $G(u) = F(\varphi^{-1}(u)) + C$,即

$$\int g(u)\mathrm{d}u = \int g[\varphi(x)]\varphi'(x)\mathrm{d}x = F[\varphi^{-1}(u)] + C$$

也可写为

$$\int g(u)\mathrm{d}u = \int g[\varphi(x)]\varphi'(x)\mathrm{d}x = \left[\int f(x)\mathrm{d}x\right]_{x=\varphi^{-1}(u)} = f[\varphi^{-1}(u)] + C$$

11.2.2 补充的不定积分公式

(1)$\int \tan x \mathrm{d}x = -\ln|\cos x| + C$;

(2)$\int \cot x \mathrm{d}x = \ln|\sin x| + C$;

(3) $\int \sec x \mathrm{d}x = \int \frac{\mathrm{d}x}{\cos x} = \ln|\sec x + \tan x| + C$;

(4) $\int \csc x \mathrm{d}x = \int \frac{1}{\sin x}\mathrm{d}x = \ln|\csc x - \cot x| + C$;

(5) $\int \frac{\mathrm{d}x}{x^2 - a^2} = \frac{1}{2a}\int\left[\frac{1}{x-a} - \frac{1}{x+a}\right]\mathrm{d}x = \frac{1}{2a}\ln\left|\frac{x-a}{x+a}\right| + C$;

(6) $\int \frac{\mathrm{d}x}{a^2 + x^2} = \frac{1}{a}\arctan\frac{x}{a} + C$;

(7) $\int \frac{\mathrm{d}x}{\sqrt{a^2 - x^2}} = \arcsin\frac{x}{a} + C$;

(8) $\int \frac{\mathrm{d}x}{\sqrt{x^2 - a^2}} = \ln\left|x + \sqrt{x^2 - a^2}\right| + C$;

(9) $\int \frac{\mathrm{d}x}{\sqrt{x^2 + a^2}} = \ln(x + \sqrt{x^2 + a^2}) + C$.

11.2.2　分部积分法

若 $u(x)$ 与 $v(x)$ 可导,不定积分 $\int u'(x)v(x)\mathrm{d}x$ 存在,则不定积分 $\int u(x)v'(x)\mathrm{d}x$ 也存在,且

$$\int u(x)v'(x)\mathrm{d}x = u(x)v(x) - \int u'(x)v(x)\mathrm{d}x$$

或

$$\int u(x)\mathrm{d}[v(x)] = u(x)v(x) - \int v(x)\mathrm{d}[u(x)]$$

11.2.3　有理函数的积分

1. 有理函数的积分

有理函数的一般形式为

$$R(x) = \frac{P(x)}{Q(x)} = \frac{a_0x^n + a_1x^{n-1} + \cdots + a_n}{b_0x^m + b_1x^{m-1} + \cdots + b_m}$$

其中,n,m 为非负整数,$a_0,a_1,\cdots,a_n$ 与 $b_0,b_1,\cdots,b_m$ 都是常数,且 $a_0 \cdot b_0 \neq 0$. 若 $m > n$,则称 $R(x)$ 为真分式;若 $m \leqslant n$,则称 $R(x)$ 为假分式.

假分式 = 多项式 + 真分式

对真分式用待定系数法化为部分分式之和,然后用换元积分法或分部积分法来逐项计算.

2. 三角有理式和某些无理根式的积分

经适当换元后,化为有理函数的积分.

例 11-4 求下列不定积分:

(1) $\int \frac{x^2 dx}{\sqrt[4]{1-2x^3}}$;　　(2) $\int \frac{dx}{(\arcsin x)^2\sqrt{1-x^2}}$;

(3) $\int \frac{\sin x\cos x}{1+\sin^4 x}dx$;　　(4) $\int x^2(x+1)^n dx$;

(5) $\int \frac{1}{x(x^n+1)}dx$;　　(6) $\int \frac{x^2}{1-x^4}dx$.

解 (1) $\int \frac{x^2 dx}{\sqrt[4]{1-2x^3}} = -\frac{1}{6}\int \frac{d(1-2x^3)}{\sqrt[4]{1-2x^3}} = -\frac{2}{9}(1-2x^3)^{\frac{3}{4}} + C$

(2) $\int \frac{dx}{(\arcsin x)^2\sqrt{1-x^2}} = \int \frac{d(\arcsin x)}{(\arcsin x)^2} = -\frac{1}{\arcsin x} + C$

(3) $\int \frac{\sin x\cos x}{1+\sin^4 x}dx = \frac{1}{2}\int \frac{d\sin^2 x}{1+(\sin^2 x)^2} = \frac{1}{2}\arctan(\sin^2 x) + C$

(4)
$$\begin{aligned}\int x^2(x+1)^n dx &= \int [(x+1)-1]^2(x+1)^n dx\\ &= \int [(x+1)^{n+2} - 2(x+1)^{n+1} + (x+1)^n]d(x+1)\\ &= \frac{1}{n+3}(x+1)^{n+3} - \frac{2}{n+2}(x+1)^{n+2} + \frac{1}{n+1}(x+1)^{n+1} + C\end{aligned}$$

(5)
$$\begin{aligned}\int \frac{1}{x(x^n+1)}dx &= \int \frac{x^{n-1}}{x^n(x^n+1)}dx = \int \left(\frac{1}{x} - \frac{x^{n-1}}{x^n+1}\right)dx\\ &= \int \frac{1}{x}dx - \frac{1}{n}\int \frac{d(x^n+1)}{x^n+1} = \ln|x| - \frac{1}{n}\ln|x^n+1| + C\end{aligned}$$

(6) $\int \frac{x^2}{1-x^4}dx = \frac{1}{2}\int \left(\frac{1}{1-x^2} - \frac{1}{1+x^2}\right)dx = \frac{1}{2}\left[\frac{1}{2}\ln\left|\frac{1+x}{1-x}\right| - \arctan x\right] + C$

例 11-5 求下列不定积分:

(1) $\int \frac{x+1}{\sqrt[3]{3x+1}}dx$;　　(2) $\int \frac{x^2}{\sqrt{4-x^2}}dx$;

(3) $\int \sqrt{x^2 \pm a^2}dx\ (a>0)$;　　(4) $\int \frac{1}{\sin 2x + 2\sin x}dx$.

解 (1) 设 $x = \frac{1}{3}(t^3-1)$,则 $dx = t^2 dt$.

$$\int \frac{x+1}{\sqrt[3]{3x+1}}dx = \frac{1}{3}\int \frac{t^3+2}{t}\cdot t^2 dt = \frac{1}{3}\int (t^4+2t)dt = \frac{1}{15}t^5 + \frac{1}{3}t^2 + C$$

$$= \frac{1}{15}\sqrt[3]{(3x+1)^5} + \frac{1}{3}\sqrt[3]{(3x+1)^2} + C$$

或
$$\int \frac{x+1}{\sqrt[3]{3x+1}}dx = \frac{1}{3}\int \frac{(3x+1)+2}{\sqrt[3]{3x+1}}dx$$

$$= \frac{1}{9}\int (3x+1)^{\frac{2}{3}}d(3x+1) + \frac{2}{9}\int (3x+1)^{-\frac{1}{3}}d(3x+1)$$

$$= \frac{1}{15}(3x+1)^{\frac{5}{3}} + \frac{1}{3}(3x+1)^{\frac{2}{3}} + C$$

(2) 设 $x = 2\sin t\left(-\frac{\pi}{2} < t < \frac{\pi}{2}\right)$,则 $dx = 2\cos t dt$.

$$\int \frac{x^2}{\sqrt{4-x^2}}dx = \int \frac{4\sin^2 t}{2\cos t}2\cos t dt = 2\int (1-\cos 2t)dt = 2t - \sin 2t + C$$

$$= 2\arcsin\frac{x}{2} - \frac{1}{2}x\sqrt{4-x^2} + C$$

(3) 对于 $\int \sqrt{x^2-a^2}dx$

① 当 $x > a$ 时,设 $x = a\sec t\left(0 < t < \frac{\pi}{2}\right)$,则 $dx = a\sec t\tan t dt$.

$$\int \sqrt{x^2-a^2}dx = \int a^2\tan^2 t\sec t dt = a^2\int (\sec^3 t - \sec t)dt$$

其中
$$\int \sec^3 t dt = \int \sec t d\tan t = \sec t\tan t - \int \tan^2 t\sec t dt$$

$$= \sec t\tan t - \int \sec^3 t dt + \int \sec t dt.$$

则
$$\int \sec^3 t dt = \frac{1}{2}\sec t\tan t + \frac{1}{2}\ln|\sec t + \tan t| + C_1$$

$$\int \sqrt{x^2-a^2}dx = \frac{a^2}{2}\sec t\tan t - \frac{a^2}{2}\ln|\sec t + \tan t| + C'$$

$$= \frac{1}{2}x\sqrt{x^2-a^2} - \frac{a^2}{2}\ln\left|x + \sqrt{x^2-a^2}\right| + C$$

② 当 $x < -a$ 时,设 $x = -u$,则 $u > a$, $dx = -du$.

$$\int \sqrt{x^2-a^2}dx = -\int \sqrt{u^2-a^2}du \text{(利用 ① 的结论)}$$

$$= -\left[\frac{1}{2}u\sqrt{u^2-a^2} - \frac{a^2}{2}\ln\left|u + \sqrt{u^2-a^2}\right|\right] + C'$$

$$= \frac{1}{2}x\sqrt{x^2-a^2} + \frac{a^2}{2}\ln\left|-x + \sqrt{x^2-a^2}\right| + C'$$

$$= \frac{1}{2}x\sqrt{x^2-a^2} - \frac{a^2}{2}\ln\left|x+\sqrt{x^2-a^2}\right| + C$$

总之 $$\int\sqrt{x^2-a^2}\,dx = \frac{1}{2}x\sqrt{x^2-a^2} - \frac{a^2}{2}\ln\left|x+\sqrt{x^2-a^2}\right| + C$$

也可以利用分部积分公式:

$$\int\sqrt{x^2-a^2}\,dx = x\sqrt{x^2-a^2} - \int\frac{x^2}{\sqrt{x^2-a^2}}dx$$

$$= x\sqrt{x^2-a^2} - \int\sqrt{x^2-a^2}\,dx - a^2\int\frac{1}{\sqrt{x^2-a^2}}dx$$

则有$\int\sqrt{x^2-a^2}\,dx = \frac{1}{2}x\sqrt{x^2-a^2} - \frac{a^2}{2}\ln\left|x+\sqrt{x^2-a^2}\right| + C.$

对于$\int\sqrt{x^2+a^2}\,dx$:设 $x = a\tan t\left(-\frac{\pi}{2} < t < \frac{\pi}{2}\right)$,则 $dx = a\sec^2 t\,dt.$

$$\int\sqrt{x^2+a^2}\,dx = a^2\int\sec^3 t\,dx = \frac{a^2}{2}\sec t\tan t + \frac{a^2}{2}\ln|\sec t+\tan t| + C'$$

$$= \frac{1}{2}x\sqrt{x^2+a^2} + \frac{a^2}{2}\ln\left|x+\sqrt{x^2+a^2}\right| + C$$ (利用本题 ① 中的结论)

也可以利用分部积分公式,即

$$\int\sqrt{x^2+a^2}\,dx = x\sqrt{x^2+a^2} - \int\frac{x^2}{\sqrt{x^2+a^2}}dx$$

$$= x\sqrt{x^2+a^2} - \int\sqrt{x^2+a^2}\,dx + a^2\int\frac{1}{\sqrt{x^2+a^2}}dx$$

则有$\int\sqrt{x^2+a^2}\,dx = \frac{1}{2}x\sqrt{x^2+a^2} + \frac{a^2}{2}\ln\left|x+\sqrt{x^2+a^2}\right| + C.$

(4) 设 $t = \tan\frac{x}{2}(0 < |x| < \pi)$,则 $dx = \frac{2}{1+t^2}dt$,$\sin x = \frac{2t}{1+t^2}$,$\cos x = \frac{1-t^2}{1+t^2}.$

$$\int\frac{1}{\sin 2x + 2\sin x}dx = \int\frac{1}{2\frac{2t}{1+t^2}\cdot\frac{1-t^2}{1+t^2} + 2\frac{2t}{1+t^2}}\frac{2}{1+t^2}dt$$

$$= \frac{1}{4}\int\frac{1+t^2}{t}dt = \frac{1}{4}\int\left(\frac{1}{t}+t\right)dt = \frac{1}{4}\ln|t| + \frac{1}{8}t^2 + C$$

例 11 - 6 求下列不定积分:

(1) $\int x^3\ln x\,dx$;

(2) $\int\sin(\ln x)\,dx$;

(3) $\int x\tan x\sec^3 x\,dx$;

(4) $\int\sqrt{\frac{\ln(x+\sqrt{1+x^2})}{1+x^2}}\,dx$;

(5) $\int \frac{x+\sin x}{1+\cos x}\mathrm{d}x$; (6) $\int \frac{x^2}{1+x^2}\arctan x\mathrm{d}x$.

解 (1) $\int x^3\ln x\mathrm{d}x = \int \ln x\mathrm{d}\left(\frac{x^4}{4}\right) = \frac{1}{4}x^4\ln x - \frac{1}{4}\int x^3\mathrm{d}x = \frac{1}{4}x^4\ln x - \frac{1}{16}x^4 + C$

(2) $\int \sin(\ln x)\mathrm{d}x = x\sin(\ln x) - \int x\cos(\ln x)\cdot\frac{1}{x}\mathrm{d}x = x\sin(\ln x) - \int \cos(\ln x)\mathrm{d}x$

$$= x\sin(\ln x) - x\cos(\ln x) - \int \sin(\ln x)\mathrm{d}x$$

$$\int \sin(\ln x)\mathrm{d}x = \frac{1}{2}x[\sin(\ln x) - \cos(\ln x)] + C$$

(3) $\int x\tan x\sec^3 x\mathrm{d}x = \int x\sec^2 x\mathrm{d}\sec x = x\sec^3 x - \int \sec x(\sec^2 x + 2x\sec^2 x\tan x)\mathrm{d}x$

$$= x\sec^3 x - \int \sec^3 x\mathrm{d}x - 2\int x\sec^3 x\tan x\mathrm{d}x \text{(利用例 2(3)① 中的结论)}$$

$$= x\sec^3 x - \frac{1}{2}\sec x\tan x - \frac{1}{2}\ln|\sec x + \tan x| - 2\int x\sec^3 x\tan x\mathrm{d}x$$

$$\int x\tan x\sec^3 x\mathrm{d}x = \frac{1}{3}x\sec^3 x - \frac{1}{6}\sec x\tan x - \frac{1}{6}\ln|\sec x + \tan x| + C$$

(4) $\int \sqrt{\frac{\ln(x+\sqrt{1+x^2})}{1+x^2}}\mathrm{d}x = \int \sqrt{\ln(x+\sqrt{1+x^2})}\cdot\frac{1}{\sqrt{1+x^2}}\mathrm{d}x$

$$= \int \sqrt{\ln(x+\sqrt{1+x^2})}\mathrm{d}[\ln(x+\sqrt{1+x^2})]$$

$$= \frac{2}{3}\sqrt{\ln^3(x+\sqrt{1+x^2})} + C.$$

(5) $\int \frac{x+\sin x}{1+\cos x}\mathrm{d}x = \int \frac{x}{1+\cos x}\mathrm{d}x + \int \frac{\sin x}{1+\cos x}\mathrm{d}x = \int \frac{x}{2\cos^2\frac{x}{2}}\mathrm{d}x - \int \frac{\mathrm{d}(1+\cos x)}{1+\cos x}$

$$= \int x\mathrm{d}\tan\frac{x}{2} - \ln|1+\cos x| = x\tan\frac{x}{2} - \int \tan\frac{x}{2}\mathrm{d}x - \ln|1+\cos x|$$

$$= x\tan\frac{x}{2} + 2\ln\left|\cos\frac{x}{2}\right| - \ln|1+\cos x| + C$$

(6) $\int \frac{x^2}{1+x^2}\arctan x\mathrm{d}x = \int \arctan x\left(1 - \frac{1}{1+x^2}\right)\mathrm{d}x$

$$= \int \arctan x\mathrm{d}x - \int \arctan x\mathrm{d}(\arctan x)$$

$$= x\arctan x - \int \frac{x}{1+x^2}\mathrm{d}x - \frac{1}{2}(\arctan x)^2$$

$$= x\arctan x - \frac{1}{2}\ln(1+x^2) - \frac{1}{2}(\arctan x)^2 + C$$

例 11－7 求下列不定积分：

(1) $\int \frac{x^2}{\sqrt{1+x-x^2}}\mathrm{d}x$； (2) $\int \frac{\mathrm{d}x}{x\sqrt{x^2-1}}$；

(3) $\int \frac{\arcsin x}{x^2}\mathrm{d}x$； (4) $\int \mathrm{e}^x\left(\frac{1-x}{1+x^2}\right)^2\mathrm{d}x$.

解 (1) $I = \int \sqrt{a^2-x^2}\mathrm{d}x = x\sqrt{a^2-x^2} - \int x \cdot \frac{-x}{\sqrt{a^2-x^2}}\mathrm{d}x$

$$= x\sqrt{a^2-x^2} - \int \frac{(a^2-x^2)-a^2}{\sqrt{a^2-x^2}}\mathrm{d}x$$

$$= x\sqrt{a^2-x^2} - \int \sqrt{a^2-x^2}\mathrm{d}x + a^2\int \frac{\mathrm{d}x}{\sqrt{a^2-x^2}}$$

所以 $\int \sqrt{a^2-x^2} = I = \frac{x}{2}\sqrt{a^2-x^2} + \frac{a^2}{2}\arcsin\frac{x}{a} + C.$

$$\int \frac{x^2}{\sqrt{1+x-x^2}}\mathrm{d}x = -\int \sqrt{1+x-x^2}\,\mathrm{d}x - \frac{1}{2}\int \frac{-2x+1}{\sqrt{1+x-x^2}}\mathrm{d}x + \frac{3}{2}\int \frac{\mathrm{d}x}{\sqrt{1+x-x^2}}$$

$$= -\int \sqrt{\left(\frac{\sqrt{5}}{2}\right)^2 - \left(x-\frac{1}{2}\right)^2}\,\mathrm{d}\left(x-\frac{1}{2}\right) - \frac{1}{2}\int \frac{\mathrm{d}(1+x-x^2)}{\sqrt{1+x-x^2}} +$$

$$\frac{3}{2}\int \frac{\mathrm{d}\left(x-\frac{1}{2}\right)}{\sqrt{\left(\frac{\sqrt{5}}{2}\right)^2 - \left(x-\frac{1}{2}\right)^2}}$$

$$= -\frac{1}{2}\left(x-\frac{1}{2}\right)\sqrt{1+x-x^2} - \frac{5}{8}\arcsin\frac{2x-1}{\sqrt{5}} - \sqrt{1+x-x^2} +$$

$$\frac{3}{2}\arcsin\frac{2x-1}{\sqrt{5}} + C$$

$$= -\frac{1}{2}\left(x-\frac{1}{2}\right)\sqrt{1+x-x^2} + \frac{7}{8}\arcsin\frac{2x-1}{\sqrt{5}} - \sqrt{1+x-x^2} + C$$

$$= -\frac{1}{2}\left(x+\frac{3}{2}\right)\sqrt{1+x-x^2} + \frac{7}{8}\arcsin\frac{2x-1}{\sqrt{5}} + C$$

(2) 方法一：

$$\int\frac{\mathrm{d}x}{x\sqrt{x^2-1}}=\int\frac{\mathrm{d}x}{x|x|\sqrt{1-\frac{1}{x^2}}}=\mathrm{sgn}x\int\frac{\mathrm{d}x}{x^2\sqrt{1-\frac{1}{x^2}}}=-\mathrm{sgn}x\int\frac{\mathrm{d}\left(\frac{1}{x}\right)}{\sqrt{1-\frac{1}{x^2}}}$$

$$=-\mathrm{sgn}x\arcsin\frac{1}{x}+C=\arcsin\frac{1}{-|x|}+C$$

方法二:当 $x>1$ 时,设 $x=\sec t$,限制 $0<x<\frac{\pi}{2}$,则 $\mathrm{d}x=\sec t\tan t\mathrm{d}t$.

$$\int\frac{\mathrm{d}x}{x\sqrt{x^2-1}}=\int\frac{\sec t\tan t}{\sec t\tan t}\mathrm{d}t=\int\mathrm{d}t=t+C=\arccos\frac{1}{x}+C$$

当 $x<-1$ 时,设 $x=-u$,则 $u>1$,$\mathrm{d}x=-\mathrm{d}u$.

$$\int\frac{\mathrm{d}x}{x\sqrt{x^2-1}}=\int\frac{-\mathrm{d}u}{-u\sqrt{u^2-1}}=\int\frac{\mathrm{d}u}{u\sqrt{u^2-1}}=\arccos\frac{1}{u}+C=\arccos\frac{1}{-x}+C$$

所以

$$\int\frac{\mathrm{d}x}{x\sqrt{x^2-1}}=\arccos\frac{1}{|x|}+C$$

说明:当 $x<-1$ 时,设 $x=\sec t$,限制 $\frac{\pi}{2}<t<\pi$.

$$\int\frac{\mathrm{d}x}{x\sqrt{x^2-1}}=\int\frac{\sec t\tan t}{-\sec t\tan t}\mathrm{d}t=-\int\mathrm{d}t=-t+C_1=-\arccos\frac{1}{x}+C_1$$

也可限制 $\pi<t<\frac{3\pi}{2}$,此时

$$\int\frac{\mathrm{d}x}{x\sqrt{x^2-1}}=\int\frac{\sec t\tan t}{-\sec t\tan t}\mathrm{d}t=-\int\mathrm{d}t=-t+C_2=2\pi-\arccos\frac{1}{x}+C_2$$

(当 $\pi<t<\frac{3\pi}{2}$ 时,$\cos(2\pi-t)=\cos t=\frac{1}{x}$,$2\pi-t=\arccos\frac{1}{x}$,$t=2\pi-\arccos\frac{1}{x}$.)

(3) $\int\frac{\arcsin x}{x^2}\mathrm{d}x=\int\arcsin x\mathrm{d}\left(-\frac{1}{x}\right)=-\frac{1}{x}\arcsin x+\int\frac{1}{x}\cdot\frac{1}{\sqrt{1-x^2}}\mathrm{d}x$

$$=-\frac{1}{x}\arcsin x+\int\frac{1}{x|x|\sqrt{\frac{1}{x^2}-1}}\mathrm{d}x$$

$$=-\frac{1}{x}\arcsin x-\mathrm{sgn}x\int\cdot\frac{\mathrm{d}\left(\frac{1}{x}\right)}{\sqrt{\frac{1}{x^2}-1}}$$

$$=-\frac{1}{x}\arcsin x-\mathrm{sgn}x\ln\left|\frac{1}{x}+\sqrt{\frac{1}{x^2}-1}\right|+C$$

$$= -\frac{1}{x}\arcsin x - \operatorname{sgn}x\ln\left|\frac{1}{x} + \frac{1}{|x|}\sqrt{1-x^2}\right| + C.$$

当$0 < x < 1$时,

$$\int\frac{\arcsin x}{x^2}dx = -\frac{1}{x}\arcsin x - \ln\frac{1+\sqrt{1-x^2}}{x} + C$$

当$-1 < x < 0$时,

$$\int\frac{\arcsin x}{x^2}dx = -\frac{1}{x}\arcsin x + \ln\frac{1-\sqrt{1-x^2}}{x} + C$$

$$= -\frac{1}{x}\arcsin x - \ln\frac{1+\sqrt{1-x^2}}{x} + C$$

总之$\int\frac{\arcsin x}{x^2}dx = -\frac{1}{x}\arcsin x - \ln\frac{1+\sqrt{1-x^2}}{x} + C.$

(4) $\int e^x\left(\frac{1-x}{1+x^2}\right)^2dx = \int e^x\frac{1+x^2-2x}{(1+x^2)^2}dx = \int e^x\left(\frac{1}{1+x^2} + \frac{-2x}{(1+x^2)^2}\right)dx$

$$= \int e^x d\left(\arctan x + \frac{1}{1+x^2}\right)$$

$$= e^x\left(\arctan x + \frac{1}{1+x^2}\right) - \int e^x\arctan x dx - \int\frac{e^x}{1+x^2}dx$$

$$= e^x\left(\arctan x + \frac{1}{1+x^2}\right) - \left[e^x\arctan x - \int\frac{e^x}{1+x^2}dx\right] - \int\frac{e^x}{1+x^2}dx$$

$$= \frac{e^x}{1+x^2} + C$$

例 11 - 8 求$\int\frac{x^2+1}{(x^2-2x+2)^2}dx.$

解 因本题中,被积函数的分母不能再分解,故

$$\frac{x^2+1}{(x^2-2x+2)^2} = \frac{(x^2-2x+2)+(2x-1)}{(x^2-2x+2)^2} = \frac{1}{x^2-2x+2} + \frac{2x-1}{(x^2-2x+2)^2}$$

而 $$\int\frac{dx}{x^2-2x+2} = \int\frac{d(x-1)}{(x-1)^2+1} = \arctan(x-1) + C_1$$

$$\int\frac{2x-1}{(x^2-2x+2)^2}dx = \int\frac{(2x-2)+1}{(x^2-2x+2)^2}dx = \int\frac{d(x^2-2x+2)}{(x^2-2x+2)^2} + \int\frac{d(x-1)}{[(x-1)^2+1]^2}$$

$$\frac{-1}{x^2-2x+2} + \int\frac{dt}{(t^2+1)^2}\ (t = x-1)$$

又 $$I_2 = \int\frac{dt}{(t^2+1)^2} = \frac{t}{2(t^2+1)} + \frac{1}{2}\int\frac{dt}{t^2+1} = \frac{t}{2(t^2+1)} + \frac{1}{2}\arctan t + C_2$$

$$= \frac{x-1}{2(x^2-2x+2)} + \frac{1}{2}\arctan(x-1) + C_2$$

所以$\int \frac{x^2+1}{(x^2-2x+2)^2}\mathrm{d}x = \frac{x-3}{2(x^2-2x+2)} + \frac{3}{2}\arctan(x-1) + C.$

例 11 - 9 求$\int \frac{1}{x}\sqrt{\frac{x+2}{x-2}}\mathrm{d}x.$

解 令$t = \sqrt{\frac{x+2}{x-2}}$即可有理化(略).

用下面的方法计算本题较为简单:

$$\int \frac{1}{x}\sqrt{\frac{x+2}{x-2}}\mathrm{d}x = \int \frac{x+2}{x}\cdot\frac{\mathrm{d}x}{\sqrt{x^2-4}} = \int \frac{\mathrm{d}x}{\sqrt{x^2-4}} - \int \frac{1}{\sqrt{1-\left(\frac{2}{x}\right)^2}}\mathrm{d}\left(\frac{2}{x}\right)$$

$$= \ln\left|x+\sqrt{x^2-4}\right| + \arcsin\frac{2}{x} + C$$

例 11 - 10 求$\int \frac{\mathrm{d}x}{(1+x)\sqrt{2+x-x^2}}.$

解 令$t = \sqrt{\frac{1+x}{2-x}}$即可有理化(略).

用下面的方法计算本题较为简单:

$$\int \frac{\mathrm{d}x}{(1+x)\sqrt{2+x-x^2}} = \int \frac{\mathrm{d}x}{(1+x)\sqrt{3(1+x)-(1+x)^2}}$$

$$= \int \frac{\mathrm{d}x}{(1+x)^2\sqrt{\frac{3}{1+x}-1}}$$

$$= -\frac{1}{3}\int \frac{1}{\sqrt{\frac{3}{1+x}-1}}\mathrm{d}\left(\frac{3}{1+x}-1\right)$$

$$= -\frac{2}{3}\sqrt{\frac{3}{1+x}-1} + C$$

第12章　定　积　分

12.1　定积分的概念·牛顿－莱布尼茨公式·可积条件

12.1.1　定积分的概念

1. 定积分的定义

定义1　设闭区间$[a,b]$内有$n-1$个点,依次为

$$a=x_0<x_1<x_2<\cdots<x_{n-1}<x_n=b$$

将闭区间$[a,b]$分成n个小区间,记为$\Delta x_i=[x_{i-1},x_i]$,$i=1,2,\cdots,n$,简记为$T=\{x_0,x_1,\cdots,x_n\}$,或$T=\{\Delta x_1,\Delta x_2,\cdots,\Delta x_n\}$,称为区间$[a,b]$的一个分割.同时也记$\Delta x_i=x_i-x_{i-1}$,$i=1,2,\cdots,n$,并称$\|T\|=\max\limits_{1\leqslant i\leqslant n}\{\Delta x_i\}$为分割$T$的模或细度.

定义2　设f是定义在$[a,b]$上的一个函数.对于$[a,b]$的一个分割$T=\{\Delta x_1,\Delta x_2,\cdots,\Delta x_n\}$,任取点$\xi_i\in[x_{i-1},x_i]$,$i=1,2,\cdots,n$,并作和式$\sum\limits_{i=1}^{n}f(\xi_i)\Delta x_i$.称此和式为$f$在$[a,b]$关于分割$T$的一个积分和,也称黎曼和.(注:积分和既与分割$T$有关,也与点$\xi_i$的取法有关).

定义3　设f是定义在$[a,b]$上的一个函数,J是一个确定的实数.若对任给的$\varepsilon>0$,总存在$\delta>0$,使得对$[a,b]$的任意分割T,以及任意的$\xi_i\in\Delta x_i$,$i=1,2,\cdots,n$,只要$\|T\|<\delta$,就有

$$\left|\sum_{i=1}^{n}f(\xi_i)\Delta x_i-J\right|<\varepsilon$$

则称函数f在$[a,b]$上可积或黎曼可积,数J称为函数f在$[a,b]$上的定积分或黎曼积分,记作

$$J=\int_a^b f(x)\mathrm{d}x$$

其中,$f(x)$称为被积函数,x称为积分变量,$[a,b]$称为积分区间,$f(x)\mathrm{d}x$称为被积表达式,a,b分别称为积分的下限和上限.

2. 定积分的几何意义

当$f(x)\geqslant0$时,$\int_a^b f(x)\mathrm{d}x$表示由连续曲线$y=f(x)$及直线$x=a$,$x=b$,$y=0$所围曲

边梯形的面积.

12.1.2　牛顿 - 莱布尼茨公式

若函数 f 在 $[a,b]$ 上连续,且存在原函数 F,则 f 在 $[a,b]$ 上可积,且

$$\int_a^b f(x)\mathrm{d}x = F(b) - F(a)$$

这即为牛顿 - 莱布尼茨公式,也常记为 $\int_a^b f(x)\mathrm{d}x = F(x)\big|_a^b = F(b) - F(a)$.

12.1.3　可积条件

1. 可积的必要条件

若 f 在 $[a,b]$ 上可积,则 f 在 $[a,b]$ 上有界.

2. 可积的充分条件

(1) 若 f 为 $[a,b]$ 上连续函数,则 f 在 $[a,b]$ 上可积;

(2) 若 f 为 $[a,b]$ 上只有有限个间断点的有界函数,则 f 在 $[a,b]$ 上可积;

(3) 若 f 为 $[a,b]$ 上的单调函数,则 f 在 $[a,b]$ 上可积.

3. 可积的充要条件(可积准则)

(1) f 在 $[a,b]$ 上可积的充要条件为:$\forall \varepsilon > 0$, $\exists \delta > 0$,对于 $[a,b]$ 的任意分割 T,只要 $\|T\| < \delta$,就有 $\sum\limits_T \omega_i \Delta x_i < \varepsilon$.

(2) f 在 $[a,b]$ 上可积的充要条件为:$\forall \varepsilon > 0$,存在 $[a,b]$ 的某一分割 T,使得 $\sum\limits_T \omega_i \Delta x_i < \varepsilon$.

例 12 - 1　通过对积分区间作等分分割,并取适当的点集 $\{\xi_i\}$,把定积分看作是对应的积分和的极限,来计算下列定积分:

(1) $\int_a^b \mathrm{e}^x \mathrm{d}x$;　　　　(2) $\int_a^b \frac{\mathrm{d}x}{x^2}$.

解　(1) 取 $[a,b]$ 的等分分割

$$a < a + \frac{1}{n}(b-a) < a + \frac{2}{n}(b-a) < \cdots < a + \frac{n-1}{n}(b-a) < b$$

取 $\xi_i = a + \frac{i-1}{n}(b-a)$, $i = 1,2,\cdots,n$. 则

$$\int_a^b \mathrm{e}^x \mathrm{d}x = \lim_{n\to\infty}\sum_{i=1}^n \mathrm{e}^{a+\frac{i-1}{n}(b-a)} \cdot \frac{b-a}{n} = \mathrm{e}^a \lim_{n\to\infty}\frac{b-a}{n}\sum_{i=1}^n \mathrm{e}^{\frac{i-1}{n}(b-a)}$$

$$= \mathrm{e}^a \lim_{n\to\infty}\frac{b-a}{n}\cdot\frac{1-\left[\mathrm{e}^{\frac{1}{n}(b-a)}\right]^n}{1-\mathrm{e}^{\frac{1}{n}(b-a)}} = \mathrm{e}^a \lim_{n\to\infty}\frac{b-a}{n}\cdot\frac{1-\mathrm{e}^{b-a}}{1-\mathrm{e}^{\frac{1}{n}(b-a)}}$$

$$= (e^a - e^b)\lim_{n\to\infty}\frac{\frac{b-a}{n}}{1-e^{\frac{b-a}{n}}} = e^b - e^a$$

其中利用了$\lim\limits_{n\to\infty}\dfrac{\frac{b-a}{n}}{1-e^{\frac{b-a}{n}}} = -\lim\limits_{x\to0}\dfrac{x}{e^x-1} = -1.$

(2) 任取$[a,b]$的分割

$$a = x_0 < x_1 < x_2 < \cdots < x_{n-1} < x_n = b$$

取$\xi_i = \sqrt{x_{i-1}x_i}, i = 1,2,\cdots,n.$ 则

$$\int_a^b \frac{dx}{x^2} = \lim_{n\to\infty}\sum_{i=1}^n \frac{1}{x_{i-1}x_i}(x_i - x_{i-1}) = \lim_{n\to\infty}\sum_{i=1}^n\left(\frac{1}{x_{i-1}} - \frac{1}{x_i}\right) = \frac{1}{a} - \frac{1}{b}$$

例 12-2 利用定积分求极限:

(1) $\lim\limits_{n\to\infty} n\left(\dfrac{1}{n^2+1} + \dfrac{1}{n^2+2^2} + \cdots + \dfrac{1}{n^2+n^2}\right)$;

(2) $\lim\limits_{n\to\infty}\dfrac{1}{n}\left(\sin\dfrac{\pi}{n} + \sin\dfrac{2\pi}{n} + \cdots + \sin\dfrac{n-1}{n}\pi\right)$.

解 (1) $\lim\limits_{n\to\infty} n\left(\dfrac{1}{n^2+1} + \dfrac{1}{n^2+2^2} + \cdots + \dfrac{1}{n^2+n^2}\right)$

$$= \lim_{n\to\infty} n\sum_{i=1}^n \frac{1}{n^2+i^2} = \lim_{n\to\infty}\sum_{i=1}^n \frac{1}{1+\left(\frac{i}{n}\right)^2}\cdot\frac{1}{n}$$

$$= \int_0^1 \frac{1}{1+x^2}dx = \arctan x\Big|_0^1 = \frac{\pi}{4}$$

(2) $\lim\limits_{n\to\infty}\dfrac{1}{n}\left(\sin\dfrac{\pi}{n} + \sin\dfrac{2\pi}{n} + \cdots + \sin\dfrac{n-1}{n}\pi\right)$

$$= \lim_{n\to\infty}\frac{1}{n}\sum_{i=1}^n \sin\frac{i\pi}{n} = \frac{1}{\pi}\lim_{n\to\infty}\sum_{i=1}^n \sin\frac{i\pi}{n}\cdot\frac{\pi}{n}$$

$$= \frac{1}{\pi}\int_0^\pi \sin x dx = \frac{2}{\pi}$$

例 12-3 证明:若f在$[a,b]$上可积,F在$[a,b]$上连续,且除有限个点外$F'(x) = f(x)$,则有$\int_a^b f(x)dx = F(b) - F(a)$.

证明 设在$[a,b]$中除点$x_1', x_2', \cdots, x_k'$外$F'(x) = f(x)$. 任取$[a,b]$的分割T,使$x_1', x_2', \cdots, x_k'$为T的分点,记$T = \{a = x_0, x_1, \cdots, x_n = b\}$. 由拉格朗日中值定理有

$$F(b)-F(a)=\sum_{i=1}^{n}[F(x_i)-F(x_{i-1})]=\sum_{i=1}^{n}f'(\xi_i)\Delta x_i$$
$$=\sum_{i=1}^{n}f(\xi_i)\Delta x_i,\xi_i\in(x_{i-1},x_i),i=1,2,\cdots,n$$

由于 f 在 $[a,b]$ 上可积,则有

$$\int_a^b f(x)\mathrm{d}x=\lim_{\|T\|\to 0}\sum_{i=1}^{n}f(\xi_i)\Delta x_i=F(b)-F(a)$$

例 12 - 4 若 T' 是 T 增加若干个分点后所得的分割,则 $\sum_{T'}\omega_i'\Delta x_i'\leqslant\sum_{T}\omega_i\Delta x_i$.

证明 设 T' 是 T 增加 p 个分点后所得的分割. 记 T_{i+1} 是 T_i 增加一个分点后得到的分割,$T_0=T,T_p=T'$.

记 $T=\{\Delta_1,\Delta_2,\cdots,\Delta_k,\cdots,\Delta_n\}$,$T_1$ 是 T 增加一个分点 $x_k'\in\Delta_k$ 得到的.

记 $\Delta_k'=[x_{k-1},x_k']$,$\Delta_k''=[x_k',x_k]$,则 $T_1=\{\Delta_1,\Delta_2,\cdots,\Delta_k',\Delta_k'',\cdots,\Delta_n\}$. 记 M_k 和 m_k 分别为 f 在 Δ_k 上的上、下确界;M_k' 和 m_k' 分别为 f 在 Δ_k' 上的上、下确界;M_k'' 和 m_k'' 分别为 f 在 Δ_k'' 上的上、下确界.

$$(M_k-m_k)\Delta x_k=(M_k-m_k)\Delta x_k'+(M_k-m_k)\Delta x_k''$$
$$\geqslant(M_k'-m_k')\Delta x_k'+(M_k''-m_k'')\Delta x_k''.$$

所以
$$\sum_{T_1}\omega_i\Delta x_i=\sum_{i\neq k}\omega_i\Delta x_i+(M_k'-m_k')\Delta x_k'+(M_k''-m_k'')\Delta x_k''$$
$$\leqslant\sum_{i\neq k}\omega_i\Delta x_i+(M_k-m_k)\Delta x_k=\sum_{T}\omega_i\Delta x_i.$$

同理有
$$\sum_{T_2}\omega_i\Delta x_i\leqslant\sum_{T_1}\omega_i\Delta x_i\leqslant\sum_{T}\omega_i\Delta x_i$$

所以 $\sum_{T'}\omega_i'\Delta x_i'=\sum_{T_p}\omega_i\Delta x_i\leqslant\sum_{T_{p-1}}\omega_i\Delta x_i\leqslant\cdots\leqslant\sum_{T}\omega_i\Delta x_i$.

例 12 - 5 证明:若 f 在 $[a,b]$ 上可积,$[\alpha,\beta]\subset[a,b]$,则 f 在 $[\alpha,\beta]$ 上也可积.

证明 由于 f 在 $[a,b]$ 上可积,则 $\forall\varepsilon>0$,存在 $[a,b]$ 的一个分割 T,使得

$$\sum_{T}\omega_i\Delta x_i<\varepsilon$$

将 α,β 两点加入分割 T,得 $[a,b]$ 的分割 T',由例 4 知,

$$\sum_{T'}\omega_i'\Delta x_i'\leqslant\sum_{T}\omega_i\Delta x_i<\varepsilon$$

T' 在 $[\alpha,\beta]$ 上的部分构成 $[\alpha,\beta]$ 的分割 $T^{\bullet}$,显然有

$$\sum_{T^{\bullet}}\omega_i'\Delta x_i'\leqslant\sum_{T'}\omega_i\Delta x_i<\varepsilon$$

由可积准则知 f 在 $[\alpha,\beta]$ 上也可积.

例 12 - 6 设 f,g 均为定义在 $[a,b]$ 上的有界函数,证明:若仅在 $[a,b]$ 中有限个点处

$f(x) \neq g(x)$, 则当 f 在$[a,b]$上可积时,g 也在$[a,b]$上可积,且

$$\int_a^b f(x)\,\mathrm{d}x = \int_a^b g(x)\,\mathrm{d}x$$

证明 方法一:设仅在点 $x_0 \in (a,b)$ 处,$f(x) \neq g(x)$. 设 M、m 分别为 g 在$[a,b]$上的上界和下界,且 $M > m$.

$\forall \varepsilon > 0$,取 $\delta = \min\left\{\frac{1}{2}(x_0 - a), \frac{1}{2}(b - x_0), \frac{\varepsilon}{6(M-m)}\right\}$. 记 g 在$[x_0 - \delta, x_0 + \delta]$上的振幅为 ω_0,则

$$\omega_0 \cdot 2\delta \leqslant (M - m) \cdot 2 \cdot \frac{\varepsilon}{6(M-m)} = \frac{\varepsilon}{3}$$

在$[a, x_0 - \delta]$和$[x_0 + \delta, b]$上 $f(x) = g(x)$,且 f 可积,则对上述的 ε,分别存在$[a, x_0 - \delta]$的分割 T_1 和$[x_0 + \delta, b]$的分割 T_2,使得

$$\sum_{T_1} \omega_i^g \Delta x_i = \sum_{T_1} \omega_i^f \Delta x_i < \frac{\varepsilon}{3}, \qquad \sum_{T_2} \omega_i^g \Delta x_i = \sum_{T_2} \omega_i^f \Delta x_i < \frac{\varepsilon}{3}$$

区间$[x_0 - \delta, x_0 + \delta]$与分割 T_1、T_2 合并,构成$[a,b]$的分割 T',

$$\sum_{T'} \omega_i^g \Delta x_i = \sum_{T_1} \omega_i^g \Delta x_i + \omega_0 \cdot 2\delta + \sum_{T_2} \omega_i^g \Delta x_i < \varepsilon$$

所以 g 在$[a,b]$上可积.

任取$[a,b]$的分割 T,任取相应的中间点集$\{\xi_i\}$$(\xi_i \neq x_0)$,则

$$\sum_T g(\xi_i)\Delta x_i = \sum_T f(\xi_i)\Delta x_i$$

因为 f 与 g 在$[a,b]$可积,则

$$\int_a^b g(x)\,\mathrm{d}x = \lim_{\|T\| \to 0} \sum_T g(\xi_i)\Delta x_i = \lim_{\|T\| \to 0} \sum_T f(\xi_i)\Delta x_i = \int_a^b f(x)\,\mathrm{d}x$$

方法二:设在 $x_1, x_2, \cdots, x_k \in [a,b]$ 处,$f(x) \neq g(x)$. 在$[a,b]$上的其他点处 $f(x) = g(x)$ 取 $M = \max\limits_{1 \leqslant i \leqslant n} |f(x_i) - g(x_i)|$.

由于 f 在$[a,b]$上可积,则 $\forall \varepsilon > 0$, $\exists \delta_1 > 0$, 使得对$[a,b]$的任意分割 T',及其上任取的点集$\{\xi'_i\}$,只要$\|T'\| < \delta_1$,就有 $\left|\sum_{T'} f(\xi'_i)\Delta x_i - \int_a^b f(x)\,\mathrm{d}x\right| < \frac{\varepsilon}{2}$.

取 $\delta = \min\left\{\delta_1, \frac{\varepsilon}{4kM}\right\}$, 则对$[a,b]$的任意分割 T, 及其上任意选取的点集$\{\xi_i\}$,只要$\|T\| < \delta$,就有

$$\begin{aligned}\left|\sum_T g(\xi_i)\Delta x_i - \int_a^b f(x)\,\mathrm{d}x\right| &\leqslant \left|\sum_T [g(\xi_i) - f(\xi_i)]\Delta x_i\right| + \left|\sum_T f(\xi_i)\Delta x_i - \int_a^b f(x)\,\mathrm{d}x\right| \\ &\leqslant \|T\| \sum_T |g(\xi_i) - f(\xi_i)| + \left|\sum_T f(\xi_i)\Delta x_i - \int_a^b f(x)\,\mathrm{d}x\right|\end{aligned}$$

$$< \frac{\varepsilon}{4kM} \cdot 2kM + \frac{\varepsilon}{2} = \varepsilon$$

所以 g 在 $[a,b]$ 上可积,且 $\int_a^b g(x)\mathrm{d}x = \int_a^b f(x)\mathrm{d}x$.

方法三:作函数 $F(x) = f(x) - g(x), x \in [a,b]$. 则 F 为定义在 $[a,b]$ 上,且除有限个点外,函数值为0. 所以 F 为只有有限个间断点的有界函数,在 $[a,b]$ 上可积.

设 $x_1, x_2, \cdots, x_k \in [a,b]$ 是使 F 不为零的点. 任取 $[a,b]$ 的一个分割 T, 任取点集 $\{\xi_i\}(\xi_i \neq x_l, l = 1,2,\cdots,k)$

$$\int_a^b F(x)\mathrm{d}x = \lim_{\|T\|\to 0} \sum_T f(\xi_i)\Delta x_i = 0.$$

由定积分的基本性质知 $g(x) = f(x) - F(x)$ 在 $[a,b]$ 上可积,且

$$\int_a^b g(x)\mathrm{d}x = \int_a^b f(x)\mathrm{d}x - \int_a^b F(x)\mathrm{d}x = \int_a^b f(x)\mathrm{d}x$$

例 12－7　设 f 在 $[a,b]$ 上可积,且在 $[a,b]$ 上满足 $|f(x)| \geqslant m > 0$. 证明:$\frac{1}{f}$ 在 $[a,b]$ 上也可积.

证明　$\omega^{\frac{1}{f}} = \sup\limits_{x',x''\in\Delta} \left| \frac{1}{f(x')} - \frac{1}{f(x'')} \right| = \sup\limits_{x',x''\in\Delta} \frac{|f(x') - f(x'')|}{|f(x')f(x'')|} \leqslant \frac{1}{m^2}\omega^f$

由于 f 在 $[a,b]$ 上可积,则 $\forall \varepsilon > 0, \exists [a,b]$ 的分割 T,使得 $\sum_T \omega_i^f \Delta x_i < m^2\varepsilon$,则

$$\sum_T \omega_i^{\frac{1}{f}} \Delta x_i < \sum_T \frac{1}{m^2}\omega_i^f \Delta x_i = \frac{1}{m^2}\sum_T \omega_i^f \Delta x_i < \varepsilon$$

由可积准则知 $\frac{1}{f}$ 在 $[a,b]$ 上可积.

例 12－8　若 f 在 $[a,b]$ 上可积,则 f 在 $[a,b]$ 上存在处处稠密的连续点.

证明　问题归结为:证明 f 在 (a,b) 内至少有一个连续点. 事实上,若能如此,则 $\forall(\alpha,\beta) \subset [a,b]$,因为 f 在 $[\alpha,\beta]$ 上可积,故 f 在 (α,β) 内有连续点,这就证明了连续点处处稠密.

为了证明 f 在 (a,b) 内至少有一个连续点,我们利用区间套定理:因为 f 在 $[a,b]$ 上可积,所以 $\lim\limits_{\|T\|\to 0} \sum_i \Delta x_i = 0$,对 $\varepsilon_1 = \frac{1}{2}$, $\exists$ 分划 T_1,使得

$$\sum_{T_1} \omega_i \Delta x_i < \varepsilon_1(b-a) \tag{12－1}$$

其中,至少存在一个小区间 $[x_{i-1}, x_i]$,使得其上 f 的振幅 $\omega_i < \varepsilon_1$. 否则

$$\sum_{T_1} \omega_i \Delta x_i \geqslant \varepsilon_1 \sum \Delta x_i = \varepsilon_1(b-a)$$

与式(12-1)矛盾.此小区间适当收缩,总可以使得它的长度 $x_i - x_{i-1} < \frac{1}{2}(b-a)$,使它的二端点在 (a,b) 内,记缩小后的区间为 $[a_1,b_1]$,则 $a < a_1 < b_1 < b, b_1 - a_1 < \frac{1}{2}(b-a)$, f 在 $[a_1,b_1]$ 上的振幅 $\omega^f[a_1,b_1] < \varepsilon_1 = \frac{1}{2}$.

将 $[a_1,b_1]$ 取代上面的 $[a,b]$,作同样的推理,可知对 $\varepsilon_2 = \frac{1}{2^2}$,存在 $[a_2,b_2] \subset [a_1,b_1]$,

$$a_1 < a_2 < b_2 < b, b_2 - a_2 < \frac{1}{2}(b_1 - a_1) < \frac{1}{4}(b-a)$$

f 在 $[a_2,b_2]$ 上的振幅 $\omega^f[a_2,b_2] < \varepsilon_2 = \frac{1}{2^2}$.如此无限做下去,得一闭区间列 $\{[a_n,b_n]\}$,且具有如下性质:

(1) $[a_{n+1},b_{n+1}] \subset [a_n,b_n], n = 1,2,\cdots$;

(2) $\lim\limits_{n\to\infty}(b_n - a_n) = \lim\limits_{n\to\infty}\frac{b-a}{2^n} = 0$;

(3) f 在 $[a_n,b_n]$ 上的振幅 $\omega^f[a_n,b_n] < \varepsilon_n = \frac{1}{2^n}, n = 1,2,\cdots$.

由区间套定理,存在唯一的 $\xi \in [a_n,b_n](n = 1,2,\cdots)$.因为 a_n 严格单调增加趋于 ξ, b_n 严格单调减少趋于 ξ,所以 $a_n < \xi < b_n(n = 1,2,\cdots)$.以下证明 f 的 ξ 点连续.

事实上,$\forall \varepsilon > 0$,取充分大的 n,使得 $\frac{1}{2n} < \varepsilon$.取 $\delta = \min\{b_n - \xi, \xi - a_n\}$,当 $|x-\xi| < \delta$ 时,$x \in [a_n,b_n]$,从而有

$$|f(x) - f(\xi)| \leqslant \omega^f[a_n,b_n] < \frac{1}{2^n} < \varepsilon$$

所以 f 在 ξ 处连续.

12.2 定积分的性质

12.2.1 定积分的基本性质

性质 1 若函数 f 在 $[a,b]$ 上可积,k 为常数,则 kf 在 $[a,b]$ 上也可积,且

$$\int_a^b kf(x)\,\mathrm{d}x = k\int_a^b f(x)\,\mathrm{d}x$$

性质 2 若函数 f、g 都在 $[a,b]$ 上可积,则 $f \pm g$ 在 $[a,b]$ 上也可积,且有

$$\int_a^b [f(x) \pm g(x)]\mathrm{d}x = \int_a^b f(x)\mathrm{d}x \pm \int_a^b g(x)\mathrm{d}x$$

性质 3 若函数 f、g 都在 $[a,b]$ 上可积,则 fg 在 $[a,b]$ 上也可积.

性质 4 函数 f 在 $[a,b]$ 上可积 $\Leftrightarrow \forall c \in (a,b)$, f 在 $[a,c]$ 与 $[c,b]$ 上都可积,此时

$$\int_a^b f(x)\mathrm{d}x = \int_a^c f(x)\mathrm{d}x + \int_c^b f(x)\mathrm{d}x$$

规定 1 当 $a = b$ 时, $\int_a^a f(x)\mathrm{d}x = 0$.

规定 2 当 $a > b$ 时, $\int_a^b f(x)\mathrm{d}x = -\int_b^a f(x)\mathrm{d}x$.

有了这个规定后,只要 $\int_a^b f(x)\mathrm{d}x$、$\int_a^c f(x)\mathrm{d}x$ 及 $\int_c^b f(x)\mathrm{d}x$ 存在,性质 4 对 a,b,c 的任何大小顺序都成立.

性质 5 设函数 f 在 $[a,b]$ 上可积,且 $f(x) \geqslant 0, x \in [a,b]$,则 $\int_a^b f(x)\mathrm{d}x \geqslant 0$.

推论 1 若函数 f 和 g 均在 $[a,b]$ 上可积,且 $f(x) \leqslant g(x), x \in [a,b]$,则

$$\int_a^b f(x)\mathrm{d}x \leqslant \int_a^b g(x)\mathrm{d}x$$

推论 2 若函数 f 在 $[a,b]$ 上可积,则 $|f|$ 也在 $[a,b]$ 上可积,且

$$\left|\int_a^b f(x)\mathrm{d}x\right| \leqslant \int_a^b |f(x)|\mathrm{d}x$$

12.2.2 积分中值定理

1. 积分第一中值定理

若 f 在 $[a,b]$ 上连续,则至少存在一点 $\xi \in [a,b]$,使得

$$\int_a^b f(x)\mathrm{d}x = f(\xi)(b-a)$$

2. 推广的积分第一中值定理

若 f 与 g 在 $[a,b]$ 上连续,且 $g(x)$ 在 $[a,b]$ 上不变号,则至少存在一点 $\xi \in [a,b]$,使得

$$\int_a^b f(x)g(x)\mathrm{d}x = f(\xi)\int_a^b g(x)\mathrm{d}x$$

3. 积分第二中值定理

设 f 在 $[a,b]$ 上可积,则:

(1) 若函数 g 在 $[a,b]$ 上递减,且 $g(x) \geqslant 0$,则存在 $\xi \in [a,b]$,使得

$$\int_a^b f(x)g(x)\mathrm{d}x = g(a)\int_a^\xi f(x)\mathrm{d}x$$

(2) 若函数 g 在 $[a,b]$ 上递增,且 $g(x) \geqslant 0$,则存在 $\eta \in [a,b]$,使得

$$\int_a^b f(x)g(x)\mathrm{d}x = g(b)\int_\eta^b f(x)\mathrm{d}x$$

推论 设 f 在 $[a,b]$ 上可积. 若 g 为单调函数,则存在 $\xi \in [a,b]$, 使得

$$\int_a^b f(x)g(x)\mathrm{d}x = g(a)\int_a^\xi f(x)\mathrm{d}x + g(b)\int_\xi^b f(x)\mathrm{d}x$$

例 12 - 9 证明:若 f、g 都在 $[a,b]$ 上可积,则

$$\lim_{\|T\|\to 0}\sum_{i=1}^n f(\xi_i)g(\xi_i)\Delta x_i = \int_a^b f(x)g(x)\mathrm{d}x$$

其中,ξ_i、η_i 是 T 所属的小区间 Δ_i 中的任意两点,$i = 1,2,\cdots,n$.

证明 由于 f 在 $[a,b]$ 上可积, 则在 $[a,b]$ 上有界,即存在 $M > 0$, 使得 $|f(x)| \leqslant M$, $x \in [a,b]$.

由于 f、g 都在 $[a,b]$ 上可积,则 fg 在 $[a,b]$ 上也可积. 记 $J = \int_a^b f(x)g(x)\mathrm{d}x$. $\forall \varepsilon > 0$, $\exists \delta_1 > 0$, 使得对 $[a,b]$ 的任意分割 T, 及其上任取的点集 $\{\xi_i\}$,只要 $\|T\| < \delta_1$,就有

$$\left|\sum_{T'} f(\xi_i)g(\xi_i)\Delta x_i - \int_a^b f(x)g(x)\mathrm{d}x\right| < \frac{\varepsilon}{2}$$

由 g 在 $[a,b]$ 上可积知, 对上述的 $\varepsilon > 0$, $\exists \delta_2 > 0$,使得对 $[a,b]$ 的任意分割 T,只要 $\|T\| < \delta_2$,就有

$$\sum_T \omega_i^g \Delta x_i < \frac{\varepsilon}{2M}$$

取 $\delta = \min\{\delta_1,\delta_2\}$,对 $[a,b]$ 的任意分割 T,及其上任取的点集 $\{\xi_i\}$、$\{\eta_i\}$,ξ_i、$\eta_i \in \Delta_i$,只要 $\|T\| < \delta$,就有

$$\begin{aligned}
&\left|\sum_{T'} f(\xi_i)g(\eta_i)\Delta x_i - \int_a^b f(x)g(x)\mathrm{d}x\right| \\
\leqslant\ &\sum_T |f(\xi_i)|\cdot|g(\mu_i) - g(\xi_i)|\Delta x_i + \left|\sum_{T'} f(\xi_i)g(\xi_i)\Delta x_i - \int_a^b f(x)g(x)\mathrm{d}x\right| \\
\leqslant\ &M\sum_T \omega_i^g\Delta x_i + \left|\sum_{T'} f(\xi_i)g(\xi_i)\Delta x_i - \int_a^b f(x)g(x)\mathrm{d}x\right| \\
\leqslant\ &M\cdot\frac{\varepsilon}{2M} + \frac{\varepsilon}{2} = \varepsilon
\end{aligned}$$

所以

$$\lim_{\|T\|\to 0}\sum_{i=1}^n f(\xi_i)g(\xi_i)\Delta x_i = \int_a^b f(x)g(x)\mathrm{d}x$$

例 12 - 10 证明:积分第一中值定理中的中值点 $\xi \in (a,b)$.

证明 方法一:记 $\mu = \dfrac{1}{b-a}\int_a^b f(x)\mathrm{d}x$.

假设 $\forall x \in (a,b)$, $f(x) \neq \mu$,则由 f 的连续性知 $f(x) > \mu$ 或 $f(x) < \mu$, $\forall x \in (a,b)$.

不妨设 $\forall x \in (a,b)$，$f(x) > \mu$，则

$$\int_a^b f(x)\mathrm{d}x > \int_a^b \mu \mathrm{d}x = \mu(b-a) = \int_a^b f(x)\mathrm{d}x$$

产生矛盾，所以 $\exists \xi \in (a,b)$，使得 $f(\xi) = \mu$，即 $f(\xi) = \frac{1}{b-a}\int_a^b f(x)\mathrm{d}x$.

方法二：因为 f 在 $[a,b]$ 上连续，则它的原函数存在，记为 F，记 $F'(x) = f(x)$. 根据牛顿－莱布尼茨公式，有 $\int_a^b f(x)\mathrm{d}x = F(b) - F(a)$.

F 在 $[a,b]$ 上满足拉格朗日中值定理的条件，则存在 $\xi \in (a,b)$，使得

$$F(b) - F(a) = F'(\xi)(b-a)$$

即

$$\int_a^b f(x)\mathrm{d}x = f(\xi)(b-a)$$

对于推广的积分第一中值定理，证明类似，结论类似.

例 12－11　若 f 与 g 都在 $[a,b]$ 上可积，且 $g(x)$ 在 $[a,b]$ 上不变号，M，m 分别为 f 在 $[a,b]$ 上的上、下确界，则必存在某实数 $\mu(m \leqslant \mu \leqslant M)$，使得

$$\int_a^b f(x)g(x)\mathrm{d}x = \mu\int_a^b g(x)\mathrm{d}x$$

证明　设 $g(x) \geqslant 0, x \in [a,b]$，则

$$mg(x) \leqslant f(x)g(x) \leqslant Mg(x)$$

$$m\int_a^b g(x)\mathrm{d}x \leqslant \int_a^b f(x)g(x)\mathrm{d}x \leqslant M\int_a^b g(x)\mathrm{d}x$$

若 $\int_a^b g(x)\mathrm{d}x = 0$，则由上不等式有 $\int_a^b f(x)g(x)\mathrm{d}x = 0$，则对任意的数 μ：$m \leqslant \mu \leqslant M$，结论成立.

若 $\int_a^b g(x)\mathrm{d}x > 0$，则有 $m \leqslant \frac{\int_a^b f(x)g(x)\mathrm{d}x}{\int_a^b g(x)\mathrm{d}x} \leqslant M$，记 $\mu = \frac{\int_a^b f(x)g(x)\mathrm{d}x}{\int_a^b g(x)\mathrm{d}x}$，则有

$$\int_a^b f(x)g(x)\mathrm{d}x = \mu\int_a^b g(x)\mathrm{d}x$$

例 12－12　证明：$\left|\int_0^{2\pi} \frac{\sin t}{4\pi^2 + t^2}\mathrm{d}t\right| \leqslant \frac{1}{8}$.

证明　利用推广的第一积分中值定理，至少存在一点 $\xi \in [a,b]$，使得

$$\int_0^{2\pi} \frac{\sin t}{4\pi^2 + t^2}\mathrm{d}t = \sin\xi\int_0^{2\pi} \frac{1}{4\pi^2 + t^2}\mathrm{d}t = \frac{1}{8}\sin\xi$$

所以有

$$\left|\int_0^{2\pi} \frac{\sin t}{4\pi^2 + t^2}\mathrm{d}t\right| \leqslant \frac{1}{8}$$

例 12－13　证明:当 $x>0$ 时,不等式 $\left|\int_x^{x+c}\sin t^2\mathrm{d}t\right|\leqslant\frac{1}{x}(c>0)$.

证明　令 $u=t^2$,则 $t=\sqrt{u}$,$\mathrm{d}t=\frac{1}{2\sqrt{u}}\mathrm{d}u$,则

$$\int_x^{x+c}\sin t^2\mathrm{d}t=\int_{x^2}^{(x+c)^2}\sin u\cdot\frac{1}{2\sqrt{u}}\mathrm{d}u$$

因为 $\frac{1}{2\sqrt{u}}$ 在 $[x^2,(x+c)^2]$ 上递减且非负,则由积分第二中值定理有

$$\left|\int_x^{x+c}\sin t^2\mathrm{d}t\right|=\left|\int_{x^2}^{(x+c)^2}\sin u\cdot\frac{1}{2\sqrt{u}\mathrm{d}u}\right|=\left|\frac{1}{2x}\int_{x^2}^{\xi}\sin u\mathrm{d}u\right|$$

$$=\left|\frac{1}{2x}(\cos x^2-\cos\xi)\right|\leqslant\frac{1}{x}\cdot\frac{1}{2}(|\cos x^2|+|\cos\xi|)$$

$$\leqslant\frac{1}{x},\xi\in[x^2,(x+c)^2]$$

例 12－14　若 f 为 $[a,b]$ 上非负可积函数,且在点 $x_0\in[a,b]$ 处,$\lim\limits_{x\to x_0}f(x)=A>0(<0)$,则 $\int_a^b f(x)\mathrm{d}x>0(<0)$.

证明　不妨设 $x_0\in(a,b)$,$\lim\limits_{x\to x_0}f(x)=A>0$.

由局部保号性,存在 $\delta>0$,当 $x\in[x_0-\delta,x_0+\delta]\subset(a,b)$ 时,$f(x)>\frac{A}{2}>0$.

由积分区间的可加性有

$$\int_a^b f(x)\mathrm{d}x=\int_a^{x_0-\delta}f(x)\mathrm{d}x+\int_{x_0-\delta}^{x_0+\delta}f(x)\mathrm{d}x+\int_{x_0+\delta}^{b}f(x)\mathrm{d}x\geqslant 0+\frac{A}{2}\cdot 2\delta+0=A\delta>0$$

当 $x_0=a$ 或 $x_0=b$ 时,同理可证.

由本例可得以下结论:

(1) 设 f 为 $[a,b]$ 上非负可积函数,且在点 $x_0\in[a,b]$ 处连续,若 $f(x_0)>0(<0)$,则 $\int_a^b f(x)\mathrm{d}x>0(<0)$.

(2) 设 f、g 在 $[a,b]$ 上可积函数,且 $f(x)\leqslant g(x)$,$x\in[a,b]$. 若 f、g 在点 $x_0\in[a,b]$ 存在极限,且 $\lim\limits_{x\to x_0}f(x)<\lim\limits_{x\to x_0}g(x)$,则 $\int_a^b f(x)\mathrm{d}x<\int_a^b g(x)\mathrm{d}x$.

(3) 设 f、g 在 $[a,b]$ 上可积函数,且 $f(x)\leqslant g(x)$,$x\in[a,b]$. 若 f、g 在点 $x_0\in[a,b]$ 处连续,且 $f(x_0)<g(x_0)$,则 $\int_a^b f(x)\mathrm{d}x<\int_a^b g(x)\mathrm{d}x$.

例 12－15　证明下列不等式:

(1) $1 < \int_0^{\frac{\pi}{2}} \frac{\sin x}{x} dx < \frac{\pi}{2}$; (2) $3\sqrt{e} < \int_e^{4e} \frac{\ln x}{\sqrt{x}} dx < 6$

证明 (1) 方法一:作函数 $F(x) = \begin{cases} \frac{\sin x}{x} & 0 < x \leqslant \frac{\pi}{2} \\ 1 & x = 0 \end{cases}$，则 F 在 $\left[0,\frac{\pi}{2}\right]$ 上连续.

当 $x \in \left(0,\frac{\pi}{2}\right)$ 时

$$F'(x) = \frac{x\cos x - \sin x}{x^2} = \frac{\cos x}{x^2}(x - \tan x) < 0$$

则 F 在 $\left(0,\frac{\pi}{2}\right)$ 上严格减少. 又 F 在 $x = 0$ 点右连续,在 $x = \frac{\pi}{2}$ 点左连续,所以 F 在 $\left[0,\frac{\pi}{2}\right]$ 上严格减少. 当 $x \in \left(0,\frac{\pi}{2}\right)$ 时, $F\left(\frac{\pi}{2}\right) < F(x) < F(0)$,即 $\frac{2}{\pi} < \frac{\sin x}{x} < 1$. 所以有 $\int_0^{\frac{\pi}{2}} \frac{2}{\pi} dx < \int_0^{\frac{\pi}{2}} \frac{\sin x}{x} dx < \int_0^{\frac{\pi}{2}} 1 dx$, 即 $1 < \int_0^{\frac{\pi}{2}} \frac{\sin x}{x} dx < \frac{\pi}{2}$.

方法二:由方法一已证得,当 $x \in \left(0,\frac{\pi}{2}\right)$ 时, $\frac{2}{\pi} < \frac{\sin x}{x} < 1$.

由积分第一中值定理, $\exists \xi \in \left(0,\frac{\pi}{2}\right)$, 使得

$$\int_0^{\frac{\pi}{2}} \frac{\sin x}{x} dx = \int_0^{\frac{\pi}{2}} F(x) dx = F(\xi) \cdot \frac{\pi}{2} = \frac{\sin\xi}{\xi} \cdot \frac{\pi}{2}$$

因为 $\frac{2}{\pi} < \frac{\sin\xi}{\xi} < 1$,则 $1 < \frac{\sin\xi}{\xi} \cdot \frac{\pi}{2} < \frac{\pi}{2}$,即 $1 < \int_0^{\frac{\pi}{2}} \frac{\sin x}{x} dx < \frac{\pi}{2}$.

(2) 作函数 $f(x) = \frac{\ln x}{\sqrt{x}}, x \in [e,4e]$. 显然 f 在 $[e,4e]$ 上连续.

当 $x \in (e,4e)$ 时, $f'(x) = \frac{1}{x}\left(\frac{1}{x}\sqrt{x} - \ln x \cdot \frac{1}{2\sqrt{x}}\right) = \frac{1}{2x\sqrt{x}}(2 - \ln x)$.

当 $f'(x) = 0$ 时, $\ln x = 2, x = e^2$.

当 $x \in (e,e^2)$ 时, $f'(x) > 0$, f 在 $[e,e^2]$ 上严格增加;

当 $x \in (e^2,4e)$ 时, $f'(x) < 0$, f 在 $[e^2,4e]$ 上严格减少.

所以 f 在 $x = e^2$ 点取得最大值 $f(e^2) = \frac{2}{e}$. 又

$$f(e) = \frac{1}{\sqrt{e}}, f(4e) = \frac{1 + 2\ln 2}{2\sqrt{e}} > \frac{1 + 1}{2\sqrt{e}} = \frac{1}{\sqrt{e}} = f(e)$$

从而 $f(\mathrm{e}) = \frac{1}{\sqrt{\mathrm{e}}}$ 为 f 在 $[\mathrm{e},4\mathrm{e}]$ 上的最小值.

当 $x \in [\mathrm{e},4\mathrm{e}]$ 时, $\frac{1}{\sqrt{\mathrm{e}}} \leqslant \frac{\ln x}{\sqrt{x}} \leqslant \frac{2}{\mathrm{e}}$. 又存在 $4\mathrm{e} \in [\mathrm{e},4\mathrm{e}]$, 使 $\frac{1}{\sqrt{\mathrm{e}}} < f(4\mathrm{e}) < \frac{2}{\mathrm{e}}$. 则有

$$\int_{\mathrm{e}}^{4\mathrm{e}} \frac{1}{\sqrt{\mathrm{e}}}\mathrm{d}x < \int_{\mathrm{e}}^{4\mathrm{e}} \frac{\ln x}{\sqrt{x}}\mathrm{d}x < \int_{\mathrm{e}}^{4\mathrm{e}} \frac{2}{\mathrm{e}}\mathrm{d}x$$

即

$$3\sqrt{\mathrm{e}} < \int_{\mathrm{e}}^{4\mathrm{e}} \frac{\ln x}{\sqrt{x}}\mathrm{d}x < 6$$

例 12 - 16 设 f 在 $[0,1]$ 上可导, 且 $f(1) = 2\int_0^{\frac{1}{2}} x f(x)\mathrm{d}x$. 证明:在 $(0,1)$ 内存在一点 ξ, 使 $f'(\xi) = -\frac{f(\xi)}{\xi}$.

证明 由积分中值定理, $\exists c \in \left[0,\frac{1}{2}\right]$, 使得

$$f(1) = 2\int_0^{\frac{1}{2}} x f(x)\mathrm{d}x = 2 \cdot \frac{1}{2}c f(c) = c f(c)$$

记 $F(x) = x f(x), x \in [0,1]$. F 在 $[0,c]$ 上满足罗尔中值定理的条件,则至少存在一点 $\subset (0,1)\xi \in (0,c)$, 使得 $F'(\xi) = 0$, 即 $f(\xi) + \xi f'(\xi) = 0$, 亦即 $f'(\xi) = -\frac{f(\xi)}{\xi}$.

12.3 变限积分与定积分计算

12.3.1 变限积分

1. 变限积分

设 f 在 $[a,b]$ 上可积, 则

变上限定积分: $\Phi(x) = \int_a^x f(t)\mathrm{d}t$;

变下限定积分: $\Psi(x) = \int_x^b f(t)\mathrm{d}t$.

变上限定积分和变下限定积分统称为变限积分.

2. 变限积分的性质

(1) 若 f 在 $[a,b]$ 上可积, 则 $\Phi(x)$ 和 $\Psi(x)$ 在 $[a,b]$ 上连续;

(2) 若 f 在 $[a,b]$ 上连续, 则 $\Phi(x)$ 和 $\Psi(x)$ 在 $[a,b]$ 上可导, 且

$$\Phi'(x) = f(x), \Psi'(x) = -f(x).$$

(3) 若f在$[a,b]$上连续,$u(x)$和$v(x)$在$[\alpha,\beta]$上可导,$u([\alpha,\beta])$、$v([\alpha,\beta])\subset[a,b]$,则由复合求导法则得

$$\frac{\mathrm{d}}{\mathrm{d}x}\int_{v(x)}^{u(x)} f(t)\,\mathrm{d}t = f[u(x)]u'(x) - f[v(x)]v'(x)$$

12.3.2　定积分的计算

1. 微积分学基本定理

若f在$[a,b]$上连续,则f在$[a,b]$上的任意原函数为

$$F(x) = \Phi(x) + C$$

C为任意常数,并得牛顿－莱布尼茨公式:

$$\int_a^b f(x)\,\mathrm{d}x = F(b) - F(a)$$

2. 换元积分定理

若f在$[a,b]$上连续,$x=\varphi(t)$在$[\alpha,\beta]$上有连续的导数$\varphi'(t)$,且满足$\varphi(\alpha)=a$,$\varphi(\beta)=b$,$a\leqslant\varphi(t)\leqslant b$,$t\in[\alpha,\beta]$,则有定积分换元公式

$$\int_a^b f(x)\,\mathrm{d}x = \int_\alpha^\beta f[\varphi(t)]\varphi'(t)\,\mathrm{d}t$$

说明　本定理的条件可改为f在$[a,b]$上可积,$x=\varphi(t)$在$[\alpha,\beta]$上严格递增,$\varphi(\alpha)=a$,$\varphi(\beta)=b$,且有连续的导数$\varphi'(t)$,公式仍成立(当$x=\varphi(t)$在$[\alpha,\beta]$上严格递减,$\varphi(\alpha)=b$,$\varphi(\beta)=a$,且有连续的导数$\varphi'(t)$,公式右端的上下限需交换.).

3. 分部积分定理

若$u(x)$和$v(x)$是$[a,b]$上的两个连续可微函数,则有定积分的分部积分公式

$$\int_a^b u(x)v'(x)\,\mathrm{d}x = u(x)v(x)\Big|_a^b - \int_a^b u'(x)v(x)\,\mathrm{d}x$$

又若在$[a,b]$上存在连续的$u^{(n+1)}(x)$和$v^{(n+1)}(x)$,则有推广的分部积分公式:

$$\int_a^b u(x)v^{(n+1)}(x)\,\mathrm{d}x = [u(x)v^{(n)}(x) - u'(x)v^{(n-1)}(x) + \cdots + (-1)^n u^{(n)}(x)v(x)]\Big|_a^b +$$

$$(-1)^{n+1}\int_a^b u^{(n+1)}(x)v(x)\,\mathrm{d}x,\quad n=1,2,\cdots$$

说明　当$u'(x)$和$v'(x)$在$[a,b]$上可积时,分部积分公式仍成立;当$u^{(n+1)}(x)$和$v^{(n+1)}(x)$在$[a,b]$上可积时,推广的分部积分公式仍成立.

例12－17　设f在$[a,b]$上连续,$F(x)=\int_a^x f(t)(x-t)\,\mathrm{d}t$.证明:$F''(x)=f(x)$.

证明　$F(x) = x\int_a^x f(t)\,\mathrm{d}t - \int_a^x t f(t)\,\mathrm{d}t$.

$$F'(x)=\int_a^x f(t)\mathrm{d}t+xf(x)-xf(x)=\int_a^x f(t)\mathrm{d}t, F''(x)=f(x)$$

例 12 - 18 若 f 在 $[a,b]$ 上可积,则在 f 的连续点 x 处成立 $\left(\int_a^x f(t)\mathrm{d}t\right)'=f(x)$.

证明 记 $F(s)=\int_a^s f(t)\mathrm{d}t, s\in[a,b]$. 由于 x 是 f 的连续点,由 $\forall\varepsilon>0,\exists\delta>0$,当 $|\Delta x|<\delta$ 时

$$|f(t)-f(s)|<\varepsilon, \forall t\in[x,x+\Delta x] \text{ 或 } t\in[x+\Delta x,x]$$

由此可得,当 $0<|\Delta x|<\delta$ 时

$$\left|\frac{F(x+\Delta x)-F(x)}{\Delta x}-f(x)\right|=\left|\frac{1}{\Delta x}\int_x^{x+\Delta x}[f(t)-f(x)]\mathrm{d}t\right|$$

$$\leqslant\frac{1}{|\Delta x|}\left|\int_x^{x+\Delta x}|f(t)-f(x)|\mathrm{d}t\right|<\varepsilon$$

所以有 $\left(\int_a^x f(t)\mathrm{d}t\right)'=f(x)$.

例 12 - 19 证明方程 $\int_0^x\sqrt{1+t^4}\mathrm{d}t+\int_{\cos x}^0 \mathrm{e}^{-t^2}\mathrm{d}t=0$ 有且仅有一个根.

证明 记 $F(x)=\int_0^x\sqrt{1+t^4}\mathrm{d}t+\int_{\cos x}^0 \mathrm{e}^{-t^2}\mathrm{d}t$

$$F'(x)=\sqrt{1+x^4}+\mathrm{e}^{-\cos^2 x}\sin x=\sqrt{1+x^4}+\frac{\sin x}{\mathrm{e}^{\cos^2 x}}>0$$

所以函数 F 在 $(-\infty,+\infty)$ 上是严格递增的,由此知函数 F 至多有一个零点. 又

$$F(0)=\int_0^0\sqrt{1+t^4}\mathrm{d}t+\int_1^0 \mathrm{e}^{-t^2}\mathrm{d}t=\int_1^0 \mathrm{e}^{-t^2}\mathrm{d}t<0$$

$$F\left(\frac{\pi}{2}\right)=\int_0^{\frac{\pi}{2}}\sqrt{1+t^4}\mathrm{d}t+\int_0^0 \mathrm{e}^{-t^2}\mathrm{d}t=\int_0^{\frac{\pi}{2}}\sqrt{1+t^4}\mathrm{d}t>0$$

在 $\left[0,\frac{\pi}{2}\right]$ 上应用零点定理,至少存在一点 $\xi\in\left(0,\frac{\pi}{2}\right)$,使得 $F(\xi)=0$,即 F 至少有一个零点,所以方程 $\int_0^x\sqrt{1+t^4}\mathrm{d}t+\int_{\cos x}^0 \mathrm{e}^{-t^2}\mathrm{d}t=0$ 有且仅有一个根.

例 12 - 20 计算下列定积分:

(1) $\int_0^1\frac{\mathrm{d}x}{(x^2-x+1)^{\frac{3}{2}}}$; (2) $\int_{\frac{1}{\mathrm{e}}}^{\mathrm{e}}|\ln x|\mathrm{d}x$;

(3) $\int_0^a x^2\sqrt{\frac{a-x}{a+x}}\mathrm{d}x\ (a>0)$; (4) $\int_0^{\frac{\pi}{2}}\frac{\cos x}{\sin x+\cos x}\mathrm{d}x$.

解 (1) 设 $x=\frac{1}{2}+\frac{\sqrt{3}}{2}\tan t$, $\mathrm{d}x=\frac{\sqrt{3}}{2}\sec^2 t\mathrm{d}t$.

$$\int_0^1 \frac{\mathrm{d}x}{(x^2-x+1)^{\frac{3}{2}}} = \int_0^1 \frac{\mathrm{d}x}{\left[\frac{3}{4}+\left(x-\frac{1}{2}\right)^2\right]^{\frac{3}{2}}} = \frac{8}{3\sqrt{3}}\int_{-\frac{\pi}{6}}^{\frac{\pi}{6}} \frac{\sqrt{3}\sec^2 t\mathrm{d}t}{2(\sec^2 t)^{\frac{3}{2}}}$$

$$= \frac{4}{3}\int_{-\frac{\pi}{6}}^{\frac{\pi}{6}} \cos t\mathrm{d}t = \frac{4}{3}$$

(2) $\int_{\frac{1}{e}}^{e} |\ln x|\mathrm{d}x = \int_{\frac{1}{e}}^{1}(-\ln x)\mathrm{d}x + \int_1^e \ln x\mathrm{d}x = -x\ln x\Big|_{\frac{1}{e}}^{1} + \int_{\frac{1}{e}}^{1}\mathrm{d}x + x\ln x\Big|_1^e - \int_1^e \mathrm{d}x$

$$= 2\left(1-\frac{1}{e}\right)$$

(3) 设 $x = a\sin t$,则 $\mathrm{d}x = a\cos t\mathrm{d}t$.

$$\int_0^a x^2\sqrt{\frac{a-x}{a+x}}\mathrm{d}x = \int_0^a \frac{x^2(a-x)}{\sqrt{a^2-x^2}}\mathrm{d}x = a^3\int_0^{\frac{\pi}{2}} \sin^2 t(1-\sin t)\mathrm{d}t$$

$$= a^3\int_0^{\frac{\pi}{2}} \sin^2 t\mathrm{d}t + a^3\int_0^{\frac{\pi}{2}} \sin^3 t\mathrm{d}t$$

$$= \left(\frac{\pi}{4}-\frac{2}{3}\right)a^3$$

当 n 为奇数时

$$\int_0^{\frac{\pi}{2}} \sin^n x\mathrm{d}x = \int_0^{\frac{\pi}{2}} \cos^n x\mathrm{d}x = \frac{(n-1)!!}{n!!}$$

当 n 为偶数时

$$\int_0^{\frac{\pi}{2}} \sin^n x\mathrm{d}x = \int_0^{\frac{\pi}{2}} \cos^n x\mathrm{d}x = \frac{(n-1)!!}{n!!}\cdot\frac{\pi}{2}$$

(4) $\int_0^{\frac{\pi}{2}} \frac{\cos x}{\sin x+\cos x}\mathrm{d}x = \frac{1}{2}\int_0^{\frac{\pi}{2}}\left(1+\frac{\cos x-\sin x}{\sin x+\cos x}\right)\mathrm{d}x = \frac{1}{2}\int_0^{\frac{\pi}{2}}\mathrm{d}x + \frac{1}{2}\int_0^{\frac{\pi}{2}}\frac{\mathrm{d}(\sin x+\cos x)}{\sin x+\cos x}$

$$= \frac{\pi}{4} + \ln|\sin x+\cos x|\Big|_0^{\frac{\pi}{2}} = \frac{\pi}{4}$$

第13章　定积分的应用

13.1　定积分的几何应用

13.1.1　平面图形的面积

(1) 设 $y = f(x)$ 为 $[a,b]$ 上的连续函数,曲线 $y = f(x)$ 与直线 $x = a, x = b$,及 x 轴所围平面图形的面积

$$A = \int_a^b |y| \mathrm{d}x = \int_a^b |f(x)| \mathrm{d}x$$

(2) 设 $y = f(x), y = g(x)$ 为 $[a,b]$ 上的连续函数,曲线 $y = f(x)$、$y = g(x)$ 与直线 $x = a, x = b$ 所围平面图形的面积

$$A = \int_a^b |f(x) - g(x)| \mathrm{d}x$$

(3) 设曲线 C 由参数方程 $x = x(t), y = y(t), t \in [\alpha,\beta]$ 给出,在 $[\alpha,\beta]$ 上 $x(t), y(t)$ 连续可微,且 $x'(t) \neq 0$. 记 $a = x(\alpha), b = y(\beta)$, 则曲线 C 与直线 $x = a, x = b$ 及 x 轴所围平面图形的面积

$$A = \int_\alpha^\beta |y(t)x'(t)| \mathrm{d}t$$

证明　由于 $x'(t)$ 在 $[\alpha,\beta]$ 上连续,且 $x'(t) \neq 0$,则当 $t \in [\alpha,\beta]$ 时,有 $x'(t) > 0$ 或 $x'(t) < 0$.

当 $x'(t) > 0$ 时, $a < b$.

$$A = \int_a^b |y| \mathrm{d}x = \int_\alpha^\beta |y(t)| x'(t) \mathrm{d}t = \int_\alpha^\beta |y(t)x'(t)| \mathrm{d}t$$

当 $x'(t) < 0$ 时, $a > b$.

$$A = \int_b^a |y| \mathrm{d}x = \int_\beta^\alpha |y(t)| x'(t) \mathrm{d}t = \int_\beta^\alpha |y(t)| [-|x'(t)|] \mathrm{d}t = \int_\alpha^\beta |y(t)x'(t)| \mathrm{d}t$$

(4) 设参数方程 $x = x(t), y = y(t), t \in [\alpha,\beta]$ 所表示的曲线 C 是封闭的, 即 $x(\alpha) = x(\beta), y(\alpha) = y(\beta)$, 且在 (α,β) 内曲线自身不自交. 在 $[\alpha,\beta]$ 上 $x(t), y(t)$ 连续可微,且当 $t \in [\alpha,\beta]$ 时, $[x'(t)]^2 + [y'(t)]^2 \neq 0$. 那么曲线自身所围平面图形的面积为

$$A = \left| \int_\alpha^\beta y(t) x'(t) \mathrm{d}t \right|$$

证明　设该平面区域 $D=\{(x,y)\mid y_1(x)\leqslant y\leqslant y_2(x),a\leqslant x\leqslant b\}$. 假设当 t 由 α 增加到 β 时，曲线 C 上的点 $(x(t),y(t))$ 由 $(x(\alpha),y(\alpha))=(x(\beta),y(\beta))=(b,y_2(b))$ 开始沿曲线 $y=y_2(x)$ 从右向左移动到 $(x(\gamma),y(\gamma))=(a,y_2(a))(\alpha<\gamma<\beta)$，然后再沿 $y=y_1(x)$ 从左向右移动，直至回到 $(x(\alpha),y(\alpha))$.

这意味着 $y=y_2(x)(a\leqslant x\leqslant b)$ 是由 $x=x(t),y=y(t)(\alpha\leqslant t\leqslant\gamma)$ 所确定的函数，$y=y_1(x)(a\leqslant x\leqslant b)$ 是由 $x=x(t),y=y(t)(\gamma\leqslant t\leqslant\beta)$ 所确定的函数.

所求的面积：

$$A=\int_a^b[y_2(x)-y_1(x)]\mathrm{d}x=\int_\gamma^\alpha y(t)x'(t)\mathrm{d}t-\int_\gamma^\beta y(t)x'(t)\mathrm{d}t=-\int_\alpha^\beta y(t)x'(t)\mathrm{d}t$$

若当 t 由 α 增加到 β 时，曲线 C 上的点 $(x(t),y(t))$ 由 $(x(\alpha),y(\alpha))=(x(\beta),y(\beta))=(b,y_2(b))$ 开始沿曲线 $y=y_1(x)$ 从右向左移动到 $(x(\gamma),y(\gamma))=(a,y_2(a))(\alpha<\gamma<\beta)$，然后再沿 $y=y_2(x)$ 从左向右移动，直至回到 $(x(\alpha),y(\alpha))$. 类似可得

$$A=\int_\alpha^\beta y(t)x'(t)\mathrm{d}t$$

所以有

$$A=\left|\int_\alpha^\beta y(t)x'(t)\mathrm{d}t\right|$$

(5) 设曲线 C 由极坐标方程 $r=r(\theta),\theta\in[\alpha,\beta]$ 给出，其中 $r(\theta)$ 在 $[\alpha,\beta]$ 上连续，$\beta-\alpha\leqslant 2\pi$. 由曲线 C 与射线 $\theta=\alpha,\theta=\beta$ 所围的平面图形（也称为曲边扇形）的面积

$$A=\frac{1}{2}\int_\alpha^\beta r^2(\theta)\mathrm{d}\theta$$

13.1.2　由平行截面面积求立体体积

(1) 已知 Ω 为位于 $[a,b]$ 上的立体，截面面积函数 $A(x)$ 在 $[a,b]$ 上连续，则该立体的体积

$$V=\int_a^b A(x)\mathrm{d}x$$

(2) 设 f 是 $[a,b]$ 上的连续函数，Ω 为平面图形：

$$0\leqslant|y|\leqslant|f(x)|,\ a\leqslant x\leqslant b$$

绕 x 轴旋转一周得到的旋转体，则 Ω 的体积

$$V_x=\pi\int_a^b f^2(x)\mathrm{d}x=\pi\int_a^b y^2\mathrm{d}x$$

(3) 设 g 是 $[c,d]$ 上的连续函数，Ω 为平面图形：

$$0\leqslant|x|\leqslant|g(y)|,\ c\leqslant y\leqslant d$$

绕 y 轴旋转一周得到的旋转体，则 Ω 的体积

$$V_y=\pi\int_c^d g^2(y)\mathrm{d}y=\pi\int_c^d x^2\mathrm{d}y$$

(4) 曲线 C 由参数方程 $x = x(t), y = y(t), t \in [\alpha,\beta]$ 给出. $y(t)$ 在 $[\alpha,\beta]$ 上连续, $x(t)$ 在 $[\alpha,\beta]$ 上连续可微, 且 $x'(t) \neq 0$. 则平面图形

$$0 \leqslant |y| \leqslant |y(t)|,\ x(\alpha) \leqslant x \leqslant x(\beta)$$

绕 x 轴旋转一周得到的旋转体的体积为

$$V = \pi \left| \int_\alpha^\beta y^2(t)x'(t)\,\mathrm{d}t \right|$$

(5) 设曲线 C 由极坐标方程 $r = r(\theta), \theta \in [\alpha,\beta] \subset [0,\pi]$ 给出, 其中 $r(\theta)$ 在 $[\alpha,\beta]$ 上连续, 曲线 C 绕极轴旋转一周得到旋转体的体积

$$V = \frac{2\pi}{3}\int_\alpha^\beta r^3(\theta)\sin\theta\,\mathrm{d}\theta$$

13.1.3 平面曲线的弧长

(1) 光滑曲线 C 由参数方程 $x = x(t), y = y(t), t \in [\alpha,\beta]$ 给出, 曲线 C 的弧长

$$s = \int_\alpha^\beta \sqrt{[x'(t)]^2 + [y'(t)]^2}\,\mathrm{d}t$$

(2) 光滑曲线 C 由直角方程 $y = f(x), x \in [a,b]$ 给出, 曲线 C 的弧长

$$s = \int_a^b \sqrt{1 + [f'(x)]^2}\,\mathrm{d}x$$

(3) 光滑曲线 C 由极坐标方程为 $r = r(\theta), \theta \in [\alpha,\beta]$ 给出, 在 (α,β) 内满足 $r^2(\theta) + [r'(\theta)]^2 \neq 0$. 曲线 C 的弧长

$$s = \int_\alpha^\beta \sqrt{[r(\theta)]^2 + [r'(\theta)]^2}\,\mathrm{d}\theta$$

13.1.4 旋转曲面的面积

(1) 平面光滑曲线 C 的直角方程为 $y = f(x), x \in [a,b]\,(f(x) \geqslant 0)$. 这段曲线绕 x 轴旋转一周得到旋转曲面的面积

$$S = 2\pi\int_a^b f(x)\sqrt{1 + [f'(x)]^2}\,\mathrm{d}x$$

(2) 平面光滑曲线 C 的参数方程为 $x = x(t), y = y(t)(\geqslant 0), t \in [\alpha,\beta]$. 这段曲线绕 x 轴旋转一周得到旋转曲面的面积

$$S = 2\pi\int_\alpha^\beta y(t)\sqrt{[x'(t)]^2 + [y'(t)]^2}\,\mathrm{d}t$$

(3) 平面光滑曲线 C 的极坐标方程为 $r = r(\theta), \theta \in [\alpha,\beta] \subset [0,\pi], r(\theta) \geqslant 0$. 这段曲线绕极轴旋转一周得到旋转曲面的面积

$$S = 2\pi\int_\alpha^\beta r(\theta)\sin\theta\sqrt{r^2(\theta) + [r'(\theta)]^2}\,\mathrm{d}\theta$$

例13-1　求内摆线 $x=a\cos^3 t, y=a\sin^3 t(a>0)$ 所围平面图形的面积.

解　由图形的对称性,所求的平面图形面积为

$$
\begin{aligned}
A &= 4\int_0^{\frac{\pi}{2}} |a\sin^3 t\cdot 3a\cos^2 t(-\sin t)|\mathrm{d}t \\
&= 12a^2\int_0^{\frac{\pi}{2}} \sin^4 t\cos^2 t\mathrm{d}t \\
&= 12a^2\left[\int_0^{\frac{\pi}{2}} \sin^4 t\mathrm{d}t - \int_0^{\frac{\pi}{2}} \sin^6 t\mathrm{d}t\right] \\
&= 12a^2\left[\frac{3!!}{4!!}\cdot\frac{\pi}{2} - \frac{5!!}{6!!}\cdot\frac{\pi}{2}\right] \\
&= \frac{3}{8}\pi a^2
\end{aligned}
$$

例13-2　求 $\frac{x^2}{a^2}+\frac{y^2}{b^2}=1$ 绕 y 轴旋转所得旋转体体积.

解　由条件有 $x^2=a^2\left(1-\frac{y^2}{b^2}\right)$.

$$
V=\pi\int_{-b}^{b}x^2\mathrm{d}y=\pi\int_{-b}^{b}a^2\left(1-\frac{y^2}{b^2}\right)\mathrm{d}y=2a^2\pi\int_0^b\left(1-\frac{y^2}{b^2}\right)\mathrm{d}y=\frac{4}{3}\pi a^2 b
$$

例13-3　求曲线 $\sqrt{x}+\sqrt{y}=1$ 的弧长.

解　方法一:$y=(1-\sqrt{x})^2=1-2\sqrt{x}+x, x\in[0,1]$.

$$
y'=-\frac{1}{\sqrt{x}}+1,\ 1+(y')^2=2-\frac{2}{\sqrt{x}}+\frac{1}{x}
$$

所求的弧长为

$$
\begin{aligned}
s &= \int_0^1\sqrt{1+(y')^2}\mathrm{d}x=\int_0^1\sqrt{2-\frac{2}{\sqrt{x}}+\frac{1}{x}}\mathrm{d}x \quad (\text{令 } x=t^2, \mathrm{d}x=2t\mathrm{d}t) \\
&= \int_0^1\sqrt{2-\frac{2}{t}+\frac{1}{t^2}}2t\mathrm{d}t=2\int_0^1\sqrt{2t^2-2t+1}\,\mathrm{d}t \\
&= 2\sqrt{2}\int_0^1\sqrt{t^2-t+\frac{1}{2}}\mathrm{d}t=2\sqrt{2}\int_0^1\sqrt{\left(t-\frac{1}{2}\right)^2+\left(\frac{1}{2}\right)^2}\cdot\mathrm{d}\left(t-\frac{1}{2}\right) \\
&= 2\sqrt{2}\cdot\frac{1}{2}\left[\left(t-\frac{1}{2}\right)\sqrt{t^2-t+\frac{1}{2}}+\frac{1}{4}\ln\left|t-\frac{1}{2}+\sqrt{t^2-t+\frac{1}{2}}\right|\right]\Bigg|_0^1 \\
&= \sqrt{2}\left\{\frac{1}{4}\sqrt{2}+\frac{1}{4}[\ln(\sqrt{2}+1)-\ln 2]-\left[-\frac{1}{4}\sqrt{2}+\frac{1}{4}(\ln(\sqrt{2}-1)-\ln 2)\right]\right\} \\
&= \sqrt{2}\left[\frac{1}{2}\sqrt{2}+\frac{1}{4}\ln\frac{\sqrt{2}+1}{\sqrt{2}-1}\right]=1+\frac{\sqrt{2}}{4}\ln(\sqrt{2}+1)^2=1+\frac{\sqrt{2}}{2}\ln(\sqrt{2}+1)
\end{aligned}
$$

方法二:曲线的参数方程:$x = \cos^4 t, y = \sin^4 t, t \in \left[0, \frac{\pi}{2}\right]$.

$$(1) s = \int_0^{\frac{\pi}{2}} \sqrt{[x'(t)]^2 + [y'(t)]^2}\,dt$$

$$= 4\int_0^{\frac{\pi}{2}} \sqrt{\sin^4 t + \cos^4 t}\sin t\cos t\,dt$$

$$= 2\sqrt{2}\int_0^{\frac{\pi}{2}} \sqrt{(\sin^2 t - \frac{1}{2})^2 + (\frac{1}{2})^2}\,d\left(\sin^2 t - \frac{1}{2}\right)$$

$$= 2\sqrt{2} \cdot \frac{1}{2}\left[\left(\sin^2 t - \frac{1}{2}\right)\sqrt{\sin^4 t - \sin^2 t + \frac{1}{2}} + \right.$$

$$\left. \frac{1}{4}\ln\left|\left(\sin^2 t - \frac{1}{2}\right) + \sqrt{\sin^4 t - \sin^2 t + \frac{1}{2}}\right|\right]\Bigg|_0^{\frac{\pi}{2}}$$

$$= 1 + \frac{\sqrt{2}}{2}\ln(\sqrt{2} + 1).$$

$$(2) s = \int_0^{\frac{\pi}{2}} \sqrt{[x'(t)]^2 + [y'(t)]^2}\,dt$$

$$= 2\sqrt{2}\int_0^{\frac{\pi}{2}} \sqrt{2(\sin^4 t + \cos^4 t)}\sin t\cos t\,dt$$

$$= -\frac{\sqrt{2}}{2}\int_0^{\frac{\pi}{2}} \sqrt{1 + \cos^2 2t}\,d(\cos 2t) \quad (u = \cos 2t)$$

$$= \frac{\sqrt{2}}{2}\int_{-1}^1 \sqrt{1 + u^2}\,du$$

$$= \sqrt{2}\int_0^1 \sqrt{1 + u^2}\,du$$

$$= \sqrt{2} \cdot \frac{1}{2}\left[u\sqrt{1 + u^2} + \ln\left|u + \sqrt{1 + u^2}\right|\right]\Bigg|_0^1$$

$$= \frac{\sqrt{2}}{2}[\sqrt{2} + \ln(1 + \sqrt{2})]$$

$$= 1 + \frac{\sqrt{2}}{2}\ln(\sqrt{2} + 1)$$

方法三:曲线的参数方程:$x = t^2, y = (1 - t)^2, 0 \leqslant t \leqslant 1$.

$$s = \int_0^1 \sqrt{[x'(t)]^2 + [y'(t)]^2}\,dt = \int_0^1 \sqrt{(2t)^2 + [-2(1 - t)]^2}\,dt$$

$$= \sqrt{2}\int_0^1 \sqrt{4t^2 - 4t + 2}\,dt$$

$$=\frac{\sqrt{2}}{2}\int_0^1\sqrt{(2t-1)^2+1}\,d(2t-1)\qquad (u=2t-1)$$

$$=\frac{\sqrt{2}}{2}\int_{-1}^1\sqrt{u^2+1}\,du=\sqrt{2}\int_0^1\sqrt{u^2+1}\,du$$

$$=\sqrt{2}\cdot\frac{1}{2}\left[u\sqrt{u^2+1}+\ln\left|u+\sqrt{u^2+1}\right|\right]\Big|_0^1$$

$$=\frac{\sqrt{2}}{2}[\sqrt{2}+\ln(1+\sqrt{2})]$$

$$=1+\frac{\sqrt{2}}{2}\ln(\sqrt{2}+1)$$

说明：计算过程中利用了下面不定积分公式：

$$\int\sqrt{x^2+a^2}\,dx=\frac{x}{2}\sqrt{x^2+a^2}+\frac{a^2}{2}\ln\left|x+\sqrt{x^2+a^2}\right|+C$$

及等式

$$\begin{aligned}2(\cos^4t+\sin^4t)&=2[(\cos^2t-\sin^2t)^2+2\sin^2t\cos^2t]\\&=2\cos^22t+\sin^22t=1+\cos^22t\end{aligned}$$

例 13－4　求$\frac{x^2}{a^2}+\frac{y^2}{b^2}=1$绕 y 轴旋转所得旋转曲面的面积.

解　该椭圆的参数方程为 $x=a\cos t,y=b\sin t,t\in[0,2\pi]$.

$x'(t)=-a\sin t,y'(t)=b\cos t\quad [x'(t)]^2+[y'(t)]^2=a^2\sin^2t+b^2\cos^2t$

$$S=2\cdot2\pi\int_0^{\frac{\pi}{2}}x(t)\sqrt{[x'(t)]^2+[y'(t)]^2}\,dt=4\pi a\int_0^{\frac{\pi}{2}}\cos t\sqrt{a^2\sin^2t+b^2\cos^2t}\,dt$$

(1) 当 $a=b$ 时，$S=4\pi a^2\int_0^{\frac{\pi}{2}}\cos t\,dt=4\pi a^2$.

(2) 当 $a>b$ 时，

$$S=4\pi a\int_0^{\frac{\pi}{2}}\cos t\sqrt{(a^2-b^2)\sin^2t+b^2}\,dt=4\pi a\sqrt{a^2-b^2}\int_0^{\frac{\pi}{2}}\sqrt{\sin^2t+\frac{b^2}{a^2-b^2}}\,d(\sin t)$$

$$=4\pi a\sqrt{a^2-b^2}\cdot\frac{1}{2}\left[\sin t\sqrt{\sin^2t+\frac{b^2}{a^2-b^2}}+\frac{b^2}{a^2-b^2}\ln\left|\sin t+\sqrt{\sin^2t+\frac{b^2}{a^2-b^2}}\right|\right]\Bigg|_0^{\frac{\pi}{2}}$$

$$=2\pi a\sqrt{a^2-b^2}\left[\sqrt{1+\frac{b^2}{a^2-b^2}}+\frac{b^2}{a^2-b^2}\ln\left|1+\sqrt{1+\frac{b^2}{a^2-b^2}}\right|-\frac{b^2}{a^2-b^2}\ln\frac{b}{\sqrt{a^2-b^2}}\right]$$

$$=2\pi a\left[a+\frac{b^2}{\sqrt{a^2-b^2}}\ln\frac{\sqrt{a^2-b^2}+a}{b}\right]$$

(3) 当 $a < b$ 时,

$$
\begin{aligned}
S &= 4\pi a\int_0^{\frac{\pi}{2}}\cos t\sqrt{b^2-(b^2-a^2)\sin^2 t}\,\mathrm{d}t \\
&= 4\pi a\sqrt{b^2-a^2}\int_0^{\frac{\pi}{2}}\sqrt{\frac{b^2}{b^2-a^2}-\sin^2 t}\,\mathrm{d}(\sin t) \\
&= 4\pi a\sqrt{b^2-a^2}\cdot\frac{1}{2}\left[\sin t\sqrt{\frac{b^2}{b^2-a^2}-\sin^2 t}+\frac{b^2}{b^2-a^2}\arcsin\left(\frac{\sqrt{b^2-a^2}}{b}\sin t\right)\right]\Bigg|_0^{\frac{\pi}{2}} \\
&= 2\pi a\sqrt{b^2-a^2}\left[\frac{a}{\sqrt{b^2-a^2}}+\frac{b^2}{b^2-a^2}\arcsin\frac{\sqrt{b^2-a^2}}{b}\right] \\
&= 2\pi a\left[a+\frac{b^2}{\sqrt{b^2-a^2}}\arcsin\frac{\sqrt{b^2-a^2}}{b}\right]
\end{aligned}
$$

说明:计算过程中(2) 利用了不定积分公式:

$$\int\sqrt{x^2+a^2}\,\mathrm{d}x=\frac{x}{2}\sqrt{x^2+a^2}+\frac{a^2}{2}\ln\left|x+\sqrt{x^2+a^2}\right|+C$$

(3) 利用了不定积分公式:

$$\int\sqrt{a^2-x^2}\,\mathrm{d}x=\frac{x}{2}\sqrt{a^2-x^2}+\frac{a^2}{2}\arcsin\frac{x}{a}+C$$

13.2 定积分的物理应用

13.2.1 应用微元法的条件

若所求的量 Φ 满足以下条件,则可以考虑应用微元法:

(1) Φ 与某个变量 x 及其变化区间 $[a,b]$ 有关(即 $\Phi=\Phi(x), x\in[a,b]$);

(2) Φ 关于区间 $[a,b]$ 具有可加性;

(3) 任取 $[a,b]$ 的分割 $T=\{\Delta_1,\Delta_2,\cdots,\Delta_n\}$, 对应 Δ_i 的部分量 $\Delta\Phi_i\approx f(\xi_i)\Delta x_i$, 其中 f 为 $[a,b]$ 上的连续函数,且 $\Delta\Phi_i-f(\xi_i)\Delta x_i=o(\Delta x_i), i=1,2,\cdots,n$.

13.2.2 应用微元法的步骤

(1) 确定积分变量(例如 x) 及其变化区间(例如 $[a,b]$).

(2) 化整为零,以常代变:任取小区间 $[x,x+\Delta x]\subset[a,b]$,取这小区间所对应局部量的近似值 $\Delta\Phi\approx f(x)\Delta x$, 其中 f 为 $[a,b]$ 上的连续函数,且 $\Delta\Phi=f(x)\Delta x+o(\Delta x)$. 则所求量的微元 $\mathrm{d}\Phi=f(x)\mathrm{d}x$.

(3) 积零为整,无限累加:以所求量 Φ 的微元为被积表达式,在 $[a,b]$ 上作定积分,即为所求量:$\Phi = \int_a^b f(x)\,dx$.

例13-5　有一等腰形闸门,它的上、下两条底边各长10米和6米,高为20米.计算当水面与上底边相齐时闸门一侧所受的静压力.

解　记变量 x 表示水深,以 x 为积分变量,其变化范围为 $[0,20]$.

任取 $[x,x+\Delta x] \subset [0,20]$.闸门从深度为 x 到 $x+\Delta x$ 这一狭条上所受的静压力为

$$\Delta F \approx \rho \cdot x \cdot 2\left(5 - \frac{1}{10}x\right)\Delta x, dF = \rho x\left(10 - \frac{1}{5}x\right)dx$$

所求的静压力为

$$F = \rho\int_0^{20} x\left(10 - \frac{1}{5}x\right)dx = \rho\left(5x^2 - \frac{1}{15}x^3\right)\Big|_0^{20}$$

$$= \frac{4\ 400}{3}\rho = \frac{4\ 400}{3} \times 10^3 \times 9.8\ (\mathrm{N})$$

$$= 14\ 373.33\ (\mathrm{kN})\quad \left(\text{水的比重}\ \rho = 10^3 \times 9.8\ \frac{N}{\mathrm{m}^3}\right)$$

例13-6　直径为6 m的一球浸入水中,其球心在水面下10 m处,求球面上所受的静压力.

解　建立空间直角坐标系,球心坐标为(10,0,0),球面方程为:

$$(x-10)^2 + y^2 + z^2 = 9$$

此球面为曲线 $y = \sqrt{9-(x-10)^2}$ 绕 x 轴旋转一周得到的.

以 x 为积分变量,其变化区间为 $[7,13]$.任取 $[x,x+\Delta x] \subset [7,13]$.

(1) 首先求小区间 $[x,x+\Delta x]$ 所对应的球面上狭条所受的静压力.

任取 $[\theta,\theta+\Delta\theta] \subset [0,2\pi]$.狭条上园心角为 $\Delta\theta$ 小块面积为

$$\Delta S \approx y\Delta\theta\sqrt{1+(y')^2}\Delta x = y\sqrt{1+(y')^2}\Delta x\Delta\theta$$

这一小块球面所受的静压力:$\Delta F' \approx \rho xy\sqrt{1+(y')^2}\Delta x\Delta\theta$,方向指向球心.

$$dF' = \rho xy\sqrt{1+(y')^2}\Delta x d\theta$$

$$dF'_x = dF' \cdot \frac{10-x}{3} \approx \rho x \cdot \frac{10-x}{3} \cdot y\sqrt{1+(y')^2}\Delta x d\theta$$

$$F'_x = \int_0^{2\pi} dF'_x \approx 2\pi\rho x \cdot \frac{10-x}{3} \cdot y\sqrt{1+(y')^2}\Delta x\ (\text{方向与}\ x\ \text{轴平行})$$

由对称性,$[x,x+\Delta x]$ 所对应的球面上狭条所受的静压力在水平方向分力为0.

(2) 其次求球面所受的静压力为

由(1)的讨论知

$$\begin{aligned}dF &= 2\pi\rho x\cdot\frac{10-x}{3}\cdot y\sqrt{1+(y')^2}\,dx\\&= 2\pi\rho x\cdot\frac{10-x}{3}\cdot\sqrt{9-(x-10)^2}\cdot\frac{3}{\sqrt{9-(x-10)^2}}dx\\&= 2\pi\rho x(10-x)\,dx\end{aligned}$$

球面所受的静压力为

$$\begin{aligned}F &= \int_7^{13}dF = 2\pi\rho\int_7^{13}(10x-x^2)\,dx = 2\times 3.14\times\left(-\frac{54}{3}\right)\rho\\&= 2\times 3.14\times\left(-\frac{54}{3}\right)\times 10^3\times 9.8\ (\mathrm{N})\\&= -1\ 107.792\ (\mathrm{kN})\quad\left(\text{水的比重}\rho = 10^3\times 9.8\ \frac{\mathrm{N}}{\mathrm{m}^3}\right)\end{aligned}$$

F 的方向与 x 轴反向.

例 13－7 设在坐标轴的原点有一质量为 m 的质点,在区间 $[a,a+l]$ $(a>0)$ 上有一质量为 M 的均匀细杆. 试求质点与细杆之间的万有引力.

解 设坐标轴为 x 轴,以 x 为积分变量,其变化区间为 $[a,a+l]$.

任取 $[x,x+\Delta x]\subset[a,a+l]$. 当 Δx 很小时,把在区间 $[x,x+\Delta x]$ 上的小段细杆看成质点,质量为 $\Delta M=\frac{M}{l}\Delta x$,则 $dM=\frac{M}{l}dx$.

$$dF = k\frac{m\,dM}{x^2} = \frac{kmM}{l}\cdot\frac{dx}{x^2}$$

质点与细杆之间的万有引力为

$$F = \int_a^{a+l}dF = \frac{kmM}{l}\int_a^{a+l}\frac{dx}{x^2} = \frac{kmM}{a(a+l)}$$

例 13－8 设有两条各长为 l 的均匀细杆在同一直线上,中间距离为 c,每根细杆的质量为 M,试求它们之间的万有引力.

解 设坐标轴为 x 轴,二细杆分别占有区间 $[0,l]$ 和 $[c+l,c+2l]$.

任取 $[x,x+\Delta x]\subset[0,l]$. 当 Δx 很小时,把在区间 $[x,x+\Delta x]$ 上的小段细杆看成质点,质量为 $\Delta M=\frac{M}{l}\Delta x$.

(1) 首先求另一细杆对这一小段的引力 F':

任取 $[y,y+\Delta y]\subset[c+l,c+2l]$. 当 Δy 很小时,把在区间 $[y,y+\Delta y]$ 上的小段细杆看成质点,质量为 $\Delta M'=\frac{M}{l}\Delta y$.

两部分的引力为 $\Delta F' = G\frac{M^2}{l^2}\cdot\frac{\Delta x\Delta y}{(y-x)^2}$, $dF' = G\frac{M^2}{l^2}\cdot\frac{\Delta x\,dy}{(y-x)^2}$.

$$F' = \int_{c+l}^{c+2l} \frac{GM^2\Delta x}{l^2} \cdot \frac{\mathrm{d}y}{(y-x)^2} = \frac{GM^2\Delta x}{l^2} \cdot \frac{1}{x-y}\Bigg|_{c+l}^{c+2l}$$

$$= \frac{GM^2}{l^2}\left(\frac{1}{x-c-2l} - \frac{1}{x-c-l}\right)\Delta x$$

(2) 其次求两细杆之间的万有引力 F:

由于 $\Delta F = F' = \dfrac{GM^2}{l^2}\left(\dfrac{1}{x-c-2l} - \dfrac{1}{x-c-l}\right)\Delta x$,则

$$\mathrm{d}F = \frac{GM^2}{l^2}\left(\frac{1}{x-c-2l} - \frac{1}{x-c-l}\right)\mathrm{d}x$$

$$F = \int_0^l \frac{GM^2}{l^2}\left(\frac{1}{x-c-2l} - \frac{1}{x-c-l}\right)\mathrm{d}x$$

$$= \frac{GM^2}{l^2}(\ln|x-c-2l| - \ln|x-c-l|)\Bigg|_0^l$$

$$= \frac{GM^2}{l^2}\ln\frac{(c+l)^2}{c(c+2l)}$$

例13-9　设有半径为 r 的半圆形导线,均匀带电,电荷密度为 δ,在圆心处有一单位正电荷.试求它们之间作用力的大小.

解　设在直角坐标系中半圆形导线的位置方程为 $x^2+y^2=r^2(y\geqslant 0)$.

方法一:以 x 为积分变量,其变化区间为 $[-r,r]$.

任取 $[x,x+\Delta x]\subset[-r,r]$,该小区间所对应导线长 $\Delta s\approx\sqrt{1+(y')^2}\Delta x$,将这段导线看作一点电荷,所带电量为 $\Delta Q=\delta\Delta s\approx\delta\sqrt{1+(y')^2}\Delta x$.它对在圆心处单位正电荷的作用力

$$\Delta F = k\frac{\Delta Q}{r^2} \approx \frac{k\delta}{r^2}\sqrt{1+(y')^2}\Delta x$$

$$\mathrm{d}F = \frac{k\delta}{r^2}\sqrt{1+(y')^2}\mathrm{d}x$$

$$\mathrm{d}F_x = \mathrm{d}F\cos\varphi = \frac{k\delta}{r^2}\cdot\frac{x}{r}\sqrt{1+(y')^2}\mathrm{d}x = \frac{k\delta x}{r^2\sqrt{r^2-x^2}}\mathrm{d}x$$

$$F_x = \int_{-r}^{r}\mathrm{d}F_x = 0$$

$$\mathrm{d}F_y = \mathrm{d}F\sin\varphi = \frac{k\delta}{r^2}\cdot\frac{y}{r}\sqrt{1+(y')^2}\mathrm{d}x = \frac{k\delta}{r^2}\mathrm{d}x$$

$$F_y = \int_{-r}^{r}\mathrm{d}F_y = \frac{2k\delta}{r}$$

方法二:以 θ 为积分变量,其变化区间为 $[0,\pi]$.

任取 $[\theta,\theta+\Delta\theta]\subset[0,\pi]$.中心角为 $\Delta\theta$ 导线长为 $\Delta s=r\Delta\theta$,将这段导线看作一点电

荷,所带电量为

$$\Delta Q = \delta\Delta s = \delta r\Delta\theta$$

$$\Delta F \approx k \cdot \frac{\Delta Q}{r^2} = \frac{k\delta}{r}\Delta\theta$$

$$\mathrm{d}F = \frac{k\delta}{r}\mathrm{d}\theta$$

$$\mathrm{d}F_x = \mathrm{d}F\cos\theta = \frac{k\delta}{r}\cos\theta\mathrm{d}\theta$$

$$F_x = 0$$

$$\mathrm{d}F_y = \mathrm{d}F\sin\theta = \frac{k\delta}{r}\sin\theta\mathrm{d}\theta$$

$$F_y = \int_0^{\pi}\mathrm{d}F_y = \frac{k\delta}{r}(-\cos\theta)\Big|_0^{\pi} = \frac{2k\delta}{r}$$

例 13-10 半径为r的球体沉入水中,其比重与水相同.试问将球体从水中捞出需作多少功?

解 由于球的比重与水的比重相同,处于悬浮状态,所以可设初始时刻球的顶部与水面相齐,且把球从水中提出的做功问题,相当于把球形水罐中的水从顶部全部抽出的做功问题.只是这里在把球的每一水平薄层从水中提出至水平面时并不需要做功,需要克服重力做功的是把它继续提升至使整个球离开水面的那一段距离.

建立空间直角坐标系,使水平面所在的平面为yoz面,x轴方向向下.球面方程为

$$(x-r)^2 + y^2 + z^2 = r^2$$

以x为积分变量,其变化区间为$[0,2r]$.任取$[x,x+\Delta x]\subset[0,2r]$,将球体从水中捞出时,该小区间所对应的薄层水从水面提升的距离为$2r-x$.提升这一薄片需做的功为

$$\Delta W = (2r-x)\rho\Delta V \approx \pi\rho(2r-x)[r^2-(r-x)^2]\Delta x$$

则

$$\mathrm{d}W = \pi\rho(2r-x)[r^2-(r-x)^2]\mathrm{d}x$$

$$W = \pi\rho\int_0^{2r}(2r-x)[r^2-(r-x)^2]\mathrm{d}x$$

$$= \pi\rho\int_0^{2r}(2r-x)[2rx-x^2]\mathrm{d}x$$

$$= \frac{4\pi\rho}{3}r^4 \quad (\text{其中 } \rho \text{ 为水的比重})$$

第14章　反常积分

14.1　无穷限反常积分(无穷积分)

14.1.1　无穷限反常积分的定义

(1) $\int_a^{+\infty} f(x)\,\mathrm{d}x = \lim\limits_{u\to+\infty}\int_a^u f(x)\,\mathrm{d}x, \forall u > a$, f 在 $[a,u]$ 上可积.

(2) $\int_{-\infty}^{b} f(x)\,\mathrm{d}x = \lim\limits_{u\to-\infty}\int_u^b f(x)\,\mathrm{d}x, \forall u < b$, f 在 $[u,b]$ 上可积.

(3) $\int_{-\infty}^{+\infty} f(x)\,\mathrm{d}x = \int_{-\infty}^{a} f(x)\,\mathrm{d}x + \int_a^{+\infty} f(x)\,\mathrm{d}x$.

当且仅当 $\int_{-\infty}^{a} f(x)\,\mathrm{d}x$ 和 $\int_a^{+\infty} f(x)\,\mathrm{d}x$ 都收敛时, $\int_{-\infty}^{+\infty} f(x)\,\mathrm{d}x$ 收敛.

14.1.2　无穷限反常积分的条件收敛与绝对收敛

1. 条件收敛

若 $\int_a^{+\infty} f(x)\,\mathrm{d}x$ 收敛, $\int_a^{+\infty} |f(x)|\,\mathrm{d}x$ 发散,则称 $\int_a^{+\infty} f(x)\,\mathrm{d}x$ 条件收敛.

2. 绝对收敛

若 $\int_a^{+\infty} |f(x)|\,\mathrm{d}x$ 收敛,则称 $\int_a^{+\infty} f(x)\,\mathrm{d}x$ 绝对收敛.

3. 绝对收敛与收敛的关系

若 $\int_a^{+\infty} |f(x)|\,\mathrm{d}x$ 收敛,则 $\int_a^{+\infty} f(x)\,\mathrm{d}x$ 收敛,且

$$\left|\int_a^{+\infty} f(x)\,\mathrm{d}x\right| \leqslant \int_a^{+\infty} |f(x)|\,\mathrm{d}x$$

14.1.3　无穷限反常积分收敛的判别法

1. 柯西准则

(1) 无穷积分 $\int_a^{+\infty} f(x)\,\mathrm{d}x$ 收敛的充要条件为

$\forall \varepsilon > 0, \exists G \geqslant a$, 只要 $u_1, u_2 > G$, 就有 $\left|\int_{u_1}^{u_2} f(x)\mathrm{d}x\right| < \varepsilon$.

(2) 无穷积分 $\int_a^{+\infty} f(x)\mathrm{d}x$ 发散的充要条件为

$\exists \varepsilon_0 > 0, \forall G \geqslant a, \exists u_1, u_2 > G$, 满足 $\left|\int_{u_1}^{u_2} f(x)\mathrm{d}x\right| \geqslant \varepsilon_0$.

2. 比较判别法

设定义在 $[a, +\infty)$ 上的两个函数 f、g 在任何有限区间 $[a,u]$ 上可积, 且满足: $|f(x)| \leqslant g(x), \forall x \in [a, +\infty)$,则

(1) 当 $\int_a^{+\infty} g(x)\mathrm{d}x$ 收敛时, $\int_a^{+\infty} |f(x)|\mathrm{d}x$ 收敛;

(2) 当 $\int_a^{+\infty} |f(x)|\mathrm{d}x$ 发散时, $\int_a^{+\infty} g(x)\mathrm{d}x$ 发散.

推论 1 若 f、g 在任何 $[a,u]$ 上可积, $g(x) > 0$, 且 $\lim\limits_{x\to+\infty} \dfrac{|f(x)|}{g(x)} = c$, 则有

(1) 当 $0 < c < +\infty$ 时, $\int_a^{+\infty} |f(x)|\mathrm{d}x$ 与 $\int_a^{+\infty} g(x)\mathrm{d}x$ 同敛散;

(2) 当 $c = 0$ 时, 由 $\int_a^{+\infty} g(x)\mathrm{d}x$ 收敛可推出 $\int_a^{+\infty} |f(x)|\mathrm{d}x$ 收敛;

(3) 当 $c = +\infty$ 时, 由 $\int_a^{+\infty} g(x)\mathrm{d}x$ 发散可推出 $\int_a^{+\infty} |f(x)|\mathrm{d}x$ 发散.

推论 2 设 f 定义在 $[a, +\infty)(a > 0)$ 上, 且在任何有限区间 $[a,u]$ 上可积, 则有

(1) 当 $|f(x)| \leqslant \dfrac{1}{x^p}, x \in [a, +\infty)$, 且 $p > 1$ 时, $\int_a^{+\infty} |f(x)|\mathrm{d}x$ 收敛;

(2) 当 $|f(x)| \geqslant \dfrac{1}{x^p}, x \in [a, +\infty)$, 且 $p \leqslant 1$ 时, $\int_a^{+\infty} |f(x)|\mathrm{d}x$ 发散.

推论 3 设 f 定义在 $[a, +\infty)(a > 0)$ 上, 在任何有限区间 $[a,u]$ 上可积, 且

$$\lim_{x\to+\infty} x^p |f(x)| = \lambda$$

则有

(1) 当 $p > 1, 0 \leqslant \lambda < +\infty$ 时, $\int_a^{+\infty} |f(x)|\mathrm{d}x$ 收敛;

(2) 当 $p \leqslant 1, 0 < \lambda \leqslant +\infty$ 时, $\int_a^{+\infty} |f(x)|\mathrm{d}x$ 发散.

3. 狄利克雷判别法

(1) $F(u) = \int_a^u f(x)\mathrm{d}x$ 在 $[a, +\infty)$ 上有界;

(2) $g(x)$ 在 $[a, +\infty)$ 上单调;

(3) $\lim\limits_{x\to+\infty} g(x) = 0$,则$\int_a^{+\infty} f(x)g(x)\mathrm{d}x$ 收敛.

4. 阿贝尔判别法

(1) $\int_a^{+\infty} f(x)\mathrm{d}x$ 收敛;

(2) $g(x)$ 在$[a,+\infty)$上单调;

(3) $g(x)$ 在$[a,+\infty)$上有界,则$\int_a^{+\infty} f(x)g(x)\mathrm{d}x$ 收敛.

例 14-1　讨论下列无穷积分是否收敛?若收敛,则求其值.

(1) $\int_0^{+\infty} \mathrm{e}^{-x}\sin x\mathrm{d}x$;　　(2) $\int_{-\infty}^{+\infty} \mathrm{e}^{x}\sin x\mathrm{d}x$.

解　(1)
$$\int \mathrm{e}^{-x}\sin x\mathrm{d}x = \int \sin x\mathrm{d}(-\mathrm{e}^{-x}) = -\mathrm{e}^{-x}\sin x + \int \mathrm{e}^{-x}\cos x\mathrm{d}x$$
$$= -\mathrm{e}^{-x}\sin x + \int \cos x\mathrm{d}(-\mathrm{e}^{-x})$$
$$= -\mathrm{e}^{-x}\sin x - \mathrm{e}^{-x}\cos x - \int \mathrm{e}^{-x}\sin x\mathrm{d}x$$

则
$$\int \mathrm{e}^{-x}\sin x\mathrm{d}x = -\frac{1}{2}\mathrm{e}^{-x}(\sin x + \cos x) + C$$
$$\int_0^{+\infty} \mathrm{e}^{-x}\sin x\mathrm{d}x = \lim_{u\to+\infty}\int_0^u \mathrm{e}^{-x}\sin x\mathrm{d}x = \lim_{u\to+\infty}\left\{\left[-\frac{1}{2}\mathrm{e}^{-u}(\sin u + \cos u)\right] + \frac{1}{2}\right\} = \frac{1}{2}$$

(2)
$$\int \mathrm{e}^{x}\sin x\mathrm{d}x = \int \sin x\mathrm{d}(\mathrm{e}^{x}) = \mathrm{e}^{x}\sin x - \int \mathrm{e}^{x}\cos x\mathrm{d}x$$
$$= \mathrm{e}^{x}\sin x - \int \cos x\mathrm{d}(\mathrm{e}^{x})$$
$$= \mathrm{e}^{x}\sin x - \mathrm{e}^{x}\cos x - \int \mathrm{e}^{x}\sin x\mathrm{d}x$$
$$\int \mathrm{e}^{x}\sin x\mathrm{d}x = \frac{1}{2}\mathrm{e}^{x}(\sin x - \cos x) + C$$

记 $F(u) = \int_0^u \mathrm{e}^{x}\sin x\mathrm{d}x = \frac{1}{2}\mathrm{e}^{u}(\sin u - \cos u) + \frac{1}{2}$.

取 $u_n = 2n\pi + \frac{\pi}{2}, n = 1,2,\cdots$,则$\lim\limits_{n\to\infty}u_n = +\infty$,$\lim\limits_{n\to\infty}f(u_n) = +\infty$.

由归结原则知$\lim\limits_{u\to+\infty}f(u) = \lim\limits_{u\to+\infty}\int_0^u \mathrm{e}^{x}\sin x\mathrm{d}x$ 不存在,所以$\int_0^{+\infty} \mathrm{e}^{x}\sin x\mathrm{d}x$ 发散,$\int_{-\infty}^{+\infty} \mathrm{e}^{x}\sin x\mathrm{d}x$ 也发散.

例 14-2　讨论下列无穷积分的收敛性:

(1) $\int_1^{+\infty} \frac{\ln(1+x)}{x^n}\mathrm{d}x$;　　(2) $\int_0^{+\infty} \frac{x^m}{1+x^n}\mathrm{d}x\ (n,m \geqslant 0)$.

解 (1) 当 $n > 1$ 时,记 $\alpha = n - 1$,则 $\alpha > 0$.

$$\lim_{x\to+\infty} x^{1+\frac{\alpha}{2}} \cdot \frac{\ln(1+x)}{x^n} = \lim_{x\to+\infty} x^{1+\frac{\alpha}{2}} \cdot \frac{\ln(1+x)}{x^{1+\alpha}} = \lim_{x\to+\infty} \frac{\ln(1+x)}{x^{\frac{\alpha}{2}}}$$

$$= \lim_{x\to+\infty} \frac{2x^{1-\frac{\alpha}{2}}}{\alpha(1+x)} = \lim_{x\to+\infty} \frac{2x}{\alpha(1+x)x^{\frac{\alpha}{2}}} = 0$$

$\lambda = 0, p = 1 + \frac{\alpha}{2} > 1, \int_1^{+\infty} \frac{\ln(1+x)}{x^n} dx$ 收敛.

当 $n \leqslant 1$ 时,

$$\lim_{x\to+\infty} x^n \cdot \frac{\ln(1+x)}{x^n} = \lim_{x\to+\infty} \ln(1+x) = +\infty$$

$\lambda = +\infty, p = n \leqslant 1, \int_1^{+\infty} \frac{\ln(1+x)}{x^n} dx$ 发散.

(2) $\lim\limits_{x\to+\infty} x^{n-m} \cdot \frac{x^m}{1+x^n} = \lim\limits_{x\to+\infty} \frac{x^n}{1+x^n} = \begin{cases} \frac{1}{2} & n = 0 \\ 1 & n > 0 \end{cases}$

所以当 $n - m > 1$ 时,$\int_0^{+\infty} \frac{x^m}{1+x^n} dx$ 收敛;当 $n - m \leqslant 1$ 时,$\int_0^{+\infty} \frac{x^m}{1+x^n} dx$ 发散.

例 14 - 3 讨论下列无穷积分为绝对收敛还是条件收敛:

(1) $\int_0^{+\infty} \frac{\sqrt{x}\cos x}{100+x} dx$;　　(2) $\int_e^{+\infty} \frac{\ln(\ln x)}{\ln x} \sin x dx$.

解 (1) 记 $f(x) = \cos x$, $g(x) = \frac{\sqrt{x}}{100+x}, x \in [0, +\infty)$.

① $\left| \int_{100}^{u} \cos x dx \right| = |\sin u - \sin 100| \leqslant 2$.

② $g'(x) = \frac{1}{2\sqrt{x}(100+x)^2}(100 - x) < 0, x \in (100, +\infty)$. 则 $g(x)$ 在 $[100, +\infty)$ 上单调减少.

③ $\lim\limits_{x\to+\infty} g(x) = 0$.

由狄利克雷判别法知 $\int_{100}^{+\infty} \frac{\sqrt{x}\cos x}{100+x} dx$ 收敛.

当 $x \in [100, +\infty)$ 时,$\left| \frac{\sqrt{x}\cos x}{100+x} \right| \geqslant \frac{\cos^2 x}{100+x} = \frac{1}{2(100+x)} + \frac{\cos 2x}{2(100+x)}$.

由狄利克雷判别法知 $\int_{100}^{+\infty} \frac{\cos 2x}{2(100+x)} dx$ 收敛,又 $\int_{100}^{+\infty} \frac{1}{2(100+x)} dx$ 发散,所以 $\int_{100}^{+\infty} \frac{\cos^2 x}{100+x} dx$

发散,由比较判别法知$\int_{100}^{+\infty}\left|\frac{\sqrt{x}\cos x}{100+x}\right|dx$发散. 所以$\int_{100}^{+\infty}\frac{\sqrt{x}\cos x}{100+x}dx$条件收敛.

由于$\int_{100}^{+\infty}\frac{\sqrt{x}\cos x}{100+x}dx$与$\int_{0}^{+\infty}\frac{\sqrt{x}\cos x}{100+x}dx$具有相同的收敛性,则$\int_{0}^{+\infty}\frac{\sqrt{x}\cos x}{100+x}dx$必条件收敛.

(2) 记$f(x)=\sin x,\ g(x)=\frac{\ln(\ln x)}{\ln x},x\in[e,+\infty)$.

①$\left|\int_{27}^{u}\sin x dx\right|=|\cos 27-\cos u|\leqslant 2$.

②$g'(x)=\frac{1-\ln(\ln x)}{x(\ln x)^2}<0,x\in[27,+\infty)$,则$g(x)$在$[27,+\infty)$上单调减少.

③$\lim\limits_{x\to+\infty}g(x)=\lim\limits_{x\to+\infty}\frac{1}{\ln x}=0$.

由狄利克雷判别法知$\int_{27}^{+\infty}\frac{\ln(\ln x)}{\ln x}\sin x dx$收敛.

当$x\in[27,+\infty)$时,$\left|\frac{\ln(\ln x)}{\ln x}\sin x\right|\geqslant\left|\frac{1}{\ln x}\sin x\right|\geqslant\frac{\sin^2 x}{x}=\frac{1}{2x}-\frac{\cos 2x}{2x}$.

由狄利克雷判别法知$\int_{27}^{+\infty}\frac{\cos 2x}{2x}dx$收敛,又$\int_{27}^{+\infty}\frac{1}{2x}dx$发散,所以$\int_{27}^{+\infty}\frac{\sin^2 x}{x}dx$发散,由比较判别法知$\int_{27}^{+\infty}\left|\frac{\ln(\ln x)}{\ln x}\sin x\right|dx$发散. 所以$\int_{27}^{+\infty}\frac{\ln(\ln x)}{\ln x}\sin x dx$条件收敛.

又$\int_{27}^{+\infty}\frac{\ln(\ln x)}{\ln x}\sin x dx$与$\int_{e}^{+\infty}\frac{\ln(\ln x)}{\ln x}\sin x dx$具有相同的收敛性,$\int_{e}^{+\infty}\frac{\ln(\ln x)}{\ln x}\sin x dx$必条件收敛.

例 14 - 4　证明:若无穷积分$\int_{a}^{+\infty}f(x)dx$收敛,且$\lim\limits_{x\to+\infty}f(x)$存在,则$\lim\limits_{x\to+\infty}f(x)=0$.

证明　设$\lim\limits_{x\to+\infty}f(x)=A$. 假设$A\neq 0$,不妨设$A>0$. 由局部保号性,存在$G>a$,使得当$x>G$时,有$f(x)>\frac{A}{2}>0$,则

$$\int_{G}^{+\infty}f(x)dx=\lim_{u\to+\infty}\int_{G}^{u}f(x)dx\geqslant\lim_{u\to+\infty}\int_{G}^{u}\frac{A}{2}dx=+\infty$$

由此知$\int_{G}^{+\infty}f(x)dx$发散,又$\int_{a}^{+\infty}f(x)dx$和$\int_{G}^{+\infty}f(x)dx$同敛散,则$\int_{a}^{+\infty}f(x)dx$也发散,矛盾. 所以$\lim\limits_{x\to+\infty}f(x)=0$.

例 14 - 5　证明:若无穷积分$\int_{a}^{+\infty}f(x)dx$收敛,且f在$[a,+\infty)$上单调,则$\lim\limits_{x\to+\infty}f(x)=0$.

证明　设f在$[a,+\infty)$上递增. 假设f在$[a,+\infty)$上无界,则对于$M=1$,存在$G>a$,使

得当 $x > G$ 时，$f(x) > M = 1$，则

$$\int_G^{+\infty} f(x)\,\mathrm{d}x = \lim_{u\to+\infty}\int_G^u f(x)\,\mathrm{d}x \geqslant \lim_{u\to+\infty}\int_G^u \mathrm{d}x = +\infty$$

由此知 $\int_G^{+\infty} f(x)\,\mathrm{d}x$ 发散，又 $\int_a^{+\infty} f(x)\,\mathrm{d}x$ 和 $\int_G^{+\infty} f(x)\,\mathrm{d}x$ 同时敛散，则 $\int_a^{+\infty} f(x)\,\mathrm{d}x$ 也发散，矛盾. 所以 f 在 $[a, +\infty)$ 上有界，由函数的单调有界定理知 $\lim\limits_{x\to+\infty} f(x)$ 存在，再由例 4 的结论知 $\lim\limits_{x\to+\infty} f(x) = 0$.

例 14－6 证明：若无穷积分 $\int_a^{+\infty} f(x)\,\mathrm{d}x$ 收敛，且 $\int_a^{+\infty} f'(x)\,\mathrm{d}x$ 也收敛，则 $\lim\limits_{x\to+\infty} f(x) = 0$.

证明 由于 $\int_a^{+\infty} f'(x)\,\mathrm{d}x$ 收敛，则

$$\lim_{x\to+\infty} f(x) = f(a) + \lim_{x\to+\infty}\int_a^x f'(t)\,\mathrm{d}t = f(a) + \int_a^{+\infty} f'(x)\,\mathrm{d}x$$

即 $\lim\limits_{x\to+\infty} f(x)$ 存在. 又 $\int_a^{+\infty} f(x)\,\mathrm{d}x$ 收敛，再由例 4 的结论知 $\lim\limits_{x\to+\infty} f(x) = 0$.

例 14－7 证明：若无穷积分 $\int_a^{+\infty} f(x)\,\mathrm{d}x$ 收敛，且 f 在 $[a, +\infty)$ 上一致连续，则 $\lim\limits_{x\to+\infty} f(x) = 0$.

证明 由于 f 在 $[a, +\infty)$ 上一致连续，则 $\forall \varepsilon > 0, \exists \delta > 0(\delta \leqslant \varepsilon)$，当 $x_1, x_2 \in [a, +\infty)$，且 $|x_1 - x_2| \leqslant \delta$ 时，都有 $|f(x_1) - f(x_2)| < \dfrac{\varepsilon}{2}$.

因为 $\int_a^{+\infty} f(x)\,\mathrm{d}x$ 收敛，则根据柯西准则，对上述的 δ 存在 $G > a$，当 $x', x'' > G$ 时，有 $\left|\int_{x'}^{x''} f(x)\,\mathrm{d}x\right| < \dfrac{\delta^2}{2}$.

对任何 $x > G$，取 $x', x'' > G$，使 $x' < x < x''$，且 $x'' - x' = \delta$，此时有

$$\begin{aligned}|f(x)\delta| &= \left|\int_{x'}^{x''} f(x)\,\mathrm{d}t\right| = \left|\int_{x'}^{x''}(f(x) - f(t))\,\mathrm{d}t + \int_{x'}^{x''} f(t)\,\mathrm{d}t\right| \\ &\leqslant \left|\int_{x'}^{x''} |f(x) - f(t)|\,\mathrm{d}t\right| + \left|\int_{x'}^{x''} f(t)\,\mathrm{d}t\right| < \frac{\varepsilon}{2}\cdot\delta + \frac{\delta^2}{2}\end{aligned}$$

即当 $x > G$ 时，$|f(x)| < \dfrac{\varepsilon}{2} + \dfrac{\delta}{2} < \varepsilon$，所以 $\lim\limits_{x\to+\infty} f(x) = 0$.

14.2　无界函数的反常积分(瑕积分)

14.2.1　无界函数反常积分的定义

(1) $\int_a^b f(x)\,\mathrm{d}x = \lim\limits_{u\to a^+}\int_u^b f(x)\,\mathrm{d}x$，点 a 为 f 的瑕点，$\forall a < u < b$，f 在 $[u,b]$ 上可积.

(2) $\int_a^b f(x)\,\mathrm{d}x = \lim\limits_{u\to b^-}\int_a^u f(x)\,\mathrm{d}x$，点 b 为 f 的瑕点，$\forall a < u < b$，f 在 $[a,u]$ 上可积.

(3) $\int_a^b f(x)\,\mathrm{d}x = \int_a^c f(x)\,\mathrm{d}x + \int_c^b f(x)\,\mathrm{d}x$，点 $c \in (a,b)$ 为 f 的瑕点，$\forall a < u < c$，f 在 $[a,u]$ 上可积，$\forall c < u < b$，f 在 $[u,b]$ 上可积.

(4) $\int_a^b f(x)\,\mathrm{d}x = \int_a^c f(x)\,\mathrm{d}x + \int_c^b f(x)\,\mathrm{d}x$，点 a 和 b 都为 f 的瑕点，$\forall [u,v] \subset (a,b)$，$f$ 在 $[u,v]$ 上可积.

14.2.2　无界函数反常积分的条件收敛与绝对收敛

1. 条件收敛

$x = a$(或 b) 为函数 f 瑕点，若 $\int_a^b f(x)\,\mathrm{d}x$ 收敛，$\int_a^b |f(x)|\,\mathrm{d}x$ 发散，则称 $\int_a^b f(x)\,\mathrm{d}x$ 条件收敛.

2. 绝对收敛

$x = a$(或 b) 为函数 f 瑕点，若 $\int_a^b |f(x)|\,\mathrm{d}x$ 收敛，则称 $\int_a^b f(x)\,\mathrm{d}x$ 绝对收敛.

3. 绝对收敛与收敛的关系

$x = a$(或 b) 为函数 f 瑕点，若 $\int_a^b |f(x)|\,\mathrm{d}x$ 收敛，则 $\int_a^b f(x)\,\mathrm{d}x$ 收敛，且

$$\left|\int_a^b f(x)\,\mathrm{d}x\right| \leqslant \int_a^b |f(x)|\,\mathrm{d}x$$

说明：在定积分中，若 f 在 $[a,b]$ 上可积，则 $|f|$ 在 $[a,b]$ 上可积，且

$$\left|\int_a^b f(x)\,\mathrm{d}x\right| \leqslant \int_a^b |f(x)|\,\mathrm{d}x$$

但反之不成立，这与上结论相反.

14.2.3 无界函数反常积分收敛的判别法

1. 柯西准则

$x=a$ 为函数 f 瑕点,$\int_a^b f(x)\mathrm{d}x$ 收敛的充要条件为:$\forall \varepsilon>0,\exists \delta>0$,只要 $u_1,u_2\in(a,a+\delta)$,就有 $\left|\int_{u_1}^{u_2} f(x)\mathrm{d}x\right|<\varepsilon$.

2. 比较判别法

设定义在 $(a,b]$ 上的两个函数 f、g,瑕点同为 $x=a$,在任何区间 $[u,b]\subset(a,b]$ 上可积,且满足:

$$|f(x)|\leqslant g(x),\ \forall x\in(a,b]$$

则

(1) 当 $\int_a^b g(x)\mathrm{d}x$ 收敛时,$\int_a^b |f(x)|\mathrm{d}x$ 收敛;

(2) 当 $\int_a^b |f(x)|\mathrm{d}x$ 发散时,$\int_a^b g(x)\mathrm{d}x$ 发散.

推论 1 设定义在 $(a,b]$ 上的两个函数 f、g,瑕点同为 $x=a,g(x)>0$,且

$$\lim_{x\to a^+}\frac{|f(x)|}{g(x)}=c$$

则有

(1) 当 $0<c<+\infty$ 时,$\int_a^b |f(x)|\mathrm{d}x$ 与 $\int_a^b g(x)\mathrm{d}x$ 同敛散;

(2) 当 $c=0$ 时,由 $\int_a^b g(x)\mathrm{d}x$ 收敛可推出 $\int_a^b |f(x)|\mathrm{d}x$ 收敛;

(3) 当 $c=+\infty$ 时,由 $\int_a^b g(x)\mathrm{d}x$ 发散可推出 $\int_a^b |f(x)|\mathrm{d}x$ 发散.

推论 2 设 f 定义在 $(a,b]$ 上,瑕点为 $x=a$,且在任何区间 $[u,b]\subset(a,b]$ 上可积,则有

(1) 当 $|f(x)|\leqslant\dfrac{1}{(x-a)^p},x\in(a,b]$,且 $0<p<1$ 时,$\int_a^b |f(x)|\mathrm{d}x$ 收敛;

(2) 当 $|f(x)|\geqslant\dfrac{1}{(x-a)^p},x\in(a,b]$,且 $p\geqslant1$ 时,$\int_a^b |f(x)|\mathrm{d}x$ 发散.

推论 3 设 f 定义在 $(a,b]$ 上,瑕点为 $x=a$,在任何区间 $[u,b]\subset(a,b]$ 上可积,且

$$\lim_{x\to a^+}(x-a)^p|f(x)|=\lambda$$

则有

(1) 当 $0 < p < 1, 0 \leqslant \lambda < +\infty$ 时, $\int_a^b |f(x)| \mathrm{d}x$ 收敛;

(2) 当 $p \geqslant 1, 0 < \lambda \leqslant +\infty$ 时, $\int_a^b |f(x)| \mathrm{d}x$ 发散.

14.2.4　反常积分的计算

反常积分的计算有三种基本方法:Newton - Leibniz 公式;利用变量替换;利用分部积分法.一般来说,变量替换与分部积分法只把一个积分换为另一个积分,最后还是靠 Newton - Leibniz 公式算出积分值,但不善于用变量替换与分部积分,常常无法应用 Newton - Leibniz 公式.

Newton - Leibniz 公式:设 $\int_a^b f(x)\mathrm{d}x$ 是反常积分, b 为唯一的瑕点(b 为有限数或 $+\infty$). f 在 $[a,b)$ 上连续, F 为 f 的原函数,则

$$\int_a^b f(x)\mathrm{d}x = F(x)\Big|_a^{b-0} = F(b-0) - F(a)$$

例 14 - 8　讨论下列瑕积分是否收敛?若收敛,则求其值:

(1) $\int_0^2 \frac{\mathrm{d}x}{\sqrt{|x-1|}}$;　　(2) $\int_0^1 \sqrt{\frac{x}{1-x}}\mathrm{d}x$;　　(3) $\int_0^1 \frac{\mathrm{d}x}{\sqrt{x-x^2}}$.

解　(1) $x = 1$ 为瑕点.

$$\int_0^1 \frac{\mathrm{d}x}{\sqrt{|x-1|}} = \int_0^1 \frac{\mathrm{d}x}{\sqrt{1-x}} = \lim_{u\to 1^-}\int_0^u \frac{\mathrm{d}x}{\sqrt{1-x}} = \lim_{u\to 1^-}[-2\sqrt{1-u}+2] = 2;$$

$$\int_1^2 \frac{\mathrm{d}x}{\sqrt{|x-1|}} = \int_1^2 \frac{\mathrm{d}x}{\sqrt{x-1}} = \lim_{u\to 1^+}\int_u^2 \frac{\mathrm{d}x}{\sqrt{x-1}} = \lim_{u\to 1^+}[2\sqrt{2-1}-2\sqrt{u-1}] = 2.$$

$$\int_0^2 \frac{\mathrm{d}x}{\sqrt{|x-1|}} = \int_0^1 \frac{\mathrm{d}x}{\sqrt{|x-1|}} + \int_1^2 \frac{\mathrm{d}x}{\sqrt{|x-1|}} = 2+2 = 4.$$

(2) 设 $\frac{x}{1-x} = t^2$,则 $x = \frac{t^2}{1+t^2}$, $\mathrm{d}x = \frac{2t}{(1+t^2)^2}\mathrm{d}t$.

$$\int_0^1 \sqrt{\frac{x}{1-x}}\mathrm{d}x = \int_0^{+\infty} t\cdot\frac{2t}{(1+t^2)^2}\mathrm{d}t = 2\int_0^{+\infty}\frac{t^2}{(1+t^2)^2}\mathrm{d}t$$

$$\int \frac{t^2}{(1+t^2)^2}\mathrm{d}t = \int t\mathrm{d}\left[\frac{-1}{2(t^2+1)}\right] = -\frac{t}{2(t^2+1)} + \int\frac{\mathrm{d}t}{2(t^2+1)}$$

$$= -\frac{t}{2(t^2+1)} + \frac{1}{2}\arctan t + C$$

$$\int_0^1 \sqrt{\frac{x}{1-x}}\mathrm{d}x = 2\int_0^{+\infty}\frac{t^2}{(1+t^2)^2}\mathrm{d}t = 2\lim_{u\to+\infty}\int_0^u \frac{t^2}{(1+t^2)^2}$$

$$= 2\lim_{u\to+\infty}\left[-\frac{u}{2(u^2+1)}+\frac{1}{2}\arctan u\right]=\frac{\pi}{2}$$

(3)$x=0$ 和 $x=1$ 是瑕点.

$$\int\frac{dx}{\sqrt{x-x^2}}=\int\frac{d\left(x-\frac{1}{2}\right)}{\sqrt{\left(\frac{1}{2}\right)^2-\left(x-\frac{1}{2}\right)^2}}=\arcsin(2x-1)+C$$

$$\int_0^{\frac{1}{2}}\frac{dx}{\sqrt{x-x^2}}=\lim_{u\to0^+}\int_u^{\frac{1}{2}}\frac{dx}{\sqrt{x-x^2}}=\lim_{u\to0^+}[\arcsin0-\arcsin(2u-1)]=\frac{\pi}{2}$$

$$\int_{\frac{1}{2}}^1\frac{dx}{\sqrt{x-x^2}}=\lim_{u\to1^-}\int_{\frac{1}{2}}^u\frac{dx}{\sqrt{x-x^2}}=\lim_{u\to1^-}[\arcsin(2u-1)-\arcsin0]=\frac{\pi}{2}$$

$$\int_0^1\frac{dx}{\sqrt{x-x^2}}=\int_0^{\frac{1}{2}}\frac{dx}{\sqrt{x-x^2}}+\int_{\frac{1}{2}}^1\frac{dx}{\sqrt{x-x^2}}=\frac{\pi}{2}+\frac{\pi}{2}=\pi$$

例 14 - 9 讨论下列瑕积分的收敛性:

(1)$\int_0^\pi\frac{\sin x}{x^{\frac{3}{2}}}dx$;　　(2)$\int_0^1\frac{dx}{\sqrt{x}\ln x}$;

(3)$\int_0^1\frac{\ln x}{1-x}dx$;　　(4)$\int_0^{\frac{\pi}{2}}\frac{1-\cos x}{x^m}dx(m>0)$;

(5)$\int_0^1\frac{1}{x^\alpha}\sin\frac{1}{x}dx$.

解 (1)$x=0$ 为瑕点,$\frac{\sin x}{x^{\frac{3}{2}}}\geqslant0,x\in(0,\pi]$.

$$\lim_{x\to0^+}x^{\frac{1}{2}}\left|\frac{\sin x}{x^{\frac{3}{2}}}\right|=\lim_{x\to0^+}\frac{\sin x}{x}=1$$

由于 $p=\frac{1}{2},\lambda=1$,则由比较判别法的推论 3 知$\int_0^\pi\frac{\sin x}{x^{\frac{3}{2}}}dx$ 收敛.

(2)$x=0,1$ 为瑕点,$\frac{1}{\sqrt{x}\ln x}<0,x\in(0,1)$.

$$\lim_{x\to1^-}(1-x)\left|\frac{1}{\sqrt{x}\ln x}\right|=\lim_{x\to1^-}\frac{1-x}{-\ln x}\cdot\frac{1}{\sqrt{x}}=1$$

由于 $p=1,\lambda=1$,则由比较判别法的推论 3 知$\int_{\frac{1}{2}}^1\frac{dx}{\sqrt{x}\ln x}$ 发散,所以$\int_0^1\frac{dx}{\sqrt{x}\ln x}$ 也发散.

(3) 因为$\lim_{x\to1^-}\frac{\ln x}{1-x}=-1$, 则由局部有界性知,$x=1$ 不是瑕点,$x=0$ 为瑕点.

$$\lim_{x\to 0^+}\sqrt{x}\left|\frac{\ln x}{1-x}\right| = \lim_{x\to 0^+}\frac{-\ln x}{x^{-\frac{1}{2}}}\cdot\frac{1}{1-x} = 0$$

由于 $p=\frac{1}{2}$，$\lambda=0$，则由比较判别法的推论3知 $\int_0^1\frac{\ln x}{1-x}\mathrm{d}x$ 收敛.

(4) 记 $I(m)=\int_0^{\frac{\pi}{2}}\frac{1-\cos x}{x^m}\mathrm{d}x$.

$$\lim_{x\to 0^+}\frac{1-\cos x}{x^m} = \lim_{x\to 0^+}x^{2-m}\frac{1-\cos x}{x^2} = \begin{cases} 0 & m<2 \\ \frac{1}{2} & m=2 \\ +\infty & m>2 \end{cases}$$

① 当 $m\leqslant 2$ 时，由局部保号性知 $x=0$ 不是瑕点，$I(m)$ 为定积分.

② 当 $m>2$ 时，$x=0$ 为瑕点，$I(m)$ 为瑕积分.

$$\lim_{x\to 0^+}x^{m-2}\cdot\frac{1-\cos x}{x^m} = \lim_{x\to 0^+}\frac{1-\cos x}{x^2} = \frac{1}{2}$$

$\lambda=\frac{1}{2}$，当 $0<m-2<1$，即 $2<m<3$ 时，$I(m)$ 收敛；当 $m-2\geqslant 1$，即 $m\geqslant 3$ 时，$I(m)$ 发散.

(5) 记 $I(\alpha)=\int_0^1\frac{1}{x^\alpha}\sin\frac{1}{x}\mathrm{d}x$.

① $\alpha<0$ 时，$\lim\limits_{x\to 0^+}x^{-\alpha}\cdot\sin\frac{1}{x}=0$，由局部保号性知 $x=0$ 不是瑕点，$I(\alpha)$ 为定积分.

② $\alpha=0$ 时，$\sin\frac{1}{x}$ 在 $U_+^0(0)$ 内有界，且在 $(0,1]$ 上连续，$I(\alpha)$ 也为定积分.

③ $\alpha>0$ 时，$x=0$ 为瑕点，$I(\alpha)$ 为瑕积分.

设 $t=\frac{1}{x}$，则 $I(\alpha)=\int_{+\infty}^1 t^\alpha\sin t\left(-\frac{1}{t^2}\right)\mathrm{d}t=\int_1^{+\infty}\frac{1}{t^{2-\alpha}}\sin t\mathrm{d}t$.

当 $2-\alpha>1$，即 $\alpha<1$ 时，$I(\alpha)$ 绝对收敛.

当 $0<2-\alpha\leqslant 1$，即 $1\leqslant\alpha<2$ 时，$I(\alpha)$ 条件收敛.

当 $2-\alpha\leqslant 0$，即 $\alpha\geqslant 2$ 时，取 $\varepsilon_0=\frac{1}{8}$，$\forall n\in\mathbf{N}_+$，有

$$\left|\int_{2n\pi+\frac{\pi}{4}}^{2n\pi+\frac{\pi}{2}}t^{\alpha-2}\sin t\mathrm{d}t\right| = \left|\xi^{\alpha-2}\sin\xi\cdot\frac{\pi}{4}\right|$$

$$\xi\in\left(2n\pi+\frac{\pi}{4},2n\pi+\frac{\pi}{2}\right)\geqslant\left(2n\pi+\frac{\pi}{4}\right)^{\alpha-2}\cdot\frac{\sqrt{2}}{2}\cdot\frac{\pi}{4}\geqslant\frac{\sqrt{2}}{8}\pi>\frac{1}{8}=\varepsilon_0$$

由柯西准则知 $I(\alpha)$ 发散.

所以当 $\alpha \leqslant 0$ 时,$I(\alpha)$ 为定积分. 当 $\alpha > 0$ 时,$I(\alpha)$ 为瑕积分,且当 $0 < \alpha < 1$ 时,$I(\alpha)$ 绝对收敛;当 $1 \leqslant \alpha < 2$ 时,$I(\alpha)$ 条件收敛;当 $\alpha \geqslant 2$ 时,$I(\alpha)$ 发散.

例 14 - 10 讨论反常积分 $\int_0^{+\infty} \frac{\sin bx}{x^\lambda}\mathrm{d}x\ (b \neq 0)$,$\lambda$ 取何值时绝对收敛或条件收敛.

解 设 $b > 0$,记 $\Phi(\lambda) = \int_0^{+\infty} \frac{\sin bx}{x^\lambda}\mathrm{d}x = \int_0^{\frac{\pi}{b}} \frac{\sin bx}{x^\lambda}\mathrm{d}x + \int_{\frac{\pi}{b}}^{+\infty} \frac{\sin bx}{x^\lambda}\mathrm{d}x = I(\lambda) + J(\lambda)$(当 $x \in \left[0, \frac{\pi}{b}\right]$ 时,$\sin bx \geqslant 0$).

首先讨论 $I(\lambda)$:

$$\lim_{x\to 0^+} \frac{\sin bx}{x^\lambda} = \lim_{x\to 0^+} x^{1-\lambda} \cdot \frac{\sin bx}{bx} \cdot b = \begin{cases} b, & \lambda = 1 \\ 0, & \lambda < 1 \\ +\infty, & \lambda > 1 \end{cases}$$

所以,当 $\lambda \leqslant 1$ 时,此时 $I(\lambda)$ 为定积分;当 $\lambda > 1$ 时,$x = 0$ 为瑕点,$I(\lambda)$ 为瑕积分.

$$\lim_{x\to 0^+} x^{\lambda-1} \cdot \left|\frac{\sin bx}{x^\lambda}\right| = \lim_{x\to 0^+} \frac{\sin bx}{bx} \cdot b = b > 0$$

所以,当 $0 < \lambda - 1 < 1$,即 $1 < \lambda < 2$ 时,$I(\lambda)$ 绝对收敛;当 $\lambda - 1 \geqslant 1$,即 $\lambda \geqslant 2$,时,$I(\lambda)$ 发散.

其次讨论 $J(\lambda)$:

当 $\lambda > 1$ 时,由 $\left|\frac{\sin bx}{x^\lambda}\right| \leqslant \frac{1}{x^\lambda}$ 知 $J(\lambda)$ 绝对收敛.

当 $0 < \lambda \leqslant 1$ 时,由狄利克雷判别法可判别 $J(\lambda)$ 条件收敛.

当 $\lambda \leqslant 0$ 时,取 $\varepsilon_0 = \frac{\pi}{8b}$. 取充分大的 n,使 $\frac{1}{b}\left(2n\pi + \frac{\pi}{4}\right) > 1$.

$$\left|\int_{\frac{1}{b}(2n\pi+\frac{\pi}{4})}^{\frac{1}{b}(2n\pi+\frac{\pi}{2})} x^{-\lambda}\sin bx\mathrm{d}x\right| = \left|\xi^{-\lambda}\sin b\xi \cdot \frac{\pi}{4b}\right| \qquad \xi \in \left(\frac{1}{b}\left(2n\pi + \frac{\pi}{4}\right), \frac{1}{b}\left(2n\pi + \frac{\pi}{2}\right)\right)$$

$$\geqslant \frac{1}{\sqrt{2}} \cdot \frac{\pi}{4b} > \frac{\pi}{8b} = \varepsilon_0$$

由柯西准则知 $J(\lambda)$ 发散.

λ	$\lambda \leqslant 0$	$0 < \lambda \leqslant 1$	$1 < \lambda < 2$	$\lambda \geqslant 2$
$I(\lambda)$	定积分	定积分	绝对收敛	发散
$J(\lambda)$	发散	条件收敛	绝对收敛	绝对收敛
$\Phi(\lambda)$	发散	条件收敛	绝对收敛	发散

所以，当$0<\lambda\leqslant 1$时，$\Phi(\lambda)$条件收敛；当$1<\lambda<2$时，$\Phi(\lambda)$绝对收敛；当$\lambda\leqslant 0$或$\lambda\geqslant 2$时，$\Phi(\lambda)$发散.

例 14-11　计算：(1) $\int_a^b \frac{\mathrm{d}x}{\sqrt{(x-a)(b-x)}}(b>a)$；　(2) $\int_0^{\frac{\pi}{2}} \ln\sin x\mathrm{d}x$.

解　(1)
$$\int_a^b \frac{\mathrm{d}x}{\sqrt{(x-a)(b-x)}}=\int_a^b \frac{2\mathrm{d}\sqrt{x-a}}{\sqrt{b-x}}=2\int_a^b \frac{\mathrm{d}\sqrt{x-a}}{\sqrt{(\sqrt{b-a})^2-(\sqrt{x-a})^2}}$$
$$=2\arcsin\frac{\sqrt{x-a}}{\sqrt{b-a}}\Bigg|_a^b=\pi$$

(2)
$$I=\int_0^{\frac{\pi}{2}}\ln\sin x\mathrm{d}x \xlongequal{令 x=2t} \int_0^{\frac{\pi}{4}}2\ln\sin 2t\mathrm{d}t=2\ln 2\cdot\frac{\pi}{4}+2\int_0^{\frac{\pi}{4}}\ln\sin t\mathrm{d}t+2\int_0^{\frac{\pi}{4}}\ln\cos t\mathrm{d}t$$
$$=\frac{\pi}{2}\ln 2+2\int_0^{\frac{\pi}{4}}\ln\sin t\mathrm{d}t+2\int_{\frac{\pi}{4}}^{\frac{\pi}{2}}\ln\sin u\mathrm{d}u\quad\left(u=\frac{\pi}{2}-t\right)$$
$$=\frac{\pi}{2}\ln 2+2I.$$

解方程$I=\frac{\pi}{2}\ln 2+2I$，得$I=-\frac{\pi}{2}\ln 2$.

第15章 数项级数

15.1 级数的收敛性与正项级数的判别法

15.1.1 数项级数的收敛性

1. 数项级数收敛性定义

(1) 数项级数

给定一个数列$\{u_n\}$,将它的各项依次用加号"+"连接起来的表达式

$$u_1 + u_2 + u_3 + \cdots + u_n + \cdots \tag{15-1}$$

称为数项级数或无穷级数,简称级数,其中u_n称为级数(15-1)的通项. 级数(15-1)也简记为:$\sum_{n=1}^{\infty} u_n$.

(2) 数项级数的部分和

$S_n = \sum_{k=1}^{n} u_k = u_1 + u_2 + \cdots + u_n$ 称之为级数$\sum_{n=1}^{\infty} u_n$的第n个部分和,简称部分和.

(3) 数项级数收敛性定义

若数项级数$\sum_{n=1}^{\infty} u_n$的部分和数列$\{S_n\}$收敛于S(即$\lim\limits_{n\to\infty} S_n = S$),则称数项级数$\sum_{n=1}^{\infty} u_n$收敛,称$S$为数项级数$\sum_{n=1}^{\infty} u_n$的和,记作

$$S = \sum_{n=1}^{\infty} u_n = u_1 + u_2 + u_3 + \cdots + u_n + \cdots$$

若部分和数列$\{S_n\}$发散,则称数项级数$\sum_{n=1}^{\infty} u_n$发散.

(4) 余项

若数项级数$\sum_{n=1}^{\infty} u_n$收敛,和为S,则称

$$R_n = S - S_n = \sum_{k=n+1}^{\infty} u_k = u_{n+1} + u_{n+2} + \cdots$$

为级数 $\sum_{n=1}^{\infty} u_n$ 的余项.

2. 级数收敛的柯西准则

柯西准则：级数 $\sum_{n=1}^{\infty} u_n$ 收敛的充分必要条件为：$\forall \varepsilon > 0, \exists N \in \mathbf{N}_+$，当 $m > N$ 时，$\forall p \in \mathbf{N}_+$ 有

$$|u_{m+1} + u_{m+2} + \cdots + u_{m+p}| < \varepsilon$$

级数 $\sum_{n=1}^{\infty} u_n$ 发散的充分必要条件为：$\exists \varepsilon_0 > 0, \forall N \in \mathbf{N}_+, \exists m_0 > N, \exists p_0 \in \mathbf{N}_+$ 满足

$$|u_{m_0+1} + u_{m_0+2} + \cdots + u_{m_0+p_0}| \geqslant \varepsilon_0$$

3. 收敛级数的基本性质

(1) 若 $\sum_{n=1}^{\infty} u_n$ 收敛，则 $\lim_{n\to\infty} u_n = 0$.

(2) 若级数 $\sum_{n=1}^{\infty} u_n$ 与 $\sum_{n=1}^{\infty} v_n$ 都收敛，则对任意常数 c,d，级数 $\sum_{n=1}^{\infty}(cu_n + dv_n)$ 也收敛，且

$$\sum_{n=1}^{\infty}(cu_n + dv_n) = c\sum_{n=1}^{\infty} u_n + d\sum_{n=1}^{\infty} v_n$$

(3) 去掉、增加或改变级数的有限个项并不改变级数的敛散性.

(4) 在收敛级数的项中任意加括号，既不改变级数的收敛性，也不改变它的和.

15.1.2　正项级数收敛性的判别

1. 正项级数 $\sum_{n=1}^{\infty} u_n$ 收敛的充要条件

收敛的充要条件为：部分和数列 $\{s_n\}$ 有上界.

2. 比较判别法及其极限形式

比较判别法：设 $\sum_{n=1}^{\infty} u_n$ 和 $\sum_{n=1}^{\infty} v_n$ 是两个正项级数，若 $\exists N \in \mathbf{N}_+$，当 $n > N$ 时，有

$$u_n \leqslant v_n$$

则　(1) 当 $\sum_{n=1}^{\infty} v_n$ 收敛时，$\sum_{n=1}^{\infty} u_n$ 收敛；

(2) 当 $\sum_{n=1}^{\infty} u_n$ 发散时，$\sum_{n=1}^{\infty} v_n$ 发散.

比较判别法的极限形式：设 $\sum_{n=1}^{\infty} u_n$ 和 $\sum_{n=1}^{\infty} v_n$ 是两个正项级数，若

$$\lim_{n\to\infty}\frac{u_n}{v_n}=l$$

则 (1) 当 $0<l<+\infty$ 时,两个级数同时收敛,同时发散;

(2) 当 $l=0$,且 $\sum_{n=1}^{\infty}v_n$ 收敛时,$\sum_{n=1}^{\infty}u_n$ 收敛;

(3) 当 $l=+\infty$,且 $\sum_{n=1}^{\infty}v_n$ 发散时,$\sum_{n=1}^{\infty}u_n$ 发散.

3. 比式判别法及其极限形式

比式判别法:设 $\sum_{n=1}^{\infty}u_n$ 是正项级数,且存在 $N\in\mathbf{N}_+$ 及常数 $q(0<q<1)$.

(1) 若当 $n>N$ 时,$\frac{u_{n+1}}{u_n}\leqslant q$,则 $\sum_{n=1}^{\infty}u_n$ 收敛;

(2) 若当 $n>N$ 时,$\frac{u_{n+1}}{u_n}\geqslant 1$,则 $\sum_{n=1}^{\infty}u_n$ 发散.

比式判别法的极限形式:设 $\sum_{n=1}^{\infty}u_n$ 是正项级数,且 $\lim_{n\to\infty}\frac{u_{n+1}}{u_n}=q$,则

(1) 当 $q<1$ 时,$\sum_{n=1}^{\infty}u_n$ 收敛;

(2) 当 $q>1$ 或 $q=+\infty$ 时,$\sum_{n=1}^{\infty}u_n$ 发散.

4. 根式判别法及其极限形式

根式判别法:设 $\sum_{n=1}^{\infty}u_n$ 是正项级数,且存在 $N\in\mathbf{N}_+$ 及常数 $l(0<l<1)$,

(1) 若当 $n>N$ 时,$\sqrt[n]{u_n}\leqslant l$,则 $\sum_{n=1}^{\infty}u_n$ 收敛;

(2) 若当 $n>N$ 时,$\sqrt[n]{u_n}\geqslant 1$,则 $\sum_{n=1}^{\infty}u_n$ 发散.

根式判别法的极限形式:设 $\sum_{n=1}^{\infty}u_n$ 是正项级数,且 $\lim_{n\to\infty}\sqrt[n]{u_n}=l$,则

(1) 当 $l<1$ 时,$\sum_{n=1}^{\infty}u_n$ 收敛;

(2) 当 $l>1$ 或 $l=+\infty$ 时,$\sum_{n=1}^{\infty}u_n$ 发散.

5. 积分判别法

设 f 为 $[1,+\infty)$ 上的非负减函数,则 $\sum_{n=1}^{\infty}f(n)$ 与 $\int_1^{+\infty}f(x)\,\mathrm{d}x$ 同敛散.

6. 等比级数与 p - 级数

等比级数 $\sum_{n=1}^{\infty} q^n$：当 $|q|<1$ 时收敛，当 $|q|\geqslant 1$ 时发散.

p - 级数 $\sum_{n=1}^{\infty} \frac{1}{n^p}$：当 $p>1$ 时收敛，当 $p\leqslant 1$ 时发散.

例 15 - 1　应用柯西准则判别下列级数的收敛性

(1) $\sum_{n=1}^{\infty} \frac{(-1)^{n-1}n^2}{2n^2+1}$；　(2) $\sum_{n=1}^{\infty} \frac{(-1)^n}{n}$；　(3) $\sum_{n=1}^{\infty} \frac{1}{\sqrt{n+n^2}}$.

解　(1) 取 $\varepsilon_0=\frac{1}{3}$，$\forall N\in \mathbf{N}_+$，任取 $m>N$，$p=1$，有

$$|u_{m+1}|=\frac{(m+1)^2}{2(m+1)^2+1}\geqslant \frac{(m+1)^2}{2(m+1)^2+(m+1)^2}=\frac{1}{3}=\varepsilon_0$$

由柯西准则知 $\sum_{n=1}^{\infty} \frac{(-1)^{n-1}n^2}{2n^2+1}$ 发散.

(2) $\forall \varepsilon>0$，取 $N=\left[\frac{1}{\varepsilon}\right]+1$，当 $m>N$ 时，$\forall p\in \mathbf{N}_+$，有

$$\begin{aligned}|u_{m+1}+u_{m+2}+\cdots+u_{m+p}| &= \left|\frac{(-1)^{m+1}}{m+1}-\frac{(-1)^{m+2}}{m+2}+\cdots+\frac{(-1)^{m+p}}{m+p}\right| \\ &= \frac{1}{m+1}-\frac{1}{m+2}+\cdots+\frac{(-1)^{p+1}}{m+p} \\ &= \frac{1}{m+1}-\left[\frac{1}{m+2}-\frac{1}{m+3}+\cdots+\frac{(-1)^p}{m+p}\right] \\ &\leqslant \frac{1}{m+1}<\frac{1}{m}<\varepsilon\end{aligned}$$

由柯西准则知 $\sum_{n=1}^{\infty} \frac{(-1)^n}{n}$ 收敛.

(3) 取 $\varepsilon_0=\frac{1}{3}$，$\forall N\in \mathbf{N}_+$，任取 $m>N$，$p=m$，有

$$\begin{aligned}|u_{m+1}+u_{m+2}+\cdots+u_{m+p}| &= |u_{m+1}+u_{m+2}+\cdots+u_{2m}| \\ &= \sum_{n=m+1}^{2m} \frac{1}{\sqrt{n+n^2}} > \sum_{n=m+1}^{2m} \frac{1}{n+1} > \frac{m}{2m+1} \geqslant \frac{m}{2m+m} \\ &= \frac{1}{3}=\varepsilon_0\end{aligned}$$

由柯西准则知 $\sum_{n=1}^{\infty} \frac{1}{\sqrt{n+n^2}}$ 发散.

例 15－2 设$\sum\limits_{n=1}^{\infty}a_n$为正项级数,证明:若$a_n \sim \dfrac{c}{n^p}(n\to\infty)$,$c>0$,则$\sum\limits_{n=1}^{\infty}a_n$与$\sum\limits_{n=1}^{\infty}\dfrac{1}{n^p}$同时收敛或同时发散.

证明 由于$a_n \sim \dfrac{c}{n^p}(n\to\infty)$,则

$$\lim_{n\to\infty}\frac{a_n}{\frac{1}{n^p}}=\lim_{n\to\infty}\frac{a_n}{\frac{c}{n^p}}\cdot c=c>0$$

由比较判别法的极限形式知$\sum\limits_{n=1}^{\infty}a_n$与$\sum\limits_{n=1}^{\infty}\dfrac{1}{n^p}$同时收敛或同时发散.

例 15－3 应用例 15－2 的结论鉴别下列级数的收敛性:

(1) $\sum\limits_{n=1}^{\infty}n^{\alpha}\sin\dfrac{1}{n}$; (2) $\sum\limits_{n=2}^{\infty}\ln\dfrac{n+1}{n-1}$; (3) $\sum\limits_{n=2}^{\infty}(\sqrt{n+1}-\sqrt{n})^p\ln\dfrac{n+1}{n-1}$.

解 (1) 由于 $a_n=n^{\alpha}\sin\dfrac{1}{n}\sim n^{\alpha}\cdot\dfrac{1}{n}=\dfrac{1}{n^{1-\alpha}}(n\to\infty)$

则当$1-\alpha>1$,即$\alpha<0$时,级数收敛;当$1-\alpha\leqslant 1$,即$\alpha\geqslant 0$时,级数发散.

(2) 由于 $a_n=\ln\dfrac{n+1}{n-1}=\ln\left(1+\dfrac{2}{n-1}\right)\sim\dfrac{2}{n-1}(n\to\infty)$

又$\sum\limits_{n=2}^{\infty}\dfrac{1}{n-1}=\sum\limits_{n=1}^{\infty}\dfrac{1}{n}$发散,则原级数发散.

(3) 由于$a_n=(\sqrt{n+1}-\sqrt{n-1})^p\ln\dfrac{n+1}{n-1}=\left(\dfrac{2}{\sqrt{n+1}+\sqrt{n-1}}\right)^p\ln\left(1+\dfrac{2}{n-1}\right)\sim$ $\left(\dfrac{2}{2\sqrt{n}}\right)^p\cdot\dfrac{2}{n-1}=\dfrac{1}{n^{\frac{p}{2}}}\cdot\dfrac{2}{n-1}\sim\dfrac{2}{n^{1+\frac{p}{2}}}(n\to\infty)$,则当$1+\dfrac{p}{2}>1$,即$p>0$时,级数收敛;当$1+\dfrac{p}{2}\leqslant 1$,即$p\leqslant 0$时,级数发散.

例 15－4 判别下列级数的收敛性:

(1) $\sum\limits_{n=2}^{\infty}\dfrac{1}{(\ln n)^n}$; (2) $\sum\limits_{n=1}^{\infty}\left(1-\cos\dfrac{1}{n}\right)$;

(3) $\sum\limits_{n=1}^{\infty}\dfrac{1}{n\sqrt[n]{n}}$; (4) $\sum\limits_{n=1}^{\infty}(\sqrt[n]{a}-1)(a>1)$;

(5) $\sum\limits_{n=2}^{\infty}\dfrac{1}{(\ln n)^{\ln n}}$; (6) $\sum\limits_{n=1}^{\infty}(a^{\frac{1}{n}}+a^{-\frac{1}{n}}-2)(a>0)$;

(7) $\sum\limits_{n=1}^{\infty}\dfrac{1}{2^{n-(-1)^n}}$; (8) $\sum\limits_{n=1}^{\infty}\dfrac{a^n}{1+a^{2n}}(a>0)$;

(9) $\sum_{n=1}^{\infty} \frac{1}{3^{\ln n}}$;　　(10) $\sum_{n=1}^{\infty} \frac{1}{3^{\sqrt{n}}}$;

(11) $\sum_{n=1}^{\infty} nx^{n-1}(x>0)$;　　(12) $\sum_{n=1}^{\infty} \frac{3+(-1)^n}{2^n}$.

解　(1) 由于 $n>9$ 时,$\ln n>2$,则 $n>9$ 时,

$$\frac{1}{(\ln n)^n}<\frac{1}{2^n}$$

又 $\sum_{n=2}^{\infty} \frac{1}{2^n}$ 收敛,则根据比较判别法知 $\sum_{n=2}^{\infty} \frac{1}{(\ln n)^n}$ 收敛.

(2) 由于

$$\lim_{n\to\infty} \frac{1-\cos\frac{1}{n}}{\frac{1}{n^2}}=\lim_{x\to 0^+} \frac{1-\cos x}{x^2}=\frac{1}{2}$$

又 $\sum_{n=1}^{\infty} \frac{1}{n^2}$ 收敛,则根据比较判别法的极限形式知 $\sum_{n=1}^{\infty}\left(1-\cos\frac{1}{n}\right)$收敛.

(3) 由于

$$\lim_{n\to\infty} \frac{1}{n\sqrt[n]{n}}\Big/\frac{1}{n}=\lim_{n\to\infty} \frac{1}{\sqrt[n]{n}}=1$$

又 $\sum_{n=1}^{\infty} \frac{1}{n}$ 发散,则根据比较判别法的极限形式知级数 $\sum_{n=1}^{\infty} \frac{1}{n\sqrt[n]{n}}$ 发散.

(4) 由于

$$\lim_{n\to\infty} \frac{\sqrt[n]{a}-1}{\frac{1}{n}}=\lim_{x\to 0^+} \frac{a^x-1}{x}=\lim_{x\to 0^+} \frac{a^x\ln a}{1}=\ln a>0$$

又 $\sum_{n=1}^{\infty} \frac{1}{n}$ 发散,根据比较判别法的极限形式知 $\sum_{n=1}^{\infty}(\sqrt[n]{a}-1)$ 发散.

(5) 由于当 $n>3^9$ 时,$\ln(\ln n)>2$,则当 $n>3^9$ 时,

$$(\ln n)^{\ln n}=e^{\ln n\cdot\ln(\ln n)}>e^{2\ln n}=n^2$$

即当 $n>3^9$ 时,

$$\frac{1}{(\ln n)^{\ln n}}<\frac{1}{n^2}$$

又 $\sum_{n=1}^{\infty} \frac{1}{n^2}$ 收敛,则根据比较判别法知 $\sum_{n=2}^{\infty} \frac{1}{(\ln n)^{\ln n}}$ 收敛.

(6) 由于

$$a^{\frac{1}{n}}+a^{-\frac{1}{n}}-2=\frac{(a^{\frac{1}{n}}-1)^2}{a^{\frac{1}{n}}}$$

则

$$\lim_{n\to\infty} \frac{a^{\frac{1}{n}}+a^{-\frac{1}{n}}-2}{\frac{1}{n^2}}=\lim_{n\to\infty} \frac{1}{a^{\frac{1}{n}}}\left(\frac{a^{\frac{1}{n}}-1}{\frac{1}{n}}\right)^2=(\ln a)^2\geqslant 0$$

又$\sum_{n=1}^{\infty}\frac{1}{n^2}$收敛,根据比较判别法的极限形式知$\sum_{n=1}^{\infty}(a^{\frac{1}{n}}+a^{-\frac{1}{n}}-2)$收敛.

(7) 由于

$$\frac{1}{2^{n-(-1)^n}}\leqslant\frac{1}{2^{n-1}}$$

又$\sum_{n=1}^{\infty}\frac{1}{2^{n-1}}$收敛,根据比较判别法知$\sum_{n=1}^{\infty}\frac{1}{2^{n-(-1)^n}}$收敛.

(8) 当$a=1$时,$\lim\limits_{n\to\infty}u_n=\frac{1}{2}\neq 0$,级数发散.

当$0<a<1$时

$$\frac{a^n}{2}<\frac{a^n}{1+a^{2n}}<a^n,\quad \frac{a}{\sqrt[n]{2}}\leqslant\sqrt[n]{\frac{a^n}{1+a^{2n}}}\leqslant a$$

由迫敛性知$\lim\limits_{n\to\infty}\sqrt[n]{u_n}=\lim\limits_{n\to\infty}\sqrt[n]{\frac{a^n}{1+a^{2n}}}=a<1$,级数收敛.

当$a>1$时,$\lim\limits_{n\to\infty}\sqrt[n]{u_n}=\lim\limits_{n\to\infty}\sqrt[n]{\frac{(1/a)^n}{1+(1/a)^{2n}}}=\frac{1}{a}<1$,级数收敛.

(9) 由于$3^{\ln n}=e^{\ln n\cdot\ln 3}=n^{\ln 3}$,则$\frac{1}{3^{\ln n}}=\frac{1}{n^{\ln 3}}$,则级数$\sum_{n=1}^{\infty}\frac{1}{3^{\ln n}}$收敛.

(10) 由$\lim\limits_{n\to\infty}\frac{\ln n}{\sqrt{n}}=0$知,$\exists N\in\mathbf{N}_+$,当$n>N$时

$$\ln n<\sqrt{n},\quad \frac{1}{3^{\sqrt{n}}}<\frac{1}{3^{\ln n}}$$

根据本题的(9)小题结论及比较判别法知级数$\sum_{n=1}^{\infty}\frac{1}{3^{\sqrt{n}}}$收敛.

(11) 由于

$$\lim_{n\to\infty}\frac{u_{n+1}}{u_n}=\lim_{n\to\infty}\frac{(n+1)x^n}{nx^{n-1}}x\cdot\frac{n+1}{n}=x$$

则由比式判别法的极限形式知,当$0<x<1$时, 该级数收敛;当$x>1$时, 该级数发散;当$x=1$时, 级数成为$\sum_{n=1}^{\infty}n$, 发散.

(12) 由于

$$\frac{1}{2^{n-1}}=\frac{2}{2^n}\leqslant u_n\leqslant\frac{4}{2^n}=\frac{1}{2^{n-2}}$$

又$\lim\limits_{n\to\infty}\sqrt[n]{\frac{1}{2^{n-1}}}=\lim\limits_{n\to\infty}\frac{1}{2^{1-\frac{1}{n}}}=\frac{1}{2}$,$\lim\limits_{n\to\infty}\sqrt[n]{\frac{1}{2^{n-2}}}=\lim\limits_{n\to\infty}\frac{1}{2^{1-\frac{2}{n}}}=\frac{1}{2}$,则

$$\lim_{n\to\infty}\sqrt[n]{u_n}=\lim_{n\to\infty}\frac{\sqrt[n]{3+(-1)^n}}{2}=\frac{1}{2}<1$$

由根式判别法的极限形式知该级数收敛.

例 15－5　证明:级数 $\sum_{n=1}^{\infty}\left[\frac{1}{\sqrt{n}}-\sqrt{\ln\frac{n+1}{n}}\right]$ 收敛,且其和不大于1.

证明　由中值定理有 $\ln\frac{n+1}{n}=\ln(n+1)-\ln n=\frac{1}{\xi},\xi\in(n,n+1)$. 则

$$\frac{1}{n+1}<\ln\frac{n+1}{n}<\frac{1}{n},\quad 0<\frac{1}{\sqrt{n}}-\sqrt{\ln\frac{n+1}{n}}<\frac{1}{\sqrt{n}}-\frac{1}{\sqrt{n+1}}$$

原级数的部分和

$$0<S_n<\sum_{k=1}^{n}\left(\frac{1}{\sqrt{n}}-\frac{1}{\sqrt{n+1}}\right)=1-\frac{1}{\sqrt{n+1}}<1$$

所以原级数收敛,且其和 $S=\lim\limits_{n\to\infty}S_n\leqslant\lim\limits_{n\to\infty}\left(1-\frac{1}{\sqrt{n+1}}\right)=1$.

例 15－6　利用积分判别法讨论级数 $\sum_{n=3}^{\infty}\frac{1}{n(\ln n)^p(\ln\ln n)^q}$ 的收敛性.

解　考察无穷积分 $I(p,q)=\int_3^{+\infty}\frac{1}{x(\ln x)^p(\ln\ln x)^q}\mathrm{d}x=\int_{\ln 3}^{+\infty}\frac{\mathrm{d}t}{t^p(\ln t)^q}$:

(1) 当 $p=1$ 时,$I(p,q)=\int_{\ln 3}^{+\infty}\frac{\mathrm{d}t}{t(\ln t)^q}=\int_{\ln 3}^{+\infty}\frac{\mathrm{d}(\ln t)}{(\ln t)^q}$.

当 $q>1$ 时,$I(p,q)$ 收敛;当 $q\leqslant 1$ 时,$I(p,q)$ 发散.

(2) 当 $p>1$ 时,取 $\alpha>0$,使 $p-\alpha>1$.

由于 $\lim\limits_{t\to+\infty}t^{p-\alpha}\cdot\frac{1}{t^p(\ln t)^q}=\lim\limits_{t\to+\infty}\frac{1}{t^\alpha(\ln t)^q}=0$,则 $I(p,q)$ 收敛.

(3) 当 $p<1$ 时,取 $\beta>0$,使 $p+\beta<1$.

由于 $\lim\limits_{t\to+\infty}t^{p+\beta}\cdot\frac{1}{t^p(\ln t)^q}=\lim\limits_{t\to+\infty}\frac{t^\beta}{(\ln t)^q}=+\infty$,则 $I(p,q)$ 发散.

15.2　一般项级数

15.2.1　交错级数

1. 交错级数

若级数的各项符号正负相间,即 $\sum_{n=1}^{\infty}(-1)^{n+1}u_n$ 或 $\sum_{n=1}^{\infty}(-1)^n u_n(u_n>0,\forall n\in\mathbf{N}_+)$,称为交错级数

2. 莱布尼茨判别法

莱布尼茨判别法:若交错级数 $\sum_{n=1}^{\infty}(-1)^{n+1}u_n$ 满足下述两个条件:

(1) 数列 $\{u_n\}$ 单调递减;

(2) $\lim_{n\to\infty}u_n=0$,则级数 $\sum_{n=1}^{\infty}(-1)^{n+1}u_n$ 收敛,且此时有 $\left|\sum_{n=1}^{\infty}(-1)^{n+1}u_n\right|\leqslant u_1$.

推论:若交错级数 $\sum_{n=1}^{\infty}(-1)^{n+1}u_n$ 满足莱布尼茨判别法的条件,则其余项估计式为

$$|R_n|=\left|\sum_{k=n+1}^{\infty}(-1)^{k+1}u_k\right|\leqslant u_{n+1}$$

15.2.2 绝对收敛与条件收敛

1. 绝对收敛

若级数 $\sum_{n=1}^{\infty}|u_n|$ 收敛,则称原级数 $\sum_{n=1}^{\infty}u_n$ 绝对收敛.

2. 条件收敛

若级数 $\sum_{n=1}^{\infty}u_n$ 收敛,级数 $\sum_{n=1}^{\infty}|u_n|$ 发散,则称原级数 $\sum_{n=1}^{\infty}u_n$ 条件收敛.

3. 绝对收敛级数的性质:

(1) 绝对收敛的级数一定收敛.

(2) 设级数 $\sum_{n=1}^{\infty}u_n$ 绝对收敛,且其和等于 S,则任意重排后所得到的级数也绝对收敛,且其和也不变.

(3) 设有收敛的级数 $\sum_{n=1}^{\infty}u_n=A$ 和 $\sum_{n=1}^{\infty}v_n=B$,若两个级数都绝对收敛,则对所有乘积项 u_iv_j 按任意顺序排列所得到的级数 $\sum_{n=1}^{\infty}w_n$ 也绝对收敛,且和等于 AB.

15.2.3 阿贝尔判别法与狄利克雷判别法

1. 阿贝尔变换与阿贝尔引理

阿贝尔(Abel) 变换:设 a_i 和 $b_i(1\leqslant i\leqslant m)$ 为两组实数,$B_k=\sum_{i=1}^{k}b_i$,$(1\leqslant k\leqslant m)$,则有

$$\sum_{i=1}^{m}a_ib_i=\sum_{i=1}^{m-1}(a_i-a_{i+1})B_i+a_mB_m$$

阿贝尔(Abel) 引理:若

(1)$\varepsilon_1,\varepsilon_2,\cdots,\varepsilon_n$ 为单调数组;

(2) 对任一正整数$k(1\leqslant k\leqslant n)$有$|\sigma_k|=|v_1+v_2+\cdots+v_k|\leqslant A$,记$\varepsilon=\max\limits_{1\leqslant k\leqslant n}\{|\varepsilon_k|\}$,则有$\left|\sum\limits_{k=1}^{n}\varepsilon_k v_k\right|\leqslant 3\varepsilon A$.

2. 阿贝尔(Abel) 判别法

若　(1) 级数$\sum\limits_{n=1}^{\infty}a_n$ 收敛,

(2) 数列$\{b_n\}$ 单调,

(3) 数列$\{b_n\}$ 有界,

则级数$\sum\limits_{n=1}^{\infty}a_n b_n$ 收敛.

3. 狄利克雷(Dirichlet) 判别法

若　(1) 级数$\sum\limits_{n=1}^{\infty}a_n$ 的部分和数列有界,

(2) 数列$\{b_n\}$ 单调,

(3) $\lim\limits_{n\to\infty}b_n=0$,

则级数$\sum\limits_{n=1}^{\infty}a_n b_n$ 收敛.

例 15 - 7　下列级数哪些是绝对收敛,条件收敛或发散:

(1) $\sum\limits_{n=1}^{\infty}\dfrac{(-1)^n}{n^{p+\frac{1}{n}}}$;　(2) $\sum\limits_{n=1}^{\infty}(-1)^n\sin\dfrac{2}{n}$;

(3) $\sum\limits_{n=1}^{\infty}\dfrac{(-1)^n\ln(n+1)}{n+1}$;　(4) $\sum\limits_{n=1}^{\infty}n!\left(\dfrac{x}{n}\right)^n$.

解　(1)① 当$p>1$时

$$\left|\frac{(-1)^n}{n^{p+\frac{1}{n}}}\right|\leqslant\frac{1}{n^p}$$

又$\sum\limits_{n=1}^{\infty}\dfrac{1}{n^p}$收敛,此时该级数绝对收敛.

② 当$p\leqslant 0$时

$$\lim_{n\to\infty}|u_n|=\lim_{n\to\infty}\frac{n^{-p}}{\sqrt[n]{n}}=\begin{cases}1 & p=0\\ +\infty & p<0\end{cases}$$

此时该级数发散.

③ 当$0<p\leqslant 1$时,首先考察级数$\sum\limits_{n=1}^{\infty}\left|\dfrac{(-1)^n}{n^{p+\frac{1}{n}}}\right|$:

由于
$$\lim_{n\to\infty}\frac{\frac{1}{n^{p+\frac{1}{n}}}}{\frac{1}{n^p}}=\lim_{n\to\infty}\frac{1}{\sqrt[n]{n}}=1$$

又$\sum\limits_{n=1}^{\infty}\frac{1}{n^p}$发散,则$\sum\limits_{n=1}^{\infty}\left|\frac{(-1)^n}{n^{p+\frac{1}{n}}}\right|$发散.

其次考察级数$\sum\limits_{n=1}^{\infty}\frac{(-1)^n}{n^{p+\frac{1}{n}}}$:

记$a_n=\frac{1}{n^{\frac{1}{n}}},b_n=\frac{(-1)^n}{n^p}$. 作函数$f(x)=\frac{1}{x^{\frac{1}{x}}}=x^{-\frac{1}{x}}=\mathrm{e}^{-\frac{\ln x}{x}},x\in[1,+\infty)$.

$f'(x)=\mathrm{e}^{-\frac{\ln x}{x}}\left(-\frac{\ln x}{x}\right)'=x^{-\frac{1}{x}}\cdot\frac{\ln x-1}{x^2}$.

当$x>\mathrm{e}$时,$f(x)>0$,f在$[\mathrm{e},+\infty)$上单调增加,所以当$n\geqslant3$时,$\{a_n\}$递增,且$\lim\limits_{n\to\infty}a_n=1$,又收敛的数列是有界的,即$\{a_n\}$是单调有界数列.

由莱布尼茨判别法知$\sum\limits_{n=1}^{\infty}b_n$收敛,由阿贝尔判别法知$\sum\limits_{n=1}^{\infty}\frac{(-1)^n}{n^{p+\frac{1}{n}}}$收敛,所以当$0<p\leqslant1$时,该级数条件收敛.

(2) 由于
$$\lim_{n\to\infty}\frac{\sin\frac{2}{n}}{\frac{1}{n}}=\lim_{x\to0^+}\frac{\sin2x}{x}=2$$

又$\sum\limits_{n=1}^{\infty}\frac{1}{n}$发散,根据比较判别法的极限形式知$\sum\limits_{n=1}^{\infty}\left|(-1)^n\sin\frac{2}{n}\right|$发散.

由于$u_n=\sin\frac{2}{n}$递减,且$\lim\limits_{n\to\infty}u_n=0$,根据莱布尼茨判别法知$\sum\limits_{n=1}^{\infty}(-1)^n\sin\frac{2}{n}$收敛,所以该级数条件收敛.

(3) 由于$n\geqslant2$时
$$\left|\frac{(-1)^n\ln(n+1)}{n+1}\right|\geqslant\frac{1}{n+1}$$

又$\sum\limits_{n=1}^{\infty}\frac{1}{n+1}$发散,则$\sum\limits_{n=1}^{\infty}\left|\frac{(-1)^n\ln(n+1)}{n+1}\right|$发散.

记$f(x)=\frac{\ln x}{x},x\in[3,+\infty)$. $f'(x)=\frac{1-\ln x}{x^2}<0$, 则$f$在$[3,+\infty)$上递减,由此知数列$\left\{\frac{\ln(n+1)}{n+1}\right\}$递减.

由归结原则及洛必达法则有$\lim\limits_{n\to\infty}\dfrac{\ln(n+1)}{n+1}=\lim\limits_{x\to+\infty}f(x)=0$. 由莱布尼茨判别法知该级数收敛,从而该级数条件收敛.

(4)① 当$|x|\geqslant \mathrm{e}$时

$$\frac{|u_{n+1}|}{|u_n|}=\frac{|x|}{\left(1+\frac{1}{n}\right)^n}\geqslant\frac{\mathrm{e}}{\mathrm{e}}=1$$

不可能有$\lim\limits_{n\to\infty}u_n=0$. 此时该级数发散.

② 当$|x|<\mathrm{e}$时

$$\lim_{n\to\infty}\frac{|u_{n+1}|}{|u_n|}=\lim_{n\to\infty}\frac{|x|}{\left(1+\frac{1}{n}\right)^n}=\frac{|x|}{\mathrm{e}}<1$$

此时该级数绝对收敛.

例 15-8　判别下列级数的收敛性:

(1) $\sum\limits_{n=1}^{\infty}\dfrac{(-1)^n}{n}\cdot\dfrac{x^n}{1+x^n}(x>0)$;　　(2) $\sum\limits_{n=1}^{\infty}\dfrac{\sin nx}{n^{\alpha}},x\in(0,2\pi)(\alpha>0)$;

(3) $\sum\limits_{n=1}^{\infty}(-1)^n\dfrac{\cos^2nx}{n}$;　　(4) $\sum\limits_{n=1}^{\infty}\dfrac{\sin n\sin n^2}{n}$;

(5) $\sum\limits_{n=1}^{\infty}(-1)^n\dfrac{\sin^2n}{n}$;　　(6) $\sum\limits_{n=1}^{\infty}\dfrac{\cos 3n}{n}\left(1+\dfrac{1}{n}\right)^n$.

解　(1) 记$a_n=\dfrac{(-1)^n}{n},b_n=\dfrac{x^n}{1+x^n}=1-\dfrac{1}{1+x^n},n=1,2,\cdots$.

由莱布尼茨判别法知$\sum\limits_{n=1}^{\infty}a_n$收敛.

当$x\geqslant1$时,数列$\{b_n\}$递增;当$0<x<1$时,数列$\{b_n\}$递减. 所以当$x>0$时,$\{b_n\}$为单调数列,且$|b_n|<1$.

由阿贝尔判别法知原级数收敛.

(2) 记$a_n=\sin nx,b_n=\dfrac{1}{n^{\alpha}},n=1,2,\cdots$.

由于$\alpha>0$, 则数列$\{b_n\}$递减,且$\lim\limits_{n\to\infty}b_n=0$.

当$x\in(0,2\pi)$时,$\dfrac{x}{2}\in(0,\pi)$,$\sin\dfrac{x}{2}>0$. 则有

$$\sum_{k=1}^{n}a_n=\sum_{k=1}^{n}\sin kx=\frac{\sum\limits_{k=1}^{n}2\sin\frac{x}{2}\sin kx}{2\sin\frac{x}{2}}$$

$$= \frac{1}{2\sin\frac{x}{2}}\sum_{k=1}^{n}\left[\cos\frac{2k-1}{2}x-\cos\frac{2k+1}{2}x\right]$$

$$= \frac{\cos\frac{x}{2}-\cos\frac{2n+1}{2}x}{2\sin\frac{x}{2}}$$

所以
$$\left|\sum_{k=1}^{n}a_n\right| = \left|\sum_{k=1}^{n}\sin kx\right| \leqslant \frac{1}{\sin\frac{x}{2}}$$

由狄利克雷判别法知该级数收敛.

(3) 当 $x = k\pi+\frac{\pi}{2}(k\in \mathbf{N}_+)$ 时,$\cos^2 nx = \begin{cases}1, n\text{ 为偶数},\\ 0, n\text{ 为奇数}.\end{cases}$ $\sum_{n=1}^{\infty}\frac{\cos^2 nx}{n} = \sum_{m=1}^{\infty}\frac{1}{2m}$ 发散.

当 $x\neq k\pi+\frac{\pi}{2}(k\in\mathbf{N}_+)$ 时,$\cos x\neq 0$. 记 $a_n = (-1)^n\cos^2 nx$,$b_n = \frac{1}{n}$,,$n = 1,2,\cdots$.

$$a_n = (-1)^n\frac{1+\cos 2nx}{2} = \frac{(-1)^n}{2}+\frac{(-1)^n\cos 2nx}{2}$$

$$= \frac{(-1)^n}{2}+\frac{1}{2}\cos n(2x+\pi)$$

$$\left|\sum_{l=1}^{n}a_l\right| \leqslant \frac{1}{2}+\frac{1}{2}\left|\frac{\sin\left[\left(n+\frac{1}{2}\right)(2x+\pi)\right]}{2\sin\left(x+\frac{\pi}{2}\right)}-\frac{1}{2}\right|$$

$$\leqslant \frac{1}{2}+\frac{1}{2}\left(\frac{1}{2|\cos x|}+\frac{1}{2}\right) < 1+\frac{1}{4|\cos x|}$$

又数列 $\{b_n\}$ 递减,且 $\lim\limits_{n\to\infty}b_n = 0$,则由狄利克雷判别法知该级数收敛.

(4) 记 $a_n = \sin n\cdot\sin n^2 = \frac{1}{2}[\cos n(n-1)-\cos n(n+1)]$,$b_n = \frac{1}{n}$,$n = 1,2,\cdots$.

$$\sum_{k=1}^{n}a_k = \frac{1}{2}\sum_{k=1}^{n}[\cos n(n-1)-\cos n(n+1)]$$

$$= \frac{1}{2}[1-\cos n(n+1)]$$

则 $\left|\sum_{k=1}^{n}a_k\right|\leqslant 1$. 又数列 $\{b_n\}$ 递减,且 $\lim\limits_{n\to\infty}b_n = 0$,由狄利克雷判别法知 $\sum_{n=1}^{\infty}\frac{\sin n\sin n^2}{n}$ 收敛.

(5) 由莱布尼茨判别法知 $\sum_{n=1}^{\infty}(-1)^n\frac{1}{2n}$ 收敛.

由于
$$\sum_{n=1}^{\infty}(-1)^n\frac{\cos 2n}{n}=\sum_{n=1}^{\infty}\frac{\cos(2n+n\pi)}{n}-\sum_{n=1}^{\infty}\frac{\cos n(2+\pi)}{n}$$
根据狄利克雷判别法可证明该级数收敛.

又 $\sin^2 n=\frac{1}{2}(1-\cos 2n)$,所以级数
$$\sum_{n=1}^{\infty}(-1)^n\frac{\sin^2 n}{n}=\sum_{n=1}^{\infty}(-1)^n\frac{1}{2n}-\sum_{n=1}^{\infty}(-1)^n\frac{\cos 2n}{n}$$
收敛.

(6) 记 $a_n=\frac{\cos 3n}{n},b_n=\left(1+\frac{1}{n}\right)^n,\ n=1,2,\cdots$

根据狄利克雷判别法可以证明 $\sum_{n=1}^{\infty}a_n=\sum_{n=1}^{\infty}\frac{\cos 3n}{n}$ 收敛,又数列 $\{b_n\}$ 递增趋于e,因而有界. 再根据阿贝尔判别法知,该级数收敛.

例 15－9　设 $a_n>0,a_n>a_{n+1}(n=1,2,\cdots)$,且 $\lim\limits_{n\to\infty}a_n=0$. 证明级数
$$\sum_{n=1}^{\infty}(-1)^{n-1}\frac{a_1+a_2+\cdots+a_n}{n}$$
收敛.

证明　记 $u_n=\frac{a_1+a_2+\cdots+a_n}{n},n=1,2,\cdots.$
$$u_{n+1}-u_n=\frac{a_1+a_2+\cdots+a_{n+1}}{n+1}-\frac{a_1+a_2+\cdots+a_n}{n}$$
$$=\frac{na_{n+1}-\sum\limits_{i=1}^{n}a_i}{n(n+1)}=\frac{\sum\limits_{i=1}^{n}(a_{n+1}-a_i)}{n(n+1)}<0$$
即 $\{u_n\}$ 递减,且 $\lim\limits_{n\to\infty}u_n=\lim\limits_{n\to\infty}a_n=0$.

由莱布尼茨判别法知该级数收敛.

第16章　函数列与函数项级数

16.1　函　数　列

16.1.1　函数列及其收敛性.

1. 函数列

设

$$f_1, f_2, \cdots, f_n, \cdots \tag{16-1}$$

是一列定义在同一数集 E 上的函数,称为定义在 E 上的函数列. 也可简记为

$$\{f_n\} \text{ 或 } f_n, n = 1, 2, \cdots$$

2. 函数列的收敛性

设 $x_0 \in E$,将 x_0 代入函数列(16 - 1) 得到数列:

$$f_1(x_0), f_2(x_0), \cdots, f_n(x_0), \cdots \tag{16-2}$$

若数列(16 - 2) 收敛,则称函数列(16 - 1) 在点 x_0 收敛,x_0 称为函数列(16 - 1) 的收敛点. 若数列(16 - 2) 发散,则称函数列(16 - 1) 在点 x_0 发散. 若函数列(16 - 1) 在数集 $D \subset E$ 上每一点都收敛,则称函数列(16 - 1) 在数集 D 上收敛. 函数列 $\{f_n\}$ 全体收敛点的集合,称为函数列 $\{f_n\}$ 的收敛域.

3. 函数列的极限函数

若函数列(16 - 1) 在数集 D 上收敛,这时 $\forall x \in D$,都有数列 $\{f_n(x)\}$ 的一个极限值与之对应,由这个对应法则就确定了 D 上的一个函数,称它为函数列 $\{f_n\}$ 的极限函数,记作 f. 于是有

$$\lim_{n \to \infty} f_n(x) = f(x), x \in D \quad 或 \quad f_n(x) \to f(x)(n \to \infty), x \in D$$

函数列极限的 $\varepsilon - N$ 定义:对每一个固定的 $x \in D$,对 $\forall \varepsilon > 0$, $\exists N \in \mathbf{N}_+$(注意:一般说来 N 值的确定与 ε 和 x 的值都有关),使得当 $n > N$ 时,总有

$$|f_n(x) - f(x)| < \varepsilon$$

16.1.2　函数列的一致收敛性

1. 函数列一致收敛性的定义

设 $\{f_n\}$ 与 f 定义在数集 D 上,若 $\forall \varepsilon > 0$, $\exists N \in \mathbf{N}_+$,当 $n > N$ 时,$\forall x \in D$,都有

$$|f_n(x)-f(x)|<\varepsilon$$

则称函数列$\{f_n\}$在D上一致收敛于f,记作$f_n(x)\Rightarrow f(x)(n\to\infty),x\in D$.

2. 函数列一致收敛性的判别

(1) 柯西准则:$\{f_n\}$在D上一致收敛$\Leftrightarrow\forall\varepsilon>0,\exists N\in\mathbf{N}_+$,当$n,m>N$时,$\forall x\in D$,都有

$$|f_n(x)-f_m(x)|<\varepsilon$$

(2) 余项准则:$f_n(x)\Rightarrow f(x)(n\to\infty),x\in D\Rightarrow\lim\limits_{n\to\infty}\sup\limits_{x\in D}|f_n-f(x)|=0$.

16.1.3　一致收敛函数列的性质

(1) 设函数列$\{f_n\}$在$(a,x_0)\cup(x_0,b)$上一致收敛于f,且对$\forall n\in\mathbf{N}_+$,有

$$\lim_{x\to x_0}f_n(x)=a_n$$

则$\lim\limits_{n\to\infty}a_n$、$\lim\limits_{x\to x_0}f(x)$均存在,且相等,即

$$\lim_{n\to\infty}\lim_{x\to x_0}f_n(x)=\lim_{x\to x_0}\lim_{n\to\infty}f_n(x)$$

(2) 若函数列$\{f_n\}$在区间I上一致收敛于f,且对$\forall n\in\mathbf{N}_+,f_n$在$I$上连续,则$f$在$I$上也连续.

(3) 若函数列$\{f_n\}$在$[a,b]$上一致收敛于$f,\forall n\in\mathbf{N}_+,f_n$在$[a,b]$上连续,则$f$在$[a,b]$上可积,且

$$\int_a^b\lim_{n\to\infty}f_n(x)\mathrm{d}x=\lim_{n\to\infty}\int_a^b f_n(x)\mathrm{d}x$$

(4) 若$x_0\in[a,b]$为$\{f_n\}$的收敛点,$\forall n\in\mathbf{N}_+,f'_n$在$[a,b]$上连续,$\{f'_n\}$在$[a,b]$上一致收敛,则$\{f_n\}$在$[a,b]$上收敛,且$\dfrac{\mathrm{d}}{\mathrm{d}x}\lim\limits_{n\to\infty}f_n(x)=\lim\limits_{n\to\infty}\dfrac{\mathrm{d}}{\mathrm{d}x}f_n(x)$.

说明:若$\{f_n\}$在$[a,b]$上一致收敛,且$\forall n\in\mathbf{N}_+,f'_n$在$[a,b]$上连续,不能保证$\dfrac{\mathrm{d}}{\mathrm{d}x}\lim\limits_{n\to\infty}f_n(x)=\lim\limits_{n\to\infty}\dfrac{\mathrm{d}}{\mathrm{d}x}f_n(x)$.

例如,$f_n(x)=\dfrac{\sin n^2x}{n^2},x\in[0,\pi]$. 显然$\{f_n\}$在$[0,\pi]$上一致收敛,且$f(x)=0$,

$\dfrac{\mathrm{d}}{\mathrm{d}x}\lim\limits_{n\to\infty}f_n(x)=0$.

$\dfrac{\mathrm{d}}{\mathrm{d}x}f_n(x)=\cos n^2x$,$\{f'_n\}$在$[0,\pi]$上不收敛($f'_n(\pi)=(-1)^n$),则$\lim\limits_{n\to\infty}\dfrac{\mathrm{d}}{\mathrm{d}x}f_n(x)$不存在.

例16-1　设$f_n(x)=x^n,n=1,2,\cdots$为定义在$(-\infty,\infty)$上的函数列,证明它的收敛域是$(-1,1]$,且有极限函数

$$f(x)=\begin{cases}0 & |x|<1\\ 1 & x=1\end{cases} \tag{16-3}$$

证明 对于任给$\varepsilon>0$(不妨设$\varepsilon<1$),当$0<|x|<1$时,由于$|f_n(x)-f(x)|=|x|^n$,故只要取$N(\varepsilon,x)=\dfrac{\ln\varepsilon}{\ln|x|}$,则当$n>N(\varepsilon,x)$时,就有$|f_n(x)-f(x)|<\varepsilon$.

当$x=0$和$x=1$时,则对任何正整数n,都有

$$|f_n(0)-f(0)|=0<\varepsilon,\quad |f_n(1)-f(1)|=0<\varepsilon$$

所以$\{f_n\}$在$(-1,1]$上收敛,且有式(16-3)所表示的极限函数.

当$|x|>1$时,则有$|x|^n\to+\infty\ (n\to\infty)$,当$x=-1$时,对应的数列为

$$-1,1,-1,1,\cdots$$

它显然是发散的,所以函数列$\{x^n\}$在区间$(-1,1]$外都是发散的.

例 16-2 定义在$(-\infty,+\infty)$上的函数列$f_n(x)=\dfrac{\sin nx}{n}$,$n=1,2,\cdots$,证明它的收敛域是$(-\infty,+\infty)$,且有极限函数$f(x)=0$.

证明 由于对任何实数x,都有

$$\left|\frac{\sin nx}{n}\right|\leqslant\frac{1}{n}$$

则对于任给的$\varepsilon>0$,只要$n>N=\dfrac{1}{\varepsilon}$,就有$\left|\dfrac{\sin nx}{n}-0\right|<\varepsilon$. 所以函数列$\left\{\dfrac{\sin nx}{n}\right\}$的收敛域为无限区间$(-\infty,+\infty)$,函数极限$f(x)=0$.

例 16-3 证明:函数列$f_n(x)=\sqrt{x^2+\dfrac{1}{n^2}}$在$(-\infty,+\infty)$上一致收敛.

证明 方法一:利用定义.

$$f(x)=\lim_{n\to\infty}f_n(x)=|x|,x\in(-\infty,+\infty)$$

$\forall\varepsilon>0$,取$N=\dfrac{1}{\varepsilon}$,当$n>N$时,$\forall x\in(-\infty,+\infty)$,都有

$$|f_n(x)-f(x)|=\sqrt{x^2+\frac{1}{n^2}}-|x|\leqslant\sqrt{\left(|x|+\frac{1}{n}\right)^2}-|x|=\frac{1}{n}<\varepsilon$$

由定义知$\{f_n\}$在$(-\infty,+\infty)$上一致收敛.

方法二:利用柯西准则.

$\forall\varepsilon>0$,取$N=\dfrac{1}{\varepsilon}$,当$n>N$时,$\forall p\in\mathbf{N}_+$,$\forall x\in(-\infty,+\infty)$,都有

$$|f_n(x)-f_{n+p}(x)|=\left|\sqrt{x^2+\frac{1}{n^2}}-\sqrt{x^2+\frac{1}{(n+p)^2}}\right|$$

$$\leqslant \sqrt{\left|\left(x^2+\frac{1}{n^2}\right)-\left(x^2+\frac{1}{(n+p)^2}\right)\right|}$$

$$\leqslant \sqrt{\left|\frac{1}{n^2}-\frac{1}{(n+p)^2}\right|}<\frac{1}{n}<\varepsilon$$

方法三:利用余项准则.

$$\lim_{n\to\infty}\sup_{x\in R}|f_n(x)-f(x)|=\lim_{n\to\infty}\sup_{x\in R}\left|\sqrt{x^2+\frac{1}{n^2}}-|x|\right|$$

$$=\lim_{n\to\infty}\sup_{x\in R}\frac{\frac{1}{n^2}}{\sqrt{x^2+\frac{1}{n^2}}+|x|}$$

$$=\lim_{n\to\infty}\frac{1}{n}=0$$

由余项准则知$\{f_n\}$在$(-\infty,+\infty)$上一致收敛.

例10－4　证明:函数列

$$f_n(x)=\begin{cases}-(n+1)x+1, & 0\leqslant x\leqslant \dfrac{1}{n+1},\\ 0, & \dfrac{1}{n+1}<x\leqslant 1.\end{cases}\quad (n=1,2,\cdots)$$

在$[a,b]$上不一致收敛.

证明　方法一:利用定义.

$$f(x)=\lim_{n\to\infty}f_n(x)=\begin{cases}1, & x=0,\\ 0, & 0<x\leqslant 1.\end{cases}$$

$$|f_n(x)-f(x)|=\begin{cases}0, & x=0,\\ -(n+1)x+1, & 0<x\leqslant \dfrac{1}{n+1},\\ 0, & \dfrac{1}{n+1}<x\leqslant 1.\end{cases}$$

取$\varepsilon_0=\dfrac{1}{3}$,$\forall N\in \mathbf{N}_+$,取$n_0=2N$,$x_0=\dfrac{1}{2(n_0+1)}$,有

$$|f_{n_0}(x_0)-f(x_0)|=\left|-(n_0+1)\frac{1}{2(n_0+1)}+1\right|=\frac{1}{2}>\frac{1}{3}=\varepsilon_0$$

由定义知$\{f_n\}$在$[0,1]$上不一致收敛.

方法二:利用余项准则.

$$\lim_{n\to\infty}\sup_{x\in R}|f_n(x)-f(x)|=\lim_{n\to\infty}1=1\neq 0$$

由余项准则知$\{f_n\}$在$[0,1]$上不一致收敛.

方法三:利用连续性.

由于极限函数$f(x)=\lim\limits_{n\to\infty}f_n(x)=\begin{cases}1, & x=0,\\ 0, & 0<x\leqslant 1.\end{cases}$在$[0,1]$上不连续,$\forall n\in\mathbf{N}_+$,$f_n$在$[0,1]$上连续,所以$\{f_n\}$在$[0,1]$上不一致收敛.

例 16－5　定义在$[0,1]$上的函数列

$$f_n(x)=\begin{cases}2n^2x, & 0\leqslant x\leqslant \dfrac{1}{2n},\\ 2n-2n^2x, & \dfrac{1}{2n}<x\leqslant\dfrac{1}{n},\\ 0, & \dfrac{1}{n}<x\leqslant 1.\end{cases}\quad (n=1,2,\cdots)$$

证明:$\lim\limits_{n\to\infty}f_n(x)=0$,但在$[0,1]$上不一致收敛.

证明　当$0<x\leqslant 1$时,只要$n>x^{-1}$,就有$f_n(x)=0$. 因此,在$(0,1]$上有

$$f(x)=\lim_{n\to\infty}f_n(x)=0$$

又$f_n(0)=0$,则$f(0)=\lim\limits_{n\to\infty}f_n(0)=0$. 于是,在$[0,1]$上有

$$f(x)=\lim_{n\to\infty}f_n(x)=0$$

由于

$$\sup_{x\in[0,1]}|f_n(x)-f(x)|=f_n\left(\frac{1}{2n}\right)=n\not\to 0,(n\to\infty)$$

因此该函数列在$[0,1]$上不一致收敛.

例 16－6　讨论函数列$f_n(x)=\dfrac{1}{n}\ln(1+\mathrm{e}^{-nx})$,$n=1,2,\cdots$指定区间上的一致收敛性:

(1) $x\in[0,+\infty)$;　　　　(2) $x\in(-\infty,0)$.

解　(1) 当$x\in[0,+\infty)$时,$f(x)=\lim\limits_{n\to\infty}\dfrac{1}{n}\ln\left(1+\dfrac{1}{\mathrm{e}^{nx}}\right)=0$.

$$\sup_{x\in[0,+\infty)}|f_n(x)-f(x)|=\sup_{x\in[0,+\infty)}\left|\frac{1}{n}\ln\left(1+\frac{1}{\mathrm{e}^{nx}}\right)\right|\leqslant\frac{1}{n}\ln 2\to 0(n\to\infty)$$

所以函数列$\{f_n\}$在$[0,+\infty)$上一致收敛于$f(x)=0$.

(2) $x\in(-\infty,0)$时,

$$f(x)=\lim_{n\to\infty}f_n(x)=\lim_{n\to\infty}\frac{\ln[1+(\mathrm{e}^{-x})^n]}{n}=\lim_{y\to+\infty}\frac{\ln[1+(\mathrm{e}^{-x})^y]}{y}$$

$$=\lim_{y\to+\infty}\frac{(\mathrm{e}^{-x})^y\ln\mathrm{e}^{-x}}{1+(\mathrm{e}^{-x})^y}=\lim_{y\to+\infty}\frac{-x}{\left(\dfrac{1}{\mathrm{e}^{-x}}\right)^y+1}=-x$$

记 $g(x)=\frac{1}{n}\ln(1+\mathrm{e}^{-nx})+x, x\in(-\infty,0)$，则

$$g(x)=\frac{1}{n}[\ln\mathrm{e}^{-nx}+\ln(\mathrm{e}^{nx}+1)]+x=\frac{1}{n}\ln(1+\mathrm{e}^{nx})>0$$

$$|f_n(x)-f(x)|=\left|\frac{1}{n}\ln(1+\mathrm{e}^{-nx})+x\right|=\frac{1}{n}\ln(1+\mathrm{e}^{-nx})+x$$

且

$$g'(x)=\frac{1}{n}\cdot\frac{\mathrm{e}^{nx}n}{1+\mathrm{e}^{nx}}=\frac{\mathrm{e}^{nx}}{(1+\mathrm{e}^{nx})}>0$$

所以 $g(x)$ 在 $(-\infty,0]$ 上严格递增，则当 $x\in(-\infty,0)$ 时

$$g(x)<g(0)=\frac{1}{n}\ln2\to0(n\to\infty)$$

$$\sup_{x\in(-\infty,0)}|f_n(x)-f(x)|\leqslant\frac{1}{n}\ln2\to0(n\to\infty)$$

所以函数列 $\{f_n\}$ 在 $(-\infty,0)$ 上一致收敛于 $f(x)=-x$.

例16－7　证明：(1) 若 $f_n(x)\rightrightarrows f(x)(n\to\infty), x\in I$，且 f 在 I 上有界，则 $\{f_n\}$ 至多除有限项外在 I 上一致有界；

(2) 若 $f_n(x)\rightrightarrows f(x)(n\to\infty), x\in I$，且对每个正整数 n，f_n 在 I 上有界，则 $\{f_n\}$ 在 I 上一致有界.

证明　(1) 因为 f 在 I 上有界，则存在 $M>0$，满足

$$|f_N(x)|\leqslant M, x\in I$$

又 $f_n(x)\rightrightarrows f(x)(n\to\infty), x\in I$，则对于 $\varepsilon=1$，$\exists N\in\mathbf{N}_+$，当 $n>N$ 时，$\forall x\in I$ 有

$$|f_n(x)-f(x)|<1$$

所以当 $n>N$ 时，$\forall x\in I$ 有

$$|f_n(x)|\leqslant|f_n(x)-f(x)|+|f(x)|\leqslant1+M.$$

(2) 首先证明 f 在 I 上有界：

因为 $f_n(x)\rightrightarrows f(x)(n\to\infty), x\in I$，则对于 $\varepsilon=1$，$\exists N\in\mathbf{N}_+$，当 $n\geqslant N$ 时，$\forall x\in I$ 有

$$|f_n(x)-f(x)|<1$$

特别 $\forall x\in I$，有

$$|f_N(x)-f(x)|<1$$

由于 f_N 在 I 上有界，则存在 $M_N>0$，满足

$$|f_N(x)|\leqslant M_N, x\in I$$

所以

$$|f(x)|\leqslant|f_N(x)-f(x)|+|f_N(x)|\leqslant1+M_N$$

其次证明 $\{f_n\}$ 在 I 上一致有界：

当 $n\geqslant N$ 时

$$|f_n(x)| \leqslant |f_n(x) - f(x)| + |f(x)| \leqslant 2 + M_N$$

记 M_i 满足:$\forall x \in I$ 有 $|f_i(x)| \leqslant M_i, i = 1,2,\cdots,N-1$. 并记

$$M = \max\{M_1, M_2, \cdots, M_{N-1}, 2 + M_N\}$$

则 $\forall n \in \mathbf{N}_+, \forall x \in I$ 有

$$|f_n(x)| \leqslant M$$

例 16－8　设 f 为 $\left[\frac{1}{2},1\right]$ 上的连续函数,证明:

(1) $\{x^n f(x)\}$ 在 $\left[\frac{1}{2},1\right]$ 上收敛;

(2) $\{x^n f(x)\}$ 在 $\left[\frac{1}{2},1\right]$ 上一致收敛的充要条件为 $f(1) = 0$.

证明　(1) $g(x) = \lim\limits_{n\to\infty} x^n f(x) = \begin{cases} 0, & \frac{1}{2} \leqslant x < 1, \\ f(1), & x = 1. \end{cases}$

(2) **必要性**:由(1)知 $\lim\limits_{x\to 1^-} g(x) = \lim\limits_{x\to 1^-} 0 = 0$.

又由于 $\{x^n f(x)\}$ 在 $\left[\frac{1}{2},1\right]$ 上一致收敛,且 $\forall n \in \mathbf{N}_+, x^n f(x)$ 在 $\left[\frac{1}{2},1\right]$ 上连续,则极限函数 $g(x)$ 在 $\left[\frac{1}{2},1\right]$ 上连续,所以有

$$\lim_{x\to 1^-} g(x) = g(1) = f(1)$$

由极限的唯一性知 $f(1) = 0$.

充分性:由于 $f(1) = 0$,则 $g(x) \equiv 0, x \in [\frac{1}{2},1]$.

由于 $\forall n \in \mathbf{N}_+, x^n f(x)$ 在 $\left[\frac{1}{2},1\right]$ 上连续,则由最大值、最小值定理,存在 $x_0 \in \left[\frac{1}{2},1\right]$,使得 $|x_0^n f(x_0)|$ 为 $|x^n f(x)|$ 在 $\left[\frac{1}{2},1\right]$ 上的最大值,所以

$$\sup_{x\in[\frac{1}{2},1]} |x^n f(x) - g(x)| = |x_0^n f(x_0)| \to 0 (n \to \infty)$$

即 $\{x^n f(x)\}$ 在 $\left[\frac{1}{2},1\right]$ 上一致收敛.

16.2　函数项级数

16.2.1　函数项级数及其收敛性

1. 函数项级数

设$\{u_n(x)\}$是定义在数集E上的一个函数列，表达式

$$u_1(x)+u_2(x)+\cdots+u_n(x)+\cdots,x\in E \tag{16-4}$$

称为定义在E上的函数项级数，简记为$\sum\limits_{n=1}^{\infty}u_n(x)$.

2. 部分和函数列

称

$$S_n(x)=\sum_{k=1}^{n}u_k(x),\ x\in E,n=1,2,\cdots \tag{16-5}$$

为函数项级数(16-4)的部分和函数列.

3. 函数项级数的收敛性

若$x_0\in E$，数项级数

$$u_1(x_0)+u_2(x_0)+\cdots+u_n(x_0)+\cdots \tag{16-6}$$

收敛，即部分和$S_n(x_0)=\sum\limits_{k=1}^{n}u_k(x_0)$当$n\to\infty$时极限存在，则称级数(16-4)在点$x_0$收敛，$x_0$称为级数(16-4)的收敛点.

若级数(16-6)发散，则称级数(16-4)在点x_0发散，x_0称为级数(16-4)的发散点.若级数(16-4)在E某个子集D上每个点都收敛，则称级数(16-4)在D上收敛，若D为级数(16-4)全体收敛点的集合，则称D为级数(16-4)的收敛域.

4. 函数项级数的和函数

函数项级数(16-4)在D上每一点x与其所对应的数项级数(16-6)的和$S(x)$构成一个定义在D上的函数，称为函数项级数(16-4)的和函数，并记作

$$\sum_{n=1}^{\infty}u_n(x)=S(x),x\in D\Leftrightarrow \lim_{n\to\infty}S_n(x)=S(x),x\in D$$

16.2.2　函数项级数的一致收敛性

1. 函数项级数一致收敛性定义

设$\{S_n(x)\}$是函数项级数$\sum\limits_{n=1}^{\infty}u_n(x)$的部分和函数列，若

$$S_n(x)\rightrightarrows S(x)(n\to\infty),x\in D$$

则称函数项级数 $\sum_{n=1}^{\infty} u_n(x)$ 在 D 上一致收敛于函数 $S(x)$,或称 $\sum_{n=1}^{\infty} u_n(x)$ 在 D 上一致收敛.

2. 函数项级数一致收敛性的判别

(1) 柯西准则

柯西准则: $\sum_{n=1}^{\infty} u_n(x)$ 在 D 上一致收敛的充要条件为:$\forall \varepsilon > 0, \exists N \in \mathbf{N}_+$,当 $n > N$ 时,$\forall x \in D, \forall p \in \mathbf{N}_+$,都有

$$|S_{n+p}(x) - S_n(x)| < \varepsilon$$

或

$$|u_{n+1}(x) + u_{n+2}(x) + \cdots + u_{n+p}(x)| < \varepsilon$$

推论: $\sum_{n=1}^{\infty} u_n(x)$ 在 D 上一致收敛 $\Rightarrow u_n(x) \rightrightarrows 0 (n \to \infty), x \in D$.

(2) 余和准则

余和准则: $\sum_{n=1}^{\infty} u_n(x)$ 在 D 上一致收敛于 $S(x)$ 的充要条件为

$$\lim_{n\to\infty} \sup_{x \in D} |R_n(x)| = \lim_{n\to\infty} \sup_{x \in D} |S_n(x) - S(x)| = 0$$

(3) M 判别法(优级数判别法)

优级数判别法(M 判别法): 设函数项级数 $\sum_{n=1}^{\infty} u_n(x)$ 定义在 D 上,$\sum_{n=1}^{\infty} M_n$ 为收敛的正项级数. 若 $\forall x \in D$,有

$$|u_n(x)| \leqslant M_n, n = 1,2,\cdots$$

则 $\sum_{n=1}^{\infty} u_n(x)$ 在 D 上一致收敛.

(4) 阿贝尔(Abel) 判别法:

若 ① $\sum_{n=1}^{\infty} u_n(x)$ 在区间 I 上一致收敛;

② 对每一个 $x \in I, \{v_n(x)\}$ 关于 n 单调;

③ $\{v_n(x)\}$ 在区间 I 上一致有界,即 $\exists M > 0$,使得 $|v_n(x)| \leqslant M, \forall x \in I, \forall n \in \mathbf{N}_+$,

则 $\sum_{n=1}^{\infty} u_n(x) v_n(x)$ 在 I 上一致收敛.

(5) 狄利克雷(Dirichlet) 判别法

若 ① $\sum_{n=1}^{\infty} u_n(x)$ 的部分和函数列 $S_n(x) = \sum_{k=1}^{n} u_k(x) (n = 1,2,\cdots)$ 在区间 I 上一致有界;

② 对每一个 $x \in I, \{v_n(x)\}$ 关于 n 单调;

③ $v_n(x) \rightrightarrows 0 (n \to \infty), x \in I$,则 $\sum_{n=1}^{\infty} u_n(x) v_n(x)$ 在 I 上一致收敛.

16.2.3　一致收敛函数项级数的性质

(1) 若 $\sum_{n=1}^{\infty} u_n(x)$ 在 $[a,b]$ 上一致收敛于和函数 $S(x)$，且 $\forall n \in \mathbf{N}_+$，$u_n(x)$ 在 $[a,b]$ 上连续，则和函数 $S(x)$ 在 $[a,b]$ 上连续，且有

$$\lim_{x \to x_0} \sum_{n=1}^{\infty} u_n(x) = \sum_{n=1}^{\infty} \lim_{x \to x_0} u_n(x)$$

(2) 若 $\sum_{n=1}^{\infty} u_n(x)$ 在 $[a,b]$ 上一致收敛于和函数 $S(x)$，且 $\forall n \in \mathbf{N}_+$，$u_n(x)$ 在 $[a,b]$ 上连续，则和函数 $S(x)$ 在 $[a,b]$ 上可积，且有 $\int_a^b \sum_{n=1}^{\infty} u_n(x)\,dx = \sum_{n=1}^{\infty} \int_a^b u_n(x)\,dx$.

(3) 若 $x_0 \in [a,b]$ 为 $\sum_{n=1}^{\infty} u_n(x)$ 的收敛点；$\forall n \in \mathbf{N}_+$，$u_n'$ 在 $[a,b]$ 上连续；$\sum_{n=1}^{\infty} u_n'(x)$ 在 $[a,b]$ 上一致收敛，则 $\sum_{n=1}^{\infty} u_n(x)$ 在 $[a,b]$ 上收敛，其和函数在 $[a,b]$ 上可导，且

$$\frac{d}{dx}\left[\sum_{n=1}^{\infty} u_n(x)\right] = \sum_{n=1}^{\infty} \left[\frac{d}{dx} u_n(x)\right]$$

说明　在 $\sum_{n=1}^{\infty} u_n(x)$ 一致收敛的条件下，不能保证可以逐项求导.

例如，$\sum_{n=1}^{\infty} \frac{\sin n^2 x}{n^2}$ 在 $(-\infty, +\infty)$ 一致收敛，但逐项求导后，对任意实数 x，$\sum_{n=1}^{\infty} \cos n^2 x$ 的一般项不趋于0，$\sum_{n=1}^{\infty} \cos n^2 x$ 发散，没有和函数.

例16－9　证明：(1) $\sum_{n=0}^{\infty} (-1)^n (1-x)x^n$ 在 $[0,1]$ 上一致收敛；

(2) $\sum_{n=0}^{\infty} (1-x)x^n$ 在 $[0,1]$ 上收敛但不一致收敛.

证明　(1) 固定 $x \in [0,1]$，数列 $\{(1-x)x^n\}$ 单调减少，且 $\lim_{n \to \infty}(1-x)x^n = 0$. 由莱布尼茨判别法知级数收敛，且 $|R_n(x)| \leqslant (1-x)x^n$. 记

$$u_n(x) = (1-x)x^n, x \in [0,1]$$

$$u_n'(x) = -x^n + n(1-x)x^{n-1} = x^{n-1}[-x+n-nx]$$

$$= x^{n-1}[n-(n+1)x] = (n+1)x^{n-1}\left[\frac{n}{n+1} - x\right]$$

令 $u_n'(x) = 0$，得 $x = \frac{n}{n+1}$. 当 $0 < x < \frac{n}{n+1}$ 时，$u_n'(x) > 0$；当 $\frac{n}{n+1} < x < 1$ 时，$u_n'(x) < 0$.

$u_n(0)=u_n(1)=0, u_n\left(\frac{n}{n+1}\right)=\left(1-\frac{n}{n+1}\right)\left(\frac{n}{n+1}\right)^n=\frac{1}{n+1}\left(\frac{n}{n+1}\right)^n$ 为 $u_n(x)$ 在 $[0,1]$ 上的最大值,则

$$\sup_{x\in[0,1]}|R_n(x)|\leqslant\sup_{x\in[0,1]}(1-x)x^n=\frac{1}{n+1}\left(\frac{n}{n+1}\right)^n=\frac{1}{n+1}\cdot\frac{1}{\left(1+\frac{1}{n}\right)^n}=0(n\to\infty)$$

由余和准则知 $\sum_{n=0}^{\infty}(-1)^n(1-x)x^n$ 在 $[0,1]$ 上一致收敛.

(2) $S_n(x)=\sum_{k=0}^{n}(1-x)x^k$.

当 $x=1$ 时, $S_n(1)=0$; 当 $x\neq1$ 时, $S_n(x)=(1-x)\cdot\frac{1-x^n}{1-x}=1-x^n$, 总之 $S_n(x)=1-x^n, x\in[0,1]$. 则有

$$S(x)=\lim_{n\to\infty}S_n(x)=\begin{cases}1, & 0\leqslant x<1,\\ 0, & x=1.\end{cases}$$

所以 $\sum_{n=0}^{\infty}(1-x)x^n$ 在 $[0,1]$ 上收敛.

但 $S(x)$ 在 $[0,1]$ 上不连续,而 $\sum_{n=0}^{\infty}(1-x)x^n$ 的每一项在 $[0,1]$ 上连续,因此 $\sum_{n=0}^{\infty}(1-x)x^n$ 在 $[0,1]$ 上不一致收敛.

例 16-10 证明: $\sum_{n=1}^{\infty}\frac{(-1)^{n-1}}{x^2+n}$ 在 $(-\infty,+\infty)$ 上一致收敛.

证明 记 $u_n(x)=(-1)^{n-1}, v_n(x)=\frac{1}{x^2+n}, x\in(-\infty,+\infty), n=1,2,\cdots$.

(1) $|S_n(x)|=\left|\sum_{k=1}^{n}(-1)^{k-1}\right|\leqslant1, \forall n\in\mathbf{N}_+, \forall x\in(-\infty,+\infty)$;

(2) 对每一个 $x\in(-\infty,+\infty)$, $v_n(x)=\frac{1}{x^2+n}$ 关于 n 单调减少;

(3) $\sup_{x\in\mathbf{R}}|v_n(x)|=\sup_{x\in\mathbf{R}}\frac{1}{x^2+n}=\frac{1}{n}\to0(n\to\infty)$, 则 $v_n(x)\rightrightarrows0(n\to\infty), x\in R$.

由狄利克雷判别法知该函数项级数在 $(-\infty,+\infty)$ 上一致收敛.

例 16-11 证明: $\sum_{n=1}^{\infty}\frac{x^n}{\sqrt{n}}$ 在 $[-1,0]$ 上一致收敛.

证明 记 $u_n(x)=\frac{(-1)^n}{\sqrt{n}}, v_n(x)=|x|^n, x\in[-1,0], n=1,2,\cdots$.

(1) 由莱布尼茨判别法知数项级数$\sum_{n=1}^{\infty}\frac{(-1)^n}{\sqrt{n}}$收敛,作为函数项级数当然在$[-1,0]$上一致收敛;

(2) 对每一个$x\in[-1,0]$,$v_n(x)=|x|^n$关于n单调减少;

(3) $|v_n(x)|=|x|^n\leqslant 1,\forall n\in\mathbf{N}_+,\forall x\in[-1,0]$.

由阿贝尔判别法知该函数项级数在$[-1,0]$上一致收敛.

例16-12　证明:函数项级数$\sum_{n=1}^{\infty}\frac{\cos nx}{n}$在$(0,2\pi)$上不一致收敛.

证明　取$\varepsilon_0=\frac{\sqrt{2}}{4}$,$\forall N\in\mathbf{N}_+$,取$x_0=\frac{\pi}{8N}$,有

$$\left|\frac{\cos(N+1)x_0}{N+1}+\frac{\cos(N+2)x_0}{N+2}+\cdots+\frac{\cos 2Nx_0}{2N}\right|$$

$$=\left|\frac{\cos\frac{(N+1)\pi}{8N}}{N+1}+\frac{\cos\frac{(N+2)\pi}{8N}}{N+2}+\cdots+\frac{\cos\frac{\pi}{4}}{2N}\right|$$

$$\geqslant\frac{\sqrt{2}}{2}\left(\frac{1}{N+1}+\frac{1}{N+2}+\cdots+\frac{1}{2N}\right)>\frac{\sqrt{2}}{4}=\varepsilon_0$$

由柯西准则知$\sum_{n=1}^{\infty}\frac{\cos nx}{n}$在$(0,2\pi)$上不一致收敛.

例16-13　设$u_n(x)(n=1,2,\cdots)$是$[a,b]$上的单调函数,证明:若$\sum_{n=1}^{\infty}u_n(a)$与$\sum_{n=1}^{\infty}u_n(b)$都绝对收敛,则$\sum_{n=1}^{\infty}u_n(x)$在$[a,b]$上绝对且一致收敛.

证明　由于$u_n(x)(n=1,2,\cdots)$是$[a,b]$上的单调函数,则

$$|u_n(x)|\leqslant\max\{|u_n(a)|,|u_n(b)|\}\leqslant|u_n(a)|+|u_n(b)|$$

由于$\sum_{n=1}^{\infty}u_n(a)$与$\sum_{n=1}^{\infty}u_n(b)$都绝对收敛,则$\sum_{n=1}^{\infty}[|u_n(a)|+|u_n(b)|]$收敛.由比较原则知,对每一个$x\in[a,b]$,$\sum_{n=1}^{\infty}u_n(x)$绝对收敛.由$M$判别法知$\sum_{n=1}^{\infty}u_n(x)$在$[a,b]$上一致收敛.

例16-14　在$[0,1]$上定义函数列

$u_n(x)=\begin{cases}\frac{1}{n},x=\frac{1}{n},\\0,x\neq\frac{1}{n},\end{cases}$ $n=1,2,\cdots$,证明:级数$\sum_{n=1}^{\infty}u_n(x)$在$[0,1]$上一致收敛,但它不

存在收敛的优级数.

证明 $S_n(x)=\sum_{k=1}^{n}u_k(x)=\begin{cases}\frac{1}{k}, & x=\frac{1}{k},k=1,2,\cdots,n,\\ 0, & x\text{ 为}[0,1]\text{ 上其他点}.\end{cases}$

$$S(x)=\lim_{n\to\infty}S_n(x)=\begin{cases}\frac{1}{k}, & x=\frac{1}{k},k\in\mathbf{N}_+,\\ 0, & x\text{ 为}[0,1]\text{ 上其他点}.\end{cases}$$

$$\sup_{x\in[0,1]}|S_n(x)-S(x)|=\frac{1}{n+1}\to 0(n\to\infty)$$

由余和准则知 $\sum_{n=1}^{\infty}u_n(x)$ 在[0,1]上一致收敛.

假设存在收敛的优级数 $\sum_{n=1}^{\infty}M_n$,则

$$|u_n(x)|\leqslant M_n,n=1,2,\cdots,\forall x\in[0,1]$$

有 $\frac{1}{n}\leqslant M_n$, 由于调和级数 $\sum_{n=1}^{\infty}\frac{1}{n}$ 发散,则根据比较原则知 $\sum_{n=1}^{\infty}M_n$ 发散,矛盾,所以不存在收敛的优级数.

例 16－15 设级数 $\sum_{n=1}^{\infty}a_n$ 收敛,证明:$\lim_{x\to 0^+}\sum_{n=1}^{\infty}\frac{a_n}{n^x}=\sum_{n=1}^{\infty}a_n$.

证明 记 $u_n(x)=a_n,v_n(x)=\frac{1}{n^x},x\in[0,+\infty),n=1,2,\cdots$.

(1) 由于数项级数 $\sum_{n=1}^{\infty}u_n(x)=\sum_{n=1}^{\infty}a_n$ 收敛,则作为函数项级数在 $[0,+\infty)$ 上显然一致收敛.

(2) 对每一个 $x\in[0,+\infty)$, $\{v_n(x)\}$ 单调减少.

(3) $\forall n\in\mathbf{N}_+,\forall x\in[0,+\infty)$ 有 $|v_n(x)|\leqslant 1$.

由阿贝尔定理知 $\sum_{n=1}^{\infty}\frac{a_n}{n^x}$ 在 $[0,+\infty)$ 上一致收敛, 又 $\forall n\in\mathbf{N}_+,\frac{a_n}{n^x}$ 在 $[0,+\infty)$ 上连续,则其和函数在 $[0,+\infty)$ 上连续,所以有

$$\lim_{x\to 0^+}\sum_{n=1}^{\infty}\frac{a_n}{n^x}=\sum_{n=1}^{\infty}\lim_{x\to 0^+}\frac{a_n}{n^x}=\sum_{n=1}^{\infty}a_n$$

例 16－16 设 $u_n(x)=\frac{1}{n^3}\ln(1+n^2x^2),n=1,2,\cdots$. 证明函数项级数 $\sum_{n=1}^{\infty}u_n(x)$ 在[0,1]上一致收敛,并讨论其和函数在[0,1]上的连续性、可积性和可微性.

证明 对每一个 $n\in\mathbf{N}_+,u_n(x)$ 为[0,1]上的增函数,故有

$$u_n(x) \leqslant u_n(1) = \frac{1}{n^3}\ln(1+n^2), n = 1,2,\cdots$$

又当 $t \geqslant 1$ 时,有不等式 $\ln(1+t^2) < t$,所以

$$u_n(x) \leqslant \frac{1}{n^3}\ln(1+n^2) < \frac{1}{n^3} \quad n = \frac{1}{n^2}, n = 1,2,\cdots$$

收敛级数 $\sum\limits_{n=1}^{\infty} \frac{1}{n^2}$ 为 $\sum\limits_{n=1}^{\infty} u_n(x)$ 的优级数, $\sum\limits_{n=1}^{\infty} u_n(x)$ 在$[0,1]$上一致收敛.

由于每个 $u_n(x)$ 在$[0,1]$上连续,则 $\sum\limits_{n=1}^{\infty} u_n(x)$ 的和函数 $S(x)$ 在$[0,1]$上连续且可积.

又由于当 $x = 0$ 时, $u_n'(x) = 0$;当 $x \in (0,1]$ 时,

$$u_n'(x) = \frac{2x}{n(1+n^2x^2)} \leqslant \frac{2x}{n2nx} = \frac{1}{n^2}, n = 1,2,\cdots$$

总之 $\forall x \in [0,1]$,有 $u_n'(x) \leqslant \frac{1}{n^2}, n = 1,2,\cdots$. $\sum\limits_{n=1}^{\infty} \frac{1}{n^2}$ 为 $\sum\limits_{n=1}^{\infty} u_n'(x)$ 收敛的优级数,故 $\sum\limits_{n=1}^{\infty} u_n'(x)$ 也在$[0,1]$上一致收敛,所以 $S(x)$ 在$[0,1]$上可微.

例16-17　设 $S(x) = \sum\limits_{n=1}^{\infty} n\mathrm{e}^{-nx}, x > 0$,计算 $\int_{\ln 2}^{\ln 3} S(x)\mathrm{d}x$.

解　当 $x \in [\ln 2, \ln 3]$ 时, $x \geqslant \ln 2$, $\mathrm{e}^{nx} \geqslant \mathrm{e}^{n\ln 2} = 2^n$. 则有

$$\frac{n}{\mathrm{e}^{nx}} \leqslant \frac{n}{\mathrm{e}^{n\ln 2}} = \frac{n}{2^n}$$

由于 $\sum\limits_{n=1}^{\infty} \frac{n}{2^n}$ 收敛,则由优级数判别法知 $\sum\limits_{n=1}^{\infty} n\mathrm{e}^{-nx}$ 在$[\ln 2, \ln 3]$上一致收敛.

又 $\forall n \in \mathbf{N}_+$, $u_n(x) = n\mathrm{e}^{-nx}$ 在$[\ln 2,\ln 3]$上连续,所以和函数 $S(x)$ 在$[\ln 2,\ln 3]$上可积,且可逐项积分

$$\int_{\ln 2}^{\ln 3} S(t)\mathrm{d}t = \sum_{n=1}^{\infty}\int_{\ln 2}^{\ln 3} n\mathrm{e}^{-nx}\mathrm{d}x = \sum_{n=1}^{\infty}\left[-\mathrm{e}^{-nx}\Big|_{\ln 2}^{\ln 3}\right] = \sum_{n=1}^{\infty}\left[\frac{1}{2^n} - \frac{1}{3^n}\right]$$

$$= \lim_{n\to\infty}\left[\frac{\frac{1}{2}\left(1-\frac{1}{2^n}\right)}{1-\frac{1}{2}} - \frac{\frac{1}{3}\left(1-\frac{1}{3^n}\right)}{1-\frac{1}{3}}\right] = 1 - \frac{1}{2} = \frac{1}{2}$$

例16-18　证明:函数 $f(x) = \sum\limits_{n=1}^{\infty} \frac{\sin nx}{n^3}$ 在$(-\infty, +\infty)$上连续,且有连续的导函数.

证明　记 $u_n(x) = \frac{\sin nx}{n^3}, x \in (-\infty, +\infty), n = 1,2,\cdots$.

由于 $\forall x \in (-\infty, +\infty)$, $\forall n \in \mathbf{N}_+$,有

$$|u_n(x)| \leqslant \frac{1}{n^3}$$

根据优级数判别法知 $\sum_{n=1}^{\infty} u_n(x)$ 在 $(-\infty, +\infty)$ 上一致收敛. 显然 $\forall n \in \mathbf{N}_+, u_n(x) = \frac{\sin nx}{n^3}$ 在 $(-\infty, +\infty)$ 上连续,所以和函数 $f(x)$ 在 $(-\infty, +\infty)$ 上连续.

由于 $u_n'(x) = \frac{\cos nx}{n^2}$, $n = 1,2,\cdots$,且 $\forall x \in (-\infty, +\infty)$, $\forall n \in \mathbf{N}_+$ 有

$$|u_n'(x)| \leqslant \frac{1}{n^2}$$

根据优级数判别法知 $\sum_{n=1}^{\infty} u_n'(x)$ 在 $(-\infty, +\infty)$ 上一致收敛. 又 $\forall n \in \mathbf{N}_+, u_n'(x) = \frac{\cos nx}{n^2}$ 在 $(-\infty, +\infty)$ 上连续,所以有

$$f'(x) = \sum_{n=1}^{\infty} u_n'(x) = \sum_{n=1}^{\infty} \frac{\cos nx}{n^2}$$

且导函数 $f'(x)$ 在 $(-\infty, +\infty)$ 上连续.

第17章　幂　级　数

17.1　幂　级　数

17.1.1　幂级数的收敛域

1. 幂级数

型如 $\sum_{n=0}^{\infty} a_n (x - x_0)^n$ 和 $\sum_{n=0}^{\infty} a_n x^n$ 的函数项级数称为幂级数.

2. 幂级数的收敛半径、收敛区间及收敛域

阿贝尔(Abel)定理:

(1) 若幂级数 $\sum_{n=0}^{\infty} a_n x^n$ 在 $x = \bar{x} \neq 0$ 点收敛,则对满足不等式 $|x| < |\bar{x}|$ 的任何 x,幂级数收敛且绝对收敛;

(2) 若幂级数 $\sum_{n=0}^{\infty} a_n x^n$ 在 $x = \bar{x}$ 点发散,则对满足不等式 $|x| > |\bar{x}|$ 的任何 x,幂级数发散.

收敛半径:当幂级数 $\sum_{n=0}^{\infty} a_n x^n$ 不只在 $x = 0$ 点收敛,也不在数轴上所有点都收敛时,其收敛域是关于原点对称的区间,如果该区间长度为 $2R$,则称 R 为幂级数 $\sum_{n=0}^{\infty} a_n x^n$ 的收敛半径;当幂级数 $\sum_{n=0}^{\infty} a_n x^n$ 只在 $x = 0$ 点收敛时,规定其收敛半径为 $R = 0$;当幂级数 $\sum_{n=0}^{\infty} a_n x^n$ 在数轴上所有点都收敛时,规定其收敛半径为 $R = +\infty$.

收敛区间:若 $\sum_{n=0}^{\infty} a_n x^n$ 不只在 $x = 0$ 点收敛,即收敛半径 $R > 0$ 时,称 $(-R,R)$ 为幂级数的收敛区间.

说明: $\sum_{n=0}^{\infty} a_n x^n$ 在其收敛区间内绝对收敛,在收敛区间的端点处可能收敛,也可能发散,即使收敛,也不一定绝对收敛. 例如 $\sum_{n=1}^{\infty} \frac{x^n}{n}$ 在 $x = -1$ 处条件收敛,在 $x = 1$ 处发散.

收敛域:当$0 < R < +\infty$时,幂级数$\sum_{n=0}^{\infty} a_n x^n$的收敛域为$(-R,R)$,$[-R,R)$,$(-R,R]$,$[-R,R]$之一;当$R=0$时,幂级数$\sum_{n=0}^{\infty} a_n x^n$的收敛域为$\{0\}$;当$R=+\infty$时,幂级数$\sum_{n=0}^{\infty} a_n x^n$的收敛域为$(-\infty,+\infty)$。

求收敛半径公式:对于幂级数$\sum_{n=0}^{\infty} a_n x^n$,若$\lim_{n\to\infty} \sqrt[n]{|a_n|}=\rho$,则收敛半径为

$$R=\begin{cases} \dfrac{1}{\rho}, & 0<\rho<+\infty, \\ +\infty, & \rho=0, \\ 0, & \rho=+\infty. \end{cases}$$

内闭一致收敛性:若幂级数$\sum_{n=0}^{\infty} a_n x^n$的收敛半径为$R(>0)$,则在它的收敛区间$(-R,R)$内任一闭区间$[a,b]$上幂级数$\sum_{n=0}^{\infty} a_n x^n$都一致收敛.

阿贝尔(Abel)第二定理:若幂级数$\sum_{n=0}^{\infty} a_n x^n$的收敛半径为$R(>0)$,且在$x=R$(或$x=-R$)时收敛,则$\sum_{n=0}^{\infty} a_n x^n$在$[0,R]$或$[-R,0]$上一致收敛,且

$$\lim_{x\to R^-}\sum_{n=0}^{\infty} a_n x^n=\sum_{n=0}^{\infty} a_n R^n,\quad \lim_{x\to -R^+}\sum_{n=0}^{\infty} a_n x^n=\sum_{n=0}^{\infty} a_n (-R)^n$$

17.1.2 幂级数的性质

设幂级数$\sum_{n=0}^{\infty} a_n x^n$的收敛半径为$R(>0)$,和函数为$f(x)$,则

(1)$f(x)$在其收敛域上连续;

(2)$\sum_{n=1}^{\infty} n a_n x^{n-1}$和$\sum_{n=0}^{\infty} \dfrac{a_n}{n+1} x^{n+1}$收敛半径也为$R$;

(3)当$x\in(-R,R)$时,$f'(x)=\sum_{n=1}^{\infty} n a_n x^{n-1}$;$\int_0^x f(t)\,\mathrm{d}t=\sum_{n=0}^{\infty} \dfrac{a_n}{n+1} x^{n+1}$.

17.1.3 幂级数的运算

设有幂级数$\sum_{n=0}^{\infty} a_n x^n$和$\sum_{n=0}^{\infty} b_n x^n$:

(1)若两幂级数在$x=0$的某邻域内有相同的和函数,则称这两幂级数在该邻域内相等.

(2) 若两幂级数的收敛半径分别为 R_1 和 R_2，则有

$$\lambda\sum_{n=0}^{\infty}a_nx^n=\sum_{n=0}^{\infty}\lambda a_nx^n, x\in(-R_1,R_1);$$

$$\sum_{n=0}^{\infty}a_nx^n\pm\sum_{n=0}^{\infty}b_nx^n=\sum_{n=0}^{\infty}(a_n\pm b_n)x^n, x\in(R,R);$$

$$\left(\sum_{n=0}^{\infty}a_nx^n\right)\left(\sum_{n=0}^{\infty}b_nx^n\right)=\sum_{n=0}^{\infty}c_nx^n, x\in(R,R).$$

其中 λ 为常数，$R=\min\{R_1,R_2\}$，$c_n=\sum\limits_{k=0}^{n}a_kb_{n-k}$

例 17－1　求下列幂级数的收敛半径与收敛域：

(1) $\sum\limits_{n=1}^{\infty}\dfrac{(n!)^2}{(2n)!}x^n$;　　(2) $\sum\limits_{n=1}^{\infty}\dfrac{(x-2)^{2n-1}}{(2n-1)!}$;

(3) $\sum\limits_{n=1}^{\infty}\dfrac{3^n+(-2)^n}{n}(x+1)^n$;　　(4) $\sum\limits_{n=1}^{\infty}\dfrac{x^{n^2}}{2^n}$.

解　(1) $\rho=\lim\limits_{n\to\infty}\dfrac{|a_{n+1}|}{|a_n|}=\lim\limits_{n\to\infty}\dfrac{[(n+1)!]^2}{[2(n+1)]!}\cdot\dfrac{(2n)!}{(n!)^2}$

$$=\lim_{n\to\infty}\frac{(n+1)^2}{(2n+2)(2n+1)}=\frac{1}{4}$$

$R=4$，收敛区间为 $(-4,4)$.

由于 $\dfrac{(n!)^2}{(2n)!}4^n=\dfrac{(2^nn!)^2}{(2n)!}=\dfrac{\{2n\cdot[2(n-1)]\cdot[2(n-2)]\cdot\cdots\cdot4\cdot2\}^2}{2n\cdot(2n-1)\cdot(2n-2)\cdot\cdots\cdot3\cdot2\cdot1}=\dfrac{(2n)!!}{(2n-1)!!}>1.$

不可能有 $\lim\limits_{n\to\infty}\dfrac{(n!)^2}{(2n)!}4^n=0$.

所以 $x=-4$ 时，$\sum\limits_{n=1}^{\infty}\dfrac{(n!)^2}{(2n)!}(-4)^n=\sum\limits_{n=1}^{\infty}(-1)^n\dfrac{(n!)^2\cdot4^n}{(2n)!}$ 发散；$x=4$ 时，$\sum\limits_{n=1}^{\infty}\dfrac{(n!)^2}{(2n)!}4^n$ 发散.

收敛域为 $(-4,4)$.

(2) 由于　$\lim\limits_{n\to\infty}\dfrac{|u_{n+1}|}{|u_n|}=\lim\limits_{n\to\infty}\dfrac{(x-2)^2}{(2n+1)\cdot2n}=0<1$

则收敛域为 $(-\infty,+\infty)$.

(3) $\rho=\lim\limits_{n\to\infty}\dfrac{|a_{n+1}|}{|a_n|}=\lim\limits_{n\to\infty}\dfrac{3^{n+1}+(-2)^{n+1}}{n+1}\cdot\dfrac{n}{3^n+(-2)^n}$

$$=\lim_{n\to\infty}\frac{n}{n+1}\cdot\frac{3-2\left(\frac{2}{3}\right)^n}{1+\left(-\frac{2}{3}\right)^n}=3$$

$R=\frac{1}{3}$,收敛区间为$|x+1|<\frac{1}{3}$, 即$\left(-\frac{4}{3},-\frac{2}{3}\right)$.

当$x=-\frac{4}{3}$时,$\sum_{n=1}^{\infty}\frac{3^n+(-2)^n}{n}\left(-\frac{1}{3}\right)^n=\sum_{n=1}^{\infty}\frac{(-1)^n}{n}+\sum_{n=1}^{\infty}\frac{1}{n}\left(\frac{2}{3}\right)^n$收敛;

当$x=-\frac{2}{3}$时,$\sum_{n=1}^{\infty}\frac{3^n+(-2)^n}{n}\left(\frac{1}{3}\right)^n=\sum_{n=1}^{\infty}\frac{1}{n}+\sum_{n=1}^{\infty}\frac{1}{n}\left(-\frac{2}{3}\right)^n$发散.

所求的收敛域为$\left[-\frac{4}{3},-\frac{2}{3}\right)$.

$$(4)\ \lim_{n\to\infty}\sqrt[n]{|u_n|}=\lim_{n\to\infty}\frac{|x|^n}{2}=\begin{cases}\frac{1}{2}, & |x|=1,\\ 0, & |x|<1,\\ +\infty, & |x|>1.\end{cases}$$

由根式判别法知,收敛域为$[-1,1]$.

例 17 - 2 应用逐项求导和逐项求积方法求下列幂级数的和函数:

(1) $\sum_{n=0}^{\infty}\frac{x^{2n+1}}{2n+1}$; (2) $\sum_{n=1}^{\infty}nx^n$; (3) $\sum_{n=1}^{\infty}n(n+1)x^n$.

解 (1) 该幂级数的收敛域为$(-1,1)$.

设$S(x)=\sum_{n=0}^{\infty}\frac{x^{2n+1}}{2n+1},x\in(-1,1)$. 则

$$S'(x)=\sum_{n=0}^{\infty}x^{2n}=\frac{1}{1-x^2},\ x\in(-1,1)$$

$$\int_0^x S'(t)\,\mathrm{d}t=\int_0^x\frac{1}{1-t^2}\mathrm{d}t,\ x\in(-1,1)$$

$S(x)-S(0)=\frac{1}{2}\ln\frac{1+x}{1-x}$, 又$S(0)=0$,则$S(x)=\frac{1}{2}\ln\frac{1+x}{1-x}$.

(2) 该幂级数的收敛域为$(-1,1)$.

设$S(x)=\sum_{n=1}^{\infty}nx^n,x\in(-1,1)$,则

$$S(x)=x\sum_{n=1}^{\infty}nx^{n-1}=x\left(\sum_{n=1}^{\infty}x^n\right)'=x\left(\frac{x}{1-x}\right)'=\frac{x}{(1-x)^2}$$

(3) 该幂级数的收敛域为$(-1,1)$.

设$S(x)=\sum_{n=1}^{\infty}n(n+1)x^n,x\in(-1,1)$,则

$$S(x)=\left(\sum_{n=1}^{\infty}nx^{n+1}\right)'=\left[x\left(\sum_{n=1}^{\infty}nx^n\right)\right]'=\left[x\cdot\frac{x}{(1-x)^2}\right]'=\frac{2x}{(1-x)^3}$$

例 17－3　证明：(1) 设 $f(x)=\sum\limits_{n=0}^{\infty}a_nx^n$ 在 $|x|<R$ 内收敛，若 $\sum\limits_{n=0}^{\infty}\frac{a_n}{n+1}R^{n+1}$ 也收敛，则 $\int_0^R f(x)\mathrm{d}x=\sum\limits_{n=0}^{\infty}\frac{a_n}{n+1}R^{n+1}$. (2) 应用这个结果证明：$\int_0^1\frac{1}{1+x}\mathrm{d}x=\ln 2=\sum\limits_{n=1}^{\infty}\frac{(-1)^{n-1}}{n}$.

证明　由于 $f(x)=\sum\limits_{n=0}^{\infty}a_nx^n, x\in(-R,R)$，则

$$\int_0^x f(t)\mathrm{d}t=\sum_{n=0}^{\infty}\frac{a_n}{n+1}x^{n+1}, x\in(-R,R)$$

由条件知 $\sum\limits_{n=0}^{\infty}\frac{a_n}{n+1}R^{n+1}$ 收敛，则 $\int_0^x f(t)\mathrm{d}t$ 在 $x=R$ 处左连续，且有

$$\int_0^R f(t)\mathrm{d}t=\lim_{x\to R^-}\int_0^x f(t)\mathrm{d}t=\sum_{n=0}^{\infty}\lim_{x\to R^-}\frac{a_n}{n+1}x^{n+1}=\sum_{n=0}^{\infty}\frac{a_n}{n+1}R^{n+1}$$

即

$$\int_0^R f(x)\mathrm{d}x=\sum_{n=0}^{\infty}\frac{a_n}{n+1}R^{n+1}$$

由于 $\frac{1}{1+x}=1-x+x^2-\cdots+(-1)^nx^n+\cdots, x\in(-1,1)$. 级数 $\sum\limits_{n=0}^{\infty}\frac{(-1)^n}{n+1}$ 收敛，由上面的结论知

$$\int_0^1\frac{1}{1+x}\mathrm{d}x=\sum_{n=0}^{\infty}\frac{(-1)^n}{n+1}$$

即

$$\int_0^1\frac{1}{1+x}\mathrm{d}x=\ln 2=\sum_{n=1}^{\infty}\frac{(-1)^{n-1}}{n}$$

例 17－4　求幂级数 $\sum\limits_{n=1}^{\infty}\frac{x^n}{n}$ 的和函数，并求级数 $\sum\limits_{n=1}^{\infty}\frac{2^{n+1}}{3^nn}$ 和级数 $\sum\limits_{n=1}^{\infty}\frac{(-1)^{n+1}}{n}$ 的和.

解　幂级数 $\sum\limits_{n=1}^{\infty}\frac{x^n}{n}$ 的收敛域为 $[-1,1)$，设和函数为 $S(x)$. 在 $(-1,1)$ 内有

$$S'(x)=\sum_{n=1}^{\infty}x^{n-1}=\frac{1}{1-x}$$

注意到 $S(0)=0$，则对 $\forall x\in(-1,1)$ 有

$$S(x)=S(x)-S(0)=\int_0^x S'(t)\mathrm{d}t=\int_0^x\frac{\mathrm{d}t}{1-t}=-\ln(1-x)$$

又 $S(x)$ 在点 $x=-1$ 连续，于是在区间 $[-1,1)$ 内上式成立. 即有

$$\sum_{n=1}^{\infty}\frac{x^n}{n}=-\ln(1-x),\quad x\in[-1,1)$$

取 $x=\frac{2}{3}$，有

$$\sum_{n=1}^{\infty}\frac{2^{n+1}}{3^n n}=2\sum_{n=1}^{\infty}\frac{1}{n}\left(\frac{2}{3}\right)^n=2S\left(\frac{2}{3}\right)=2\ln 3$$

取 $x=-1$，有

$$\sum_{n=1}^{\infty}\frac{(-1)^{n+1}}{n}=-\sum_{n=1}^{\infty}\frac{(-1)^n}{n}=-S(-1)=\ln 2$$

例 17 - 5 求幂级数 $\sum\limits_{n=1}^{\infty}nx^n$ 的和函数,并利用该幂级数的和函数求幂级数 $\sum\limits_{n=1}^{\infty}\frac{nx^{2n+1}}{3^n}$ 的和函数及数项级数 $\sum\limits_{n=1}^{\infty}\frac{n+1}{2^{n-1}}$ 的和.

解 该幂级数的收敛域为$(-1,1)$. 在$(-1,1)$ 内设

$$f(x)=\sum_{n=1}^{\infty}nx^n=x\sum_{n=1}^{\infty}nx^{n-1}=xS(x)$$

现求 $S(x)$:对 $\forall x\in(-1,1)$,有

$$\int_0^x S(t)\,\mathrm{d}t=\sum_{n=1}^{\infty}\int_0^x nt^{n-1}\,\mathrm{d}t=\sum_{n=1}^{\infty}x^n=\frac{x}{1-x}$$

由 $S(x)$ 连续有

$$S(x)=\left(\int_0^x S(t)\,\mathrm{d}t\right)'=\left(\frac{x}{1-x}\right)'=\frac{1}{(1-x)^2}$$

因此

$$\sum_{n=1}^{\infty}nx^n=f(x)=xS(x)=\frac{x}{(1-x)^2},\quad |x|<1$$

作代换 $t=\frac{x^2}{3}$,有

$$\sum_{n=1}^{\infty}\frac{nx^{2n+1}}{3^n}=x\sum_{n=1}^{\infty}n\left(\frac{x^2}{3}\right)^n=x\sum_{n=1}^{\infty}nt^n=x\cdot\frac{t}{(1-t)^2}=\frac{3x^3}{(3-x^2)^2}\quad |x|<\sqrt{3}$$

$$\sum_{n=1}^{\infty}\frac{n+1}{2^{n-1}}=\sum_{n=1}^{\infty}\frac{2n}{2^n}+\sum_{n=1}^{\infty}\frac{1}{2^{n-1}}=2\sum_{n=1}^{\infty}n\left(\frac{1}{2}\right)^n+\frac{1}{1-\frac{1}{2}}=2\cdot\frac{\frac{1}{2}}{\left(1-\frac{1}{2}\right)^2}+2=6$$

例 17 - 6 求数项级数 $\sum\limits_{n=0}^{\infty}\frac{(-1)^n}{2n+1}$ 的和.

解 由莱布尼茨判别法知该级数收敛. 考虑幂级数:

$\sum\limits_{n=0}^{\infty}\frac{(-1)^n x^{2n+1}}{2n+1}$,其收敛域为$[-1,1]$. 设和函数为 $S(x)$,在$(-1,1)$ 内有

$$S'(x)=\sum_{n=0}^{\infty}(-1)^n x^{2n}=\sum_{n=0}^{\infty}(-x^2)^n=\frac{1}{1+x^2},\quad |x|<1$$

注意到 $S(0)=0$,对 $\forall x\in(-1,1)$ 有

$$S(x) = S(x) - S(0) = \int_0^x S'(t)\mathrm{d}t = \int_0^x \frac{\mathrm{d}t}{1+x^2} = \arctan x, \alpha \in [-1,1]$$

所以有
$$\sum_{n=0}^{\infty} \frac{(-1)^n}{2n+1} = S(1) = \arctan 1 = \frac{\pi}{4}$$

17.2　函数的幂级数展开

17.2.1　函数的幂级数展开式

1. $f(x)$ 在 x_0 点的泰勒级数

$$\sum_{n=0}^{\infty} \frac{f^{(n)}(x_0)}{n!}(x-x_0)^n$$

2. $f(x)$ 的麦克劳林级数

$$\sum_{n=0}^{\infty} \frac{f^{(n)}(0)}{n!}x^n$$

3. $f(x)$ 等于其泰勒级数的和函数的充要条件

设 $f(x)$ 在点 x_0 具有任意阶导数，那么 $f(x)$ 在区间 (x_0-r, x_0+r) 内等于其泰勒级数的和函数的充要条件为：对一切满足不等式 $|x-x_0|<r$ 的 x 有

$$\lim_{n\to\infty} R_n(x) = 0$$

17.2.2　几个基本展开式

$\mathrm{e}^x = 1 + x + \dfrac{x^2}{2!} + \cdots + \dfrac{x^n}{n!} + \cdots, (-\infty < x < +\infty)$;

$\sin x = x - \dfrac{x^3}{3!} + \dfrac{x^5}{5!} - \cdots + (-1)^{n-1}\dfrac{x^{2n-1}}{(2n-1)!} + \cdots, (-\infty < x < +\infty)$;

$\cos x = 1 - \dfrac{x^2}{2!} + \dfrac{x^4}{4!} - \cdots + (-1)^n\dfrac{x^{2n}}{(2n)!} + \cdots, (-\infty < x < +\infty)$;

$(1+x)^\alpha = 1 + \alpha x + \dfrac{\alpha(\alpha-1)}{2!}x^2 + \cdots + \dfrac{\alpha(\alpha-1)\cdots(\alpha-n+1)}{n!}x^n + \cdots, (-1 < x < 1)$;

$\ln(1+x) = x - \dfrac{x^2}{2} + \dfrac{x^3}{3!} - \cdots + (-1)^{n-1}\dfrac{x^n}{n!} + \cdots, (-1 < x \leqslant 1)$.

$\dfrac{1}{1-x} = 1 + x + x^2 + \cdots + x^n + \cdots, x \in (-1,1)$.

例 17-7　利用已知函数的幂级数展开式，求下列函数在 $x=0$ 处的幂级数展开式，并确定它收敛于该函数的区间.

(1) $\sin^2 x$;　　(2) $\dfrac{x}{1+x-2x^2}$;

(3) $\int_0^x \dfrac{\sin x}{x}\mathrm{d}x$;　　(4) $\ln(x+\sqrt{1+x^2})$.

解　(1) $\sin^2 x = \dfrac{1}{2}-\dfrac{1}{2}\cos 2x$

$$= \frac{1}{2}-\frac{1}{2}\left[1-\frac{(2x)^2}{2!}+\frac{(2x)^4}{4!}-\cdots+(-1)^n\frac{(2x)^{2n}}{(2n)!}+\cdots\right]$$

$$= x^2-\frac{2^3}{4!}x^4+\frac{2^5}{6!}x^6-\cdots+(-1)^n\frac{2^{n-1}}{(2n)!}x^{2n}+\cdots, x\in(-\infty,+\infty)$$

(2) $\dfrac{x}{1+x-2x^2} = \dfrac{1}{3}\cdot\dfrac{x}{1-x}+\dfrac{2}{3}\cdot\dfrac{x}{1+2x}$

$$= \frac{1}{3}\sum_{n=0}^{\infty}x^{n+1}+\frac{2}{3}\sum_{n=0}^{\infty}x\cdot(-2x)^n$$

$$= \sum_{n=0}^{\infty}\left[\frac{1}{3}+\frac{2}{3}(-2)^n\right]x^{n+1}$$

$$= \frac{1}{3}\sum_{n=0}^{\infty}[1+(-1)^n 2^{n+1}]x^{n+1}, x\in\left(-\frac{1}{2},\frac{1}{2}\right)$$

(3) 记 $f(x) = \begin{cases}\dfrac{\sin x}{x}, & x\neq 0,\\ 1 & ,x=0.\end{cases}$

由于 $\sin x = x-\dfrac{x^3}{3!}+\dfrac{x^5}{5!}-\cdots+(-1)^n\dfrac{x^{2n+1}}{(2n+1)!}+\cdots, x\in(-\infty,+\infty)$.

$$\frac{\sin x}{x} = 1-\frac{x^2}{3!}+\frac{x^4}{5!}-\cdots+(-1)^n\frac{x^{2n}}{(2n+1)!}+\cdots, x\in(-\infty,0)\cup(0,+\infty).$$

所以 $f(x) = 1-\dfrac{x^2}{3!}+\dfrac{x^4}{5!}-\cdots+(-1)^n\dfrac{x^{2n}}{(2n+1)!}+\cdots, x\in(-\infty,+\infty)$.

$$\int_0^x\frac{\sin t}{t}\mathrm{d}t = \int_0^x f(t)\,\mathrm{d}t = \sum_{n=0}^{\infty}(-1)^n\frac{x^{2n+1}}{(2n+1)(2n+1)!}, x\in(-\infty,+\infty)$$

(4) 由于 $\dfrac{1}{\sqrt{1+t}} = 1-\dfrac{1}{2}t+\dfrac{1\cdot 3}{2\cdot 4}t^2-\cdots+(-1)^n\dfrac{(2n-1)!!}{(2n)!!}t^n+\cdots, t\in(-1,1]$

则　$\dfrac{1}{\sqrt{1+t^2}} = 1-\dfrac{1}{2}t^2+\dfrac{1\cdot 3}{2\cdot 4}t^4-\cdots+(-1)^n\dfrac{(2n-1)!!}{(2n)!!}t^{2n}+\cdots, t\in[-1,1]$

$$\ln(x+\sqrt{1+x^2}) = \int_0^x\frac{\mathrm{d}t}{\sqrt{1+t^2}} = x+\sum_{n=1}^{\infty}(-1)^n\frac{(2n-1)!!}{(2n+1)(2n)!!}x^{2n+1}, x\in[-1,1]$$

例 17-8　将函数 $\ln(1+x+x^2+x^3)$ 展成 x 的幂级数,并求其收敛域.

解　由于 $\ln(1+x+x^2+x^3)=\ln(1+x)+\ln(1+x^2)$.

$$\ln(1+x)=x-\frac{x^2}{2}+\frac{x^3}{3}+\cdots+(-1)^{n-1}\frac{x^n}{n}+\cdots, x\in(-1,1]$$

$$\ln(1+x^2)=x^2-\frac{x^4}{2}+\frac{x^6}{3}+\cdots+(-1)^{n-1}\frac{x^{2n}}{n}+\cdots, x\in[-1,1]$$

则　$$\ln(1+x+x^2+x^3)=\sum_{n=1}^{\infty}\frac{1}{2n-1}x^{2n-1}+\sum_{n=1}^{\infty}\left[-\frac{1}{2n}+\frac{(-1)^{n-1}}{n}\right]x^{2n}, x\in(-1,1]$$

例 17-9　求级数 $1-\frac{1}{2}+\frac{1\cdot 3}{2\cdot 4}-\frac{1}{2}\cdot\frac{3}{4}\cdot\frac{5}{6}+\cdots$ 的和.

解　由莱布尼茨判别法知该级数收敛. 由于

$$(1+x)^{-\frac{1}{2}}=1-\frac{1}{2}x+\frac{1\cdot 3}{2\cdot 4}x^2-\cdots+(-1)^n\frac{(2n-1)!!}{(2n)!!}x^n+\cdots, x\in(-1,1]$$

$x=1$ 时级数收敛,由阿贝尔(Abel)第二定理,有

$$1-\frac{1}{2}+\frac{1\cdot 3}{2\cdot 4}-\frac{1}{2}\cdot\frac{3}{4}\cdot\frac{5}{6}+\cdots=\lim_{x\to 1^-}(1+x)^{-\frac{1}{2}}=\frac{1}{\sqrt{2}}$$

例 17-10　将函数 $\mathrm{sh}x=\frac{e^x-e^{-x}}{2}$ 展开成 x 的幂级数.

解　$$e^x=1+x+\frac{x^2}{2!}+\frac{x^3}{3!}+\cdots+\frac{x^n}{n!}+\cdots,\quad |x|<+\infty$$

$$e^{-x}=1-x+\frac{x^2}{2!}-\frac{x^3}{3!}+\cdots+\frac{(-1)^n x^n}{n!}+\cdots,\quad |x|<+\infty$$

$$e^x-e^{-x}=2\left(x+\frac{x^3}{3!}+\frac{x^5}{5!}+\cdots+\frac{x^{2n+1}}{(2n+1)!}+\cdots\right);$$

$$\mathrm{sh}x=\frac{e^x-e^{-x}}{2}=\sum_{n=0}^{\infty}\frac{x^{2n+1}}{(2n+1)!},\quad x\in(-\infty,+\infty)$$

例 17-11　将函数 $f(x)=\ln(5+x)$ 展开成 $(x-2)$ 的幂级数.

解　$$\ln(1+x)=x-\frac{x^2}{2}+\frac{x^3}{3}-\cdots+(-1)^{n-1}\frac{x^n}{n}+\cdots$$

$$=\sum_{n=1}^{\infty}(-1)^{n-1}\frac{x^n}{n},\quad x\in(-1,1]$$

$$\ln(5+x)=\ln(7+x-2)=\ln\left(1+\frac{x-2}{7}\right)+\ln 7$$

$$=\sum_{n=1}^{\infty}(-1)^{n-1}\frac{(x-2)^n}{7^n n}+\ln 7,\quad x\in(-5,9]$$

例 17 - 12 求幂级数 $\sum\limits_{n=0}^{\infty}\frac{n+1}{n!}x^n$ 的和函数.

解 方法一:收敛域为$(-\infty,+\infty)$,设其和函数为$S(x)$,则有

$$\int_0^x S(t)\,\mathrm{d}t=\int_0^x\left(\sum_{n=0}^{\infty}\frac{n+1}{n!}t^n\right)\mathrm{d}t=\sum_{n=0}^{\infty}\frac{1}{n!}\int_0^x(n+1)t^n\,\mathrm{d}t=\sum_{n=0}^{\infty}\frac{x^{n+1}}{n!}=x\mathrm{e}^x$$

所以$\sum\limits_{n=0}^{\infty}\frac{n+1}{n!}x^n=S(x)=\left(\int_0^x S(t)\,\mathrm{d}t\right)'=(x\mathrm{e}^x)'=(1+x)\mathrm{e}^x,\ x\in(-\infty,+\infty).$

方法二:

$$\begin{aligned}\sum_{n=0}^{\infty}\frac{n+1}{n!}x^n&=\sum_{n=0}^{\infty}\frac{nx^n}{n!}+\sum_{n=0}^{\infty}\frac{x^n}{n!}=\sum_{n=1}^{\infty}\frac{x^n}{(n-1)!}+\mathrm{e}^x\\&=x\sum_{n=0}^{\infty}\frac{x^n}{n!}+\mathrm{e}^x=x\mathrm{e}^x+\mathrm{e}^x\\&=(x+1)\mathrm{e}^x,\quad x\in(-\infty,+\infty)\end{aligned}$$

第 18 章　傅里叶级数

18.1　傅里叶级数

18.1.1　三角函数系与三角级数

1. 三角函数系

(1) 三角函数列

$$1,\cos x,\sin x,\cos 2x,\sin 2x,\cdots,\cos nx,\sin nx,\cdots \qquad (18-1)$$

称为三角函数系

(2) 三角函数系的性质:

① 三角函数系中所有函数具有共同的周期 2π.

② 三角函数系在 $[-\pi,\pi]$ 上具有正交性,即三角函数系中任何两个函数的乘积在 $[-\pi,\pi]$ 上的定积分值为 0.

③ 三角函数系中任意一个函数的平方在 $[-\pi,\pi]$ 上的积分都不等于 0.

2. 三角级数

函数项级数

$$\frac{a_0}{2}+\sum_{n=1}^{\infty}(a_n\cos nx+b_n\sin nx) \qquad (18-2)$$

称为三角级数.

定理 1　若级数

$$\frac{|a_0|}{2}+\sum_{n=1}^{\infty}(|a_n|+|b_n|)$$

收敛,则三角级数(18－2)在整个数轴上绝对收敛且一致收敛.

18.1.2　傅里叶级数

定理 2　若在整个数轴上

$$f(x)=\frac{a_0}{2}+\sum_{n=1}^{\infty}(a_n\cos nx+b_n\sin nx)$$

且等式右边级数一致收敛,则有

$$a_n = \frac{1}{\pi}\int_{-\pi}^{\pi} f(x)\cos nx\,\mathrm{d}x, \quad n = 0,1,2,\cdots \tag{18-3}$$

$$b_n = \frac{1}{\pi}\int_{-\pi}^{\pi} f(x)\sin nx\,\mathrm{d}x, \quad n = 1,2,\cdots \tag{18-4}$$

1. 傅里叶系数

若f是以2π为周期且在$[-\pi,\pi]$上可积,则可按式(18-3)、式(18-4)算出a_n,b_n,称它们为f的傅里叶系数.

2. 傅里叶级数

以f的傅里叶系数为系数的三角级数称为f的傅里叶级数,记作

$$f(x) \sim \frac{a_0}{2} + \sum_{n=1}^{\infty}(a_n\cos nx + b_n\sin nx)$$

定理3(逐项积分定理) 设周期为2π的函数f局部绝对可积,且

$$f(x) \sim \frac{a_0}{2} + \sum_{n=1}^{\infty}(a_n\cos nx + b_n\sin nx)$$

则$\sum\limits_{n=1}^{\infty}\frac{b_n}{n}$收敛,且逐项积分公式成立,则

$$\int_0^x f(t)\,\mathrm{d}t = \int_0^x \frac{a_0}{2}\mathrm{d}t + \sum_{n=1}^{\infty}\int_0^x(a_n\cos nt + b_n\sin nt)\,\mathrm{d}t$$

3. 收敛定理

光滑:若f的导函数在$[a,b]$上连续,则称f在$[a,b]$上光滑.

按段光滑:若定义在$[a,b]$上的函数f至多有有限个第一类间断点,它的导函数在$[a,b]$上除了至多有限个点外都存在且连续,在这有限个点处f'的左、右极限存在,则称f在$[a,b]$上按段光滑.

若f在$[a,b]$上按段光滑,则f具有以下性质:

(1)f在$[a,b]$上可积.

(2) 在$[a,b]$上每一点都存在$f(x\pm 0)$,且有:

$$\lim_{t\to 0^+}\frac{f(x+t)-f(x+0)}{t} = f'(x+0)$$

$$\lim_{t\to 0^+}\frac{f(x-t)-f(x-0)}{-t} = f'(x-0)$$

事实上,由于$[a,b]$上的点,或者是f的连续点,或者是f的第一类间断点,所以当$x\in(a,b)$时,$f(x\pm 0)$存在,$f(a+0)$和$f(b-0)$也存在.

任取$x_0\in[a,b)$,作函数如下:

$$F(x) = \begin{cases} f(x_0+0), & x = x_0, \\ f(x), & x_0 < x < x_0+\delta. \end{cases}$$ 其中δ是充分小的正数. F满足以下条件:

①F 在 $U_{+}(x_0;\delta)$ 内连续；

② 在 $U_{+}^{0}(x_0;\delta)$ 内可导；

③ $\lim\limits_{x\to x_0^+}F'(x)=f'(x_0+0)$ 存在，则由导数极限定理知 $F'_{+}(x_0)=f'(x_0+0)$，即

$$\lim_{t\to 0^+}\frac{f(x_0+t)-f(x_0+0)}{t}=f'(x_0+0)$$

任取 $x_0\in(a,b]$，同理可证 $\lim\limits_{t\to 0^+}\dfrac{f(x_0-t)-f(x_0-0)}{-t}=f'(x_0-0)$.

(3) 在补充定义 f' 在 $[a,b]$ 上那些至多有限个不存在点上的值后，f' 在 $[a,b]$ 上可积.

定理4(收敛定理)　若以 2π 为周期的函数 f 在 $[-\pi,\pi]$ 上按段光滑，则在每一点 $x\in[-\pi,\pi]$，f 的傅里叶级数收敛于 f 在点 x 的左右极限算术平均值，即

$$\frac{f(x+0)+f(x-0)}{2}=\frac{a_0}{2}+\sum_{n=1}^{\infty}(a_n\cos nx+b_n\sin nx)$$

其中，a_n，b_n 为 f 的傅里叶系数.

若 f 为偶函数，则

$$\frac{f(x+0)+f(x-0)}{2}=\frac{a_0}{2}+\sum_{n=1}^{\infty}a_n\cos nx$$

若 f 为奇函数，则

$$\frac{f(x+0)+f(x-0)}{2}=\sum_{n=1}^{\infty}b_n\sin nx$$

推论　若 f 是以 2π 为周期的连续函数，且在 f 在 $[-\pi,\pi]$ 上按段光滑，则 f 的傅里叶级数在 $(-\infty,+\infty)$ 上收敛于 f.

说明：

(1) 由收敛定理的条件，f 是以 2π 为周期的函数，则系数公式中的积分区间 $[-\pi,\pi]$ 可以改为长度为 2π 的任何区间，而不影响 a_n、b_n 的值：

$$a_n=\frac{1}{\pi}\int_c^{c+2\pi}f(x)\cos nx\,\mathrm{d}x,\ n=0,1,2,\cdots$$

$$b_n=\frac{1}{\pi}\int_c^{c+\pi}f(x)\sin nx\,\mathrm{d}x,\ n=1,2,\cdots$$

其中，c 为任何实数.

(2) 在具体讨论函数的傅里叶级数展开式时，常给出函数 f 在 $(-\pi,\pi]$ 或 $[-\pi,\pi)$ 上的解析式，但应理解为它是以 2π 为周期的函数，即在 $(-\pi,\pi]$ 或 $[-\pi,\pi)$ 以外的部分按函数的对应关系作周期延拓.

例如，f 为 $(-\pi,\pi]$ 上的解析表达式，它的周期延拓函数为

$$\hat{f}(x)=\begin{cases}f(x), & x\in(-\pi,\pi],\\ f(x-2k\pi), & x\in[(2k-1)\pi,(2k+1)\pi],\end{cases}\quad k=\pm1,\pm2,\cdots.$$

f的傅里叶级数是指$\hat{f}$的傅里叶级数.

例 18 - 1　把函数$f(x)=x,x\in[-\pi,\pi]$展开为傅里叶级数.

解　$a_n=0,n=0,1,2,\cdots$

$$b_n=\frac{2}{\pi}\int_0^{\pi}f(x)\sin nx\mathrm{d}x=\frac{2}{\pi}\int_0^{\pi}x\sin nx\mathrm{d}x$$

$$=-\frac{2}{n\pi}x\cos nx\Big|_0^{\pi}+\frac{2}{n\pi}\int_0^{\pi}\cos nx\mathrm{d}x$$

$$=2\frac{(-1)^{n-1}}{n}+\frac{2}{n^2\pi}\sin nx\Big|_0^{\pi}=2\frac{(-1)^{n-1}}{n},n=1,2,\cdots$$

所以有

$$x=2\sum_{n=1}^{\infty}(-1)^{n-1}\frac{\sin nx}{n},x\in[-\pi,\pi]$$

例 18 - 2　在区间$(-\pi,\pi)$内将函数$f(x)=x^2$展开成傅里叶级数.

解　方法一:直接展开.

$$a_0=\frac{2}{\pi}\int_0^{\pi}x^2\mathrm{d}x=\frac{2}{3}\pi^2;$$

$$a_n=\frac{1}{\pi}\int_{-\pi}^{\pi}x^2\cos nx\mathrm{d}x=\frac{2}{\pi}\int_0^{\pi}x^2\cos nx\mathrm{d}x=\frac{2}{\pi}\left[\frac{x^2\sin nx}{n}\Big|_0^{\pi}-\frac{2}{n}\int_0^{\pi}x\sin nx\mathrm{d}x\right]$$

$$=\frac{2}{n\pi}\left[\frac{x}{n}\cos nx\Big|_0^{\pi}-\frac{1}{n}\int_0^{\pi}\cos nx\mathrm{d}x\right]=\frac{4}{n\pi}\frac{(-1)^n\pi}{n}=\frac{(-1)^n4}{n^2},\ n=1,2,\cdots$$

$b_n=0\ n=1,2,\cdots$

由于函数$f(x)$在区间$(-\pi,\pi)$内连续且按段光滑,则有

$$x^2=\frac{\pi^2}{3}+4\sum_{n=1}^{\infty}(-1)^n\frac{\cos nx}{n^2}\qquad x\in(-\pi,\pi)$$

方法二:间接展开,对例 1 中$f(x)=x$的展开式作积分运算.

由例 1,在区间$(-\pi,\pi)$内有

$$x=2\sum_{n=1}^{\infty}(-1)^{n-1}\frac{\sin nx}{n}\tag{18-5}$$

根据逐项积分定理,对(18 - 5)式两端积分:

$$\frac{x^2}{2}=\int_0^x t\mathrm{d}t=2\sum_{n=1}^{\infty}(-1)^{n-1}\frac{1}{n}\int_0^x\sin nt\mathrm{d}t$$

$$=2\sum_{n=1}^{\infty}\frac{(-1)^n}{n^2}(\cos nx-1)$$

$$=2\sum_{n=1}^{\infty}\frac{(-1)^{n+1}}{n^2}+2\sum_{n=1}^{\infty}(-1)^n\frac{\cos nx}{n^2}\tag{18-6}$$

以下求$\sum\limits_{n=1}^{\infty}\frac{(-1)^{n+1}}{n^2}$：

根据优级数判别法知级数$\sum\limits_{n=1}^{\infty}(-1)^n\frac{\cos nx}{n^2}$在$[-\pi,\pi]$上一致收敛. 则可对(18－6)式两端在$[-\pi,\pi]$上积分：

$$\frac{\pi^3}{3}=\int_{-\pi}^{\pi}\frac{x^2}{2}\mathrm{d}x=2\sum_{n=1}^{\infty}\frac{(-1)^{n+1}}{n^2}\int_{-\pi}^{\pi}\mathrm{d}x+2\sum_{n=1}^{\infty}\frac{(-1)^n}{n^2}\int_{-\pi}^{\pi}\cos nx\mathrm{d}x$$

$$=4\pi\sum_{n=1}^{\infty}\frac{(-1)^{n+1}}{n^2}$$

于是得

$$\sum_{n=1}^{\infty}\frac{(-1)^{n+1}}{n^2}=\frac{\pi^2}{12}$$

$$x^2=\frac{\pi^2}{3}+4\sum_{n=1}^{\infty}(-1)^n\frac{\cos nx}{n^2},\quad x\in(-\pi,\pi)$$

例18－3　把函数$f(x)=\begin{cases}-\dfrac{\pi}{4}\\ \dfrac{\pi}{4}\end{cases}$展开成傅里叶级数,并由此推出

(1) $\frac{\pi}{4}=1-\frac{1}{3}+\frac{1}{5}-\frac{1}{7}+\cdots$;

(2) $\frac{\pi}{3}=1+\frac{1}{5}-\frac{1}{7}-\frac{1}{11}+\frac{1}{13}+\frac{1}{17}+\cdots$;

(3) $\frac{\sqrt{3}}{6}\pi=1-\frac{1}{5}+\frac{1}{7}-\frac{1}{11}+\frac{1}{13}-\frac{1}{17}+\cdots$.

解　$f(x)$为$(-\pi,\pi)$上的奇函数,则

$a_n=0,n=0,1,2,\cdots$.

$$b_n=\frac{2}{\pi}\int_0^{\pi}f(x)\sin nx\mathrm{d}x=\frac{1}{2}\int_0^{\pi}\sin nx\mathrm{d}x=-\frac{1}{2n}[\cos n\pi-1]$$

$$=-\frac{1}{2n}[(-1)^n-1]$$

$$=\begin{cases}0, & n=2k,\\ \dfrac{1}{2k-1}, & n=2k-1.\end{cases}\quad n=1,2,\cdots$$

当$x\in(-\pi,0)\cup(0,\pi)$时,$f(x)=\sum\limits_{k=1}^{\infty}\frac{1}{2k-1}\sin(2k-1)x$.

当$x=0,\pm\pi$时,f的傅里叶级数收敛于0.

(1) 当 $x=\dfrac{\pi}{2}$ 时,有

$$\frac{\pi}{4}=\sum_{k=1}^{\infty}\frac{1}{2k-1}\sin(2k-1)\frac{\pi}{2}=\sum_{k=1}^{\infty}\frac{1}{2k-1}\sin\left[k\pi-\frac{\pi}{2}\right]$$

即

$$\frac{\pi}{4}=1-\frac{1}{3}+\frac{1}{5}-\frac{1}{7}+\cdots \tag{18-7}$$

(2) 将(18 - 7) 式乘以$\dfrac{1}{3}$,即

$$\frac{\pi}{12}=\frac{1}{3}-\frac{1}{9}+\frac{1}{15}-\frac{1}{21}+\cdots \tag{18-8}$$

将式(18 - 7) 与式(18 - 8) 两式两端相加,得

$$\frac{\pi}{3}=1+\frac{1}{5}-\frac{1}{7}-\frac{1}{11}+\frac{1}{13}+\frac{1}{17}+\cdots$$

(3) 当 $x=\dfrac{\pi}{3}$ 时,有

$$\begin{aligned}\frac{\pi}{4}&=\sum_{k=1}^{\infty}\frac{1}{2k-1}\sin(2k-1)\frac{\pi}{3}\\&=\frac{\sqrt{3}}{2}+\frac{1}{3}\cdot 0+\frac{1}{5}\left(-\frac{\sqrt{3}}{2}\right)+\frac{1}{7}\cdot\frac{\sqrt{3}}{2}+\frac{1}{9}\cdot 0+\frac{1}{11}\cdot\left(-\frac{\sqrt{3}}{2}\right)+\cdots\end{aligned}$$

整理得

$$\frac{\sqrt{3}}{6}\pi=1-\frac{1}{5}+\frac{1}{7}-\frac{1}{11}+\frac{1}{13}-\frac{1}{17}+\cdots$$

例 18 - 4 将函数 $f(x)=|x|,x\in[-\pi,\pi]$ 展开成傅里叶级数.

解 $a_0=\dfrac{2}{\pi}\displaystyle\int_0^{\pi}x\mathrm{d}x=\pi$

$$a_n=\frac{2}{\pi}\int_0^{\pi}x\cos nx\mathrm{d}x=\frac{2}{n\pi}x\sin nx\Big|_0^{\pi}-\frac{2}{n\pi}\int_0^{\pi}\sin nx\mathrm{d}x$$

$$=\frac{2}{n^2\pi}\cos nx\Big|_0^{\pi}=\frac{2}{n^2\pi}(\cos n\pi-1)=\begin{cases}-\dfrac{4}{n^2\pi}, & n\text{ 为奇数},\\ 0, & n\text{ 为偶数}.\end{cases}\quad n=1,2,\cdots$$

$b_n=0,\quad n=1,2,\cdots$

由于函数 $f(x)$ 在$[-\pi,\pi]$上连续且按段光滑,又 $f(-\pi)=f(\pi)$, 因此有

$$|x|=\frac{\pi}{2}-\frac{4}{\pi}\sum_{k=1}^{\infty}\frac{\cos(2k-1)x}{(2k-1)^2},\quad x\in[-\pi,\pi]$$

当 $x=\pi$ 时, 有

$$\pi=\frac{\pi}{2}+\frac{4}{\pi}\sum_{k=1}^{\infty}\frac{1}{(2k-1)^2}$$

即
$$\sum_{k=1}^{\infty}\frac{1}{(2k-1)^2}=\frac{\pi^2}{8}$$

例 18－5　设函数$f(x)$满足条件$f(x+\pi)=-f(x)$，请问此函数在$(-\pi,\pi)$内的傅里叶级数具有什么特性？

解　$a_0=\frac{1}{\pi}\int_{-\pi}^{\pi}f(x)\mathrm{d}x=\frac{1}{\pi}[\int_{-\pi}^{0}f(x)\mathrm{d}x+\int_{0}^{\pi}f(x)\mathrm{d}x]$

设$x=t-\pi$，则$\mathrm{d}x=\mathrm{d}t$.

$$\int_{-\pi}^{0}f(x)\mathrm{d}x=\int_{0}^{\pi}f(t-\pi)\mathrm{d}t=\int_{0}^{\pi}\{-f[(t-\pi)+\pi]\}\mathrm{d}t$$
$$=-\int_{0}^{\pi}f(t)\mathrm{d}t=-\int_{0}^{\pi}f(x)\mathrm{d}x$$

所以$a_0=0$.

$$a_n=\frac{1}{\pi}\int_{-\pi}^{\pi}f(x)\cos nx\mathrm{d}x=\frac{1}{\pi}[\int_{-\pi}^{0}f(x)\cos nx\mathrm{d}x+\int_{0}^{\pi}f(x)\cos nx\mathrm{d}x]$$

设$x=t-\pi$，则$\mathrm{d}x=\mathrm{d}t$.

$$\int_{-\pi}^{0}f(x)\cos nx\mathrm{d}x=\int_{0}^{\pi}f(t-\pi)\cos n(t-\pi)\mathrm{d}t$$
$$=\int_{0}^{\pi}\{-f[(t-\pi)+\pi]\}\cos(n\pi-nt)\mathrm{d}t$$
$$=-\int_{0}^{\pi}f(t)(-1)^n\cos nt\mathrm{d}t$$
$$=(-1)^{n+1}\int_{0}^{\pi}f(x)\cos nx\mathrm{d}x$$

所以
$$a_n=\frac{1}{\pi}[(-1)^{n+1}+1]\int_{0}^{\pi}f(x)\cos nx\mathrm{d}x$$
$$=\begin{cases}0, & n=2k,\\ \frac{2}{\pi}\int_{0}^{\pi}f(x)\cos(2k-1)x\mathrm{d}x, & n=2k-1.\end{cases}\quad k=1,2,\cdots$$

$$b_n=\frac{1}{\pi}\int_{-\pi}^{\pi}f(x)\sin nx\mathrm{d}x=\frac{1}{\pi}[\int_{-\pi}^{0}f(x)\sin nx\mathrm{d}x+\int_{0}^{\pi}f(x)\sin nx\mathrm{d}x]$$

设$x=t-\pi$，则$\mathrm{d}x=\mathrm{d}t$.

$$\int_{-\pi}^{0}f(x)\sin nx\mathrm{d}x=\int_{0}^{\pi}f(t-\pi)\sin n(t-\pi)\mathrm{d}t$$
$$=\int_{0}^{\pi}\{-f[(t-\pi)+\pi]\}\sin[-(n\pi-nt)]\mathrm{d}t$$
$$=\int_{0}^{\pi}f(t)\sin(n\pi-nt)\mathrm{d}t=(-1)^{n-1}\int_{0}^{\pi}f(x)\sin nx\mathrm{d}x$$

所以
$$b_n=\frac{1}{\pi}[(-1)^{n-1}+1]\int_0^{\pi}f(x)\sin nx\mathrm{d}x$$
$$=\begin{cases}0, & n=2k,\\ \dfrac{2}{\pi}\displaystyle\int_0^{\pi}f(x)\sin(2k-1)x\mathrm{d}x, & n=2k-1.\end{cases}\quad k=1,2,\cdots$$

总之,当 n 为偶数时,$a_n=b_n=0$,即 f 在 $(-\pi,\pi)$ 内的傅里叶级数不出现 n 为偶数的项.

18.2　以 $2l$ 为周期函数的展开式

18.2.1　以 $2l$ 为周期的函数的傅里叶级数

1. 以 $2l$ 为周期的函数的傅里叶级数

设函数 $f(x)$ 以 $2l$ 为周期,在区间 $[-l,l]$ 上可积. 作代换 $x=\frac{lt}{\pi}$,则函数 $F(t)=f\left(\frac{lt}{\pi}\right)$ 以 2π 为周期. 因为 $x=\frac{lt}{\pi}$ 是线性函数,所以 $F(t)$ 在区间 $[-\pi,\pi]$ 上可积.

函数 $F(t)$ 的傅里叶系数为

$$a_n=\frac{1}{\pi}\int_{-\pi}^{\pi}F(t)\cos nt\mathrm{d}t,\quad n=0,1,2,\cdots$$

$$b_n=\frac{1}{\pi}\int_{-\pi}^{\pi}F(t)\sin nt\mathrm{d}t,\quad n=1,2,\cdots$$

$$F(t)\sim\frac{a_0}{2}+\sum_{n=1}^{\infty}a_n\cos nt+b_n\sin nt$$

还原为自变量 x,注意到 $F(t)=f\left(\frac{lt}{\pi}\right)=f(x)$,$t=\frac{\pi x}{l}$,因此有

$$f(x)=F(t)\sim\frac{a_0}{2}+\sum_{n=1}^{\infty}a_n\cos\frac{n\pi x}{l}+b_n\sin\frac{n\pi x}{l}$$

其中,$a_n=\frac{1}{\pi}\int_{-\pi}^{\pi}F(t)\cos nt\mathrm{d}t\overset{t=\frac{\pi x}{l}}{=\!=\!=}\frac{1}{l}\int_{-l}^{l}f(x)\cos\frac{n\pi x}{l}\mathrm{d}x,\quad n=0,1,2,\cdots;$

$b_n=\frac{1}{l}\int_{-l}^{l}f(x)\sin\frac{n\pi x}{l}\mathrm{d}x,\quad n=1,2,\cdots.$

2. 收敛定理

定理5(收敛定理):若以 $2l$ 为周期的函数 f 在 $[-l,l]$ 上按段光滑,则在每一 $x\in[-l,l]$,有

$$\frac{f(x+0)+f(x-0)}{2}=\frac{a_0}{2}+\sum_{n=1}^{\infty}\left(a_n\cos\frac{n\pi x}{l}+b_n\sin\frac{n\pi x}{l}\right)$$

其中，$a_n=\frac{1}{l}\int_c^{c+2l}f(x)\cos\frac{n\pi x}{l}\mathrm{d}x, n=0,1,2,\cdots$；$b_n=\frac{1}{l}\int_c^{c+2l}f(x)\sin\frac{n\pi x}{l}\mathrm{d}x, n=1,2,\cdots$，$c$ 为任何实数.

18.2.2　正弦级数与余弦级数

当 f 是以 $2l$ 为周期的偶函数，或是定义在 $[-l,l]$ 上的偶函数时，

$$a_n=\frac{1}{l}\int_{-l}^{l}f(x)\cos\frac{n\pi x}{l}\mathrm{d}x=\frac{2}{l}\int_0^{l}f(x)\cos\frac{n\pi x}{l}\mathrm{d}x,\quad n=0,1,2,\cdots$$

$$b_n=\frac{1}{l}\int_{-l}^{l}f(x)\sin\frac{n\pi x}{l}\mathrm{d}x=0,\quad n=1,2,\cdots$$

f 的傅里叶级数是余弦级数：$f(x)\sim\frac{a_0}{2}+\sum_{n=1}^{\infty}a_n\cos\frac{n\pi x}{l}$.

当 f 是以 $2l$ 为周期的奇函数，或是定义在 $[-l,l]$ 上的奇函数时，有

$$a_n=\frac{1}{l}\int_{-l}^{l}f(x)\cos\frac{n\pi x}{l}\mathrm{d}x=0,\quad n=0,1,2,\cdots$$

$$b_n=\frac{1}{l}\int_{-l}^{l}f(x)\sin\frac{n\pi x}{l}\mathrm{d}x=\frac{2}{l}\int_0^{l}f(x)\sin\frac{n\pi x}{l}\mathrm{d}x,\quad n=1,2,\cdots$$

f 的傅里叶级数是正弦级数：$f(x)\sim\sum_{n=1}^{\infty}b_n\sin\frac{n\pi x}{l}$.

在实际应用中，有时需要把定义在 $[0,\pi]$（或 $[0,l]$）上的函数展开成余弦级数或正弦级数. 为此，先把定义在 $[0,\pi]$（或 $[0,l]$）上的函数作偶式或奇式延拓到 $[-\pi,\pi]$（或 $[-l,l]$）上，然后求延拓后函数的傅里叶级数. 但显然可见，对于定义在 $[0,\pi]$（或 $[0,l]$）上的函数，将它展开成余弦级数或正弦级数时，可不必延拓，直接由公式计算它的傅里叶系数即可.

需要把定义在 $[-\pi,0]$（或 $[-l,0]$）上的函数展开成余弦级数或正弦级数时，方法类似.

例 18－6　设 $f(x)$ 为以 $2l$ 为周期的函数，在 $[-l,l]$ 上可积. 证明：在计算 $f(x)$ 的傅里叶系数时，可以按周期为 $2^k l(k\in\mathbf{N}_+)$ 计算，最后得到的傅里叶级数与以 $2l$ 为周期进行计算的结果相同.

证明　首先证明：$k=2$ 时，结论成立.

记 $a_n'(n=0,1,2\cdots)$、$b_n'(n=1,2,\cdots)$ 为以 $2l$ 为周期进行计算的傅里叶系数.

$$a_0=\frac{1}{2l}\int_0^{4l}f(x)\mathrm{d}x=\frac{1}{2l}\left[\int_0^{2l}f(x)\mathrm{d}x+\int_{2l}^{4l}f(x)\mathrm{d}x\right]=\frac{1}{l}\int_0^{2l}f(x)\mathrm{d}x=a_0'$$

当 $n=2m(m\in\mathbf{N}_+)$ 时

$$a_n = a_{2m} = \frac{1}{2l}\int_{-2l}^{2l} f(x)\cos\frac{2m\pi x}{2l}\mathrm{d}x$$
$$= \frac{1}{2l}\left[\int_{-2l}^{0} f(x)\cos\frac{m\pi x}{l}\mathrm{d}x + \int_{0}^{2l} f(x)\cos\frac{m\pi x}{l}\mathrm{d}x\right]$$

由于 $\cos\frac{m\pi x}{l}$ 以 $2l$ 为周期,则被积函数 $f(x)\cos\frac{m\pi x}{l}$ 以 $2l$ 为周期,所以

$$a_n = a_{2m} = \frac{2}{2l}\int_{0}^{2l} f(x)\cos\frac{m\pi x}{l}\mathrm{d}x = \frac{1}{l}\int_{0}^{2l} f(x)\cos\frac{m\pi x}{l}\mathrm{d}x = a'_m$$

当 $n = 2m - 1(m \in \mathbf{N}_+)$ 时

$$a_n = \frac{1}{2l}\int_{-2l}^{2l} f(x)\cos\frac{(2m-1)\pi x}{2l}\mathrm{d}x$$
$$= \frac{1}{2l}\left[\int_{-2l}^{0} f(x)\cos\frac{(2m-1)\pi x}{2l}\mathrm{d}x + \int_{0}^{2l} f(x)\cos\frac{(2m-1)\pi x}{2l}\mathrm{d}x\right]$$

设 $t = 2l + x$,

$$\int_{-2l}^{0} f(x)\cos\frac{(2m-1)\pi x}{2l}\mathrm{d}x = \int_{0}^{2l} f(t-2l)\cos\frac{(2m-1)\pi(t-2l)}{2l}\mathrm{d}t$$
$$= \int_{0}^{2l} f(t)\cos\left[\frac{(2m-1)\pi t}{2l} - (2m-1)\pi\right]\mathrm{d}t$$
$$= -\int_{0}^{2l} f(t)\cos\frac{(2m-1)\pi t}{2l}\mathrm{d}t$$
$$= -\int_{0}^{2l} f(x)\cos\frac{(2m-1)\pi x}{2l}\mathrm{d}x$$

即当 $n = 2m - 1(m \in \mathbf{N}_+)$ 时,$a_n = 0$.

当 $n = 2m(m \in \mathbf{N}_+)$ 时,

$$b_n = b_{2m} = \frac{1}{2l}\int_{-2l}^{2l} f(x)\sin\frac{2m\pi x}{2l}\mathrm{d}x = \frac{1}{2l}\left[\int_{-2l}^{0} f(x)\sin\frac{m\pi x}{l}\mathrm{d}x + \int_{0}^{2l} f(x)\sin\frac{m\pi x}{l}\mathrm{d}x\right]$$

由于 $\cos\frac{m\pi x}{l}$ 以 $2l$ 为周期,则被积函数 $f(x)\cos\frac{m\pi x}{l}$ 以 $2l$ 为周期,所以

$$b_n = b_{2m} = \frac{2}{2l}\int_{0}^{2l} f(x)\sin\frac{m\pi x}{l}\mathrm{d}x = \frac{1}{l}\int_{0}^{2l} f(x)\sin\frac{m\pi x}{l}\mathrm{d}x = b'_m$$

当 $n = 2m - 1(m \in \mathbf{N}_+)$ 时,

$$b_n = \frac{1}{2l}\int_{-2l}^{2l} f(x)\sin\frac{(2m-1)\pi x}{2l}\mathrm{d}x$$
$$= \frac{1}{2l}\left[\int_{-2l}^{0} f(x)\sin\frac{(2m-1)\pi x}{2l}\mathrm{d}x + \int_{0}^{2l} f(x)\sin\frac{(2m-1)\pi x}{2l}\mathrm{d}x\right]$$

设 $t = 2l + x$,

$$\int_{-2l}^{0} f(x)\sin\frac{(2m-1)\pi x}{2l}\mathrm{d}x = \int_{0}^{2l} f(t-2l)\sin\frac{(2m-1)\pi(t-2l)}{2l}\mathrm{d}t$$
$$= \int_{0}^{2l} f(t)\sin\left[\frac{(2m-1)\pi t}{2l} - (2m-1)\pi\right]\mathrm{d}t$$
$$= -\int_{0}^{2l} f(t)\sin\frac{(2m-1)\pi t}{2l}\mathrm{d}t$$
$$= -\int_{0}^{2l} f(x)\sin\frac{(2m-1)\pi x}{2l}\mathrm{d}x$$

即当 $n = 2m - 1(m \in \mathbf{N}_+)$ 时，$b_n = 0$.

则以 $4l$ 为周期计算的傅里叶级数为

$$\frac{a_0}{2} + \sum_{m=1}^{\infty}\left[a_{2m}\cos\frac{2m\pi x}{2l} + b_{2m}\sin\frac{2m\pi x}{2l}\right] = \frac{a'_0}{2} + \sum_{m=1}^{\infty}\left[a'_m\cos\frac{m\pi x}{l} + b'_m\sin\frac{m\pi x}{l}\right]$$
$$= \frac{a'_0}{2} + \sum_{n=1}^{\infty}\left[a'_n\cos\frac{n\pi x}{l} + b'_n\sin\frac{n\pi x}{l}\right]$$

假设 $k = k'$ 时结论成立，即以 $2^{k'}l$ 为周期进行计算所得的傅里叶级数与以 $2l$ 为周期进行计算的结果相同.

由上面证明的结论知，以 $2\cdot 2^{k'}l = 2^{k'+1}l$ 为周期进行计算所得的傅里叶级数与 $2^{k'}l$ 为周期进行计算的结果相同. 由假设知与以 $2l$ 为周期进行计算的结果相同，即 $k = k'+1$ 时结论成立.

由数学归纳法知结论成立.

例 18 – 7　求函数 $f(x) = x - [x]$ 的傅里叶级数展开式.

解　该函数的周期 $2l = 1, l = \frac{1}{2}$. $f(x)$ 在 $[0,1]$ 上按段光滑.

$$a_0 = \frac{1}{l}\int_{0}^{2l} f(x)\mathrm{d}x = 2\int_{0}^{1} x\mathrm{d}x = 1.$$

$$a_n = \frac{1}{l}\int_{0}^{2l} f(x)\cos\frac{n\pi x}{l}\mathrm{d}x = 2\int_{0}^{1} x\cos 2n\pi x\mathrm{d}x$$
$$= 2\int_{0}^{1} x\mathrm{d}\left(\frac{1}{2n\pi}\sin 2n\pi x\right) = 2\left[\frac{x}{2n\pi}\sin 2n\pi x\Big|_0^1 - \int_0^1 \frac{1}{2n\pi}\sin 2n\pi x\mathrm{d}x\right]$$
$$= \frac{1}{n\pi}\cdot\frac{1}{2n\pi}\cos 2n\pi x\Big|_0^1 = \frac{1}{2n^2\pi^2}(\cos 2n\pi - 1) = 0,\quad n = 1,2,\cdots$$

$$b_n = \frac{1}{l}\int_{0}^{2l} f(x)\sin\frac{n\pi x}{l}\mathrm{d}x = 2\int_{0}^{1} x\sin 2n\pi x\mathrm{d}x = 2\int_{0}^{1} x\mathrm{d}\left(-\frac{1}{2n\pi}\cos 2n\pi x\right)$$
$$= 2\left[-\frac{x}{2n\pi}\cos 2n\pi x\Big|_0^1 + \int_0^1 \frac{1}{2n\pi}\cos 2n\pi x\mathrm{d}x\right]$$
$$= 2\left[-\frac{1}{2n\pi} + \frac{1}{4n^2\pi^2}\sin 2n\pi x\Big|_0^1\right] = -\frac{1}{n\pi},\quad n = 1,2,\cdots$$

当 $x \in (-\infty, +\infty)$,且 x 不为整数时,有

$$f(x) = x - [x] = \frac{1}{2} - \frac{1}{\pi}\sum_{n=1}^{\infty}\frac{1}{n}\sin 2n\pi x$$

且 x 为整数时,级数收敛于$\frac{1}{2}$.

例 18 - 8 将函数 $f(x) = \frac{\pi}{2} - x$ 在 $[0,\pi]$ 上展开成余弦级数.

解

$$a_0 = \frac{2}{\pi}\int_0^{\pi} f(x)\mathrm{d}x = \frac{2}{\pi}\int_0^{\pi}\left(\frac{\pi}{2} - x\right)\mathrm{d}x = \frac{2}{\pi}\left[\frac{\pi^2}{2} - \frac{1}{2}x^2\Big|_0^{\pi}\right] = 0$$

$$\begin{aligned}
a_n &= \frac{2}{\pi}\int_0^{\pi} f(x)\cos nx\mathrm{d}x = \frac{2}{\pi}\int_0^{\pi}\left(\frac{\pi}{2} - x\right)\cos nx\mathrm{d}x \\
&= \frac{2}{\pi}\cdot\frac{\pi}{2}\int_0^{\pi}\cos nx\mathrm{d}x - \frac{2}{\pi}\int_0^{\pi} x\cos nx\mathrm{d}x \\
&= \frac{1}{n}\sin nx\Big|_0^{\pi} - \frac{2}{\pi}\int_0^{\pi} x\mathrm{d}\left(\frac{1}{n}\sin nx\right) \\
&= -\frac{2}{\pi}\left[\frac{x}{n}\sin nx\Big|_0^{\pi} - \frac{1}{n}\int_0^{\pi}\sin nx\mathrm{d}x\right] \\
&= \frac{2}{n\pi}\left(-\frac{1}{n}\cos nx\right)\Big|_0^{\pi} = -\frac{2}{n^2\pi}[(-1)^n - 1] \\
&= \frac{2}{n^2\pi}[1 + (-1)^{n+1}] \\
&= \begin{cases} 0, & n = 2k, \\ \dfrac{4}{(2k-1)^2\pi}, & n = 2k-1. \end{cases} \quad k = 1,2,\cdots
\end{aligned}$$

$$f(x) = \frac{\pi}{2} - x = \frac{4}{\pi}\sum_{n=1}^{\infty}\frac{1}{(2n-1)^2}\cos(2n-1)x, x \in [0,\pi]$$

例 18 - 9 将函数 $f(x) = \cos\frac{x}{2}$ 在 $[0,\pi]$ 上展开成正弦级数.

解

$$\begin{aligned}
b_n &= \frac{2}{\pi}\int_0^{\pi} f(x)\sin nx\mathrm{d}x = \frac{2}{\pi}\int_0^{\pi}\cos\frac{x}{2}\sin nx\mathrm{d}x \\
&= \frac{1}{\pi}\int_0^{\pi}\left(\sin\frac{2n+1}{2}x + \sin\frac{2n-1}{2}x\right)\mathrm{d}x \\
&= \frac{1}{\pi}\left(-\frac{2}{2n+1}\cos\frac{2n+1}{2}x - \frac{2}{2n-1}\cos\frac{2n-1}{2}x\right)\Big|_0^{\pi} \\
&= \frac{1}{\pi}\left[-\frac{2}{2n+1}\cos\left(n\pi + \frac{\pi}{2}\right) - \frac{2}{2n-1}\cos\left(n\pi - \frac{\pi}{2}\right) + \frac{2}{2n+1} + \frac{2}{2n-1}\right]
\end{aligned}$$

$$= \frac{8}{\pi} \cdot \frac{n}{4n^2 - 1}, \quad n = 1,2,\cdots$$

$$f(x) = \cos\frac{x}{2} = \frac{8}{\pi}\sum_{n=1}^{\infty}\frac{n}{4n^2 - 1}\sin nx, \quad x \in (0,\pi]$$

当 $x = 0$ 时,该级数收敛于0.

例 18 - 10　将函数 $f(x) = (x-1)^2$ 在 $(0,1)$ 上展成余弦级数,并推出

$$\pi^2 = 6\left(1 + \frac{1}{2^2} + \frac{1}{3^2} + \cdots\right)$$

解　$l = 1$.

$$a_0 = \frac{2}{1}\int_0^1 f(x)\mathrm{d}x = 2\int_0^1 (x-1)^2\mathrm{d}x = \frac{2}{3}.$$

$$a_n = \frac{2}{1}\int_0^1 f(x)\cos\frac{n\pi x}{1}\mathrm{d}x = 2\int_0^1 (x-1)^2\cos n\pi x\mathrm{d}x$$

$$= 2\int_0^1 (x-1)^2\mathrm{d}\left(\frac{1}{n\pi}\sin n\pi x\right)$$

$$= 2\left[(x-1)^2 \cdot \frac{1}{n\pi}\sin n\pi x\Big|_0^1 - \frac{2}{n\pi}\int_0^1 (x-1)\sin n\pi x\mathrm{d}x\right]$$

$$= \frac{4}{n\pi}\int_0^1 (x-1)\mathrm{d}\left(\frac{1}{n\pi}\cos n\pi x\right)$$

$$= \frac{4}{n\pi}\left[\frac{1}{n\pi}(x-1)\cos n\pi x\Big|_0^1 - \frac{1}{n\pi}\int_0^1 \cos n\pi x\mathrm{d}x\right]$$

$$= \frac{4}{n\pi}\left[\frac{1}{n\pi} - \frac{1}{n^2\pi^2}\sin n\pi x\Big|_0^1\right] = \frac{4}{n^2\pi^2}, \quad n = 1,2,\cdots$$

$$f(x) = (x-1)^2 = \frac{1}{3} + \frac{4}{\pi^2}\sum_{n=1}^{\infty}\frac{1}{n^2}\cos n\pi x, \quad x \in (0,1)$$

由收敛定理知,当 $x = 2$ 时,级数收敛于1,即

$$1 = \frac{1}{3} + \frac{4}{\pi^2}\sum_{n=1}^{\infty}\frac{1}{n^2}\cos 2n\pi$$

所以有

$$\pi^2 = 6\left(1 + \frac{1}{2^2} + \frac{1}{3^2} + \cdots\right)$$

例 18 - 11　求函数 $f(x) = \arcsin(\sin x)$ 的傅里叶展开式.

解　$f(x)$ 是以 2π 为周期的奇函数. 则有

$$a_n = 0, n = 0,1,2,\cdots$$

$$b_n = \frac{2}{\pi}\int_0^{\pi} f(x)\sin nx\mathrm{d}x = \frac{2}{\pi}\int_0^{\pi}\arcsin(\sin x)\sin nx\mathrm{d}x$$

$$
\begin{aligned}
&= \frac{2}{\pi}\int_0^{\pi} \arcsin(\sin x)\,\mathrm{d}\left(-\frac{1}{n}\cos nx\right) \\
&= \frac{2}{\pi}\left[-\frac{1}{n}\cos nx \cdot \arcsin(\sin x)\Big|_0^{\pi} + \frac{1}{n}\int_0^{\pi}\cos nx \frac{\cos x}{\sqrt{1-\sin^2 x}}\mathrm{d}x\right] \\
&= \frac{2}{n\pi}\int_0^{\pi}\cos nx \cdot \frac{\cos x}{|\cos x|}\mathrm{d}x = \frac{2}{n\pi}\left[\int_0^{\frac{\pi}{2}}\cos nx\mathrm{d}x - \int_{\frac{\pi}{2}}^{\pi}\cos nx\mathrm{d}x\right] \\
&= \frac{2}{n\pi}\left[\frac{1}{n}\sin nx\Big|_0^{\frac{\pi}{2}} - \frac{1}{n}\sin nx\Big|_{\frac{\pi}{2}}^{\pi}\right] = \frac{4}{n^2\pi}\sin\frac{n\pi}{2} \\
&= \begin{cases} 0, & n = 2k, \\ \dfrac{4}{(2k-1)^2\pi}(-1)^{k-1}, & n = 2k-1. \end{cases} \quad k = 1,2,\cdots
\end{aligned}
$$

由于$f(x) = \arcsin(\sin x)$为$(-\infty, +\infty)$上的连续函数,则有

$$
f(x) = \arcsin(\sin x) = \frac{4}{\pi}\sum_{n=1}^{\infty}\frac{(-1)^{n-1}}{(2n-1)^2}\sin(2n-1)x, \quad x \in (-\infty, +\infty)
$$

参考文献

[1] 华东师范大学数学系. 数学分析[M].4 版. 北京:高等教育出版社,2010.

[2] 刘玉莲,傅沛仁. 数学分析讲义[M].4 版. 北京:高等教育出版社,2003.

[3] 陈纪修,於崇华,金路. 数学分析[M].2 版. 北京:高等教育出版社,2004.

[4] 常庚折,史济怀. 数学分析教程[M]. 北京:高等教育出版社,2003.

[5] 欧阳光中,姚允龙. 数学分析[M]. 上海:复旦大学出版社,1991.

[6] 裴礼文. 数学分析中的典型问题与方法[M].2 版. 北京:高等教育出版社,2006.

[7] 高义,代小丹. 关于函数一致连续性的反例及应用[J]. 宁夏师范学院学报:自然科学版,2011,32(6):88 -90.

[8] 宋文檀,王筱冬. 函数一致连续的充要条件及其应用[J]. 江西科学,2009,27(4):490 -492.

[9] 闫元朝. 函数在区间上一致连续性的问题[J]. 廊坊师范学院学报:自然科学版,2012,12(2):20 -21.

[10] 张彩霞. 对无穷积分的一点探讨[J]. 黑龙江教育学院学报,2005,24(6):55 -57.

[11] 张彩霞. 区间套定理在证明中值定理中的应用[J]. 哈尔滨商业大学学报:自然科学版,2005,21(6):794 -796.

[12] 张彩霞. 数学分析中关于极限概念教学的一点探讨[J]. 科技创新导报,2011(12):147 -148.

参考文献

[illegible]